2020年
[无纸化考试专用]

未来教育 编著

全国计算机等级考试
一本通 二级 Access

 含

无纸化真考题库
二级公共基础知识

人民邮电出版社
北京

图书在版编目（CIP）数据

2020年全国计算机等级考试一本通. 二级Access / 未来教育编著. -- 北京：人民邮电出版社，2020.4（2022.10重印）
ISBN 978-7-115-53143-8

Ⅰ. ①2… Ⅱ. ①未… Ⅲ. ①电子计算机－水平考试－自学参考资料②关系数据库系统－水平考试－自学参考资料 Ⅳ. ①TP3

中国版本图书馆CIP数据核字(2019)第291773号

内 容 提 要

本书面向全国计算机等级考试二级 Access 科目，严格依据新版考试大纲详细讲解知识点，并配有大量的真题和练习题，以帮助考生在较短的时间内顺利通过考试。

本书共 12 章，主要内容包括考试指南、公共基础知识、数据库基础知识、数据库和表、查询、窗体、报表、宏、模块与 VBA 编程基础、VBA 数据库编程、操作题高频考点精讲、新增无纸化考试套卷及其答案解析等。

本书配套有"智能模考软件"。该软件有四大模块：考试题库、模拟考场、错题重做和配书资源。其中，"考试题库"模块包含 79 套历年真考试卷，考生可指定用某一套真考试卷进行练习。"模拟考场"模块则是随机组卷，其考试过程完全模拟真实考试环境，限时做题；若考生未能在规定的考试时间内交卷，则系统会强制交卷。交卷后软件系统自动评分，其评分机制亦与真实考试一致，考生可据此进行自测，并且自测过程中做错的试题可自动加入"错题重做"模块，供考生进行重做，以查缺补漏，提高复习效率。"配书资源"模块包含本书实例的素材文件、PPT 课件、章末综合自测题的答案和解析。建议考生在了解、掌握书中知识点的基础上合理使用该软件进行模考与练习。图书与软件的完美结合能为考生顺利通过考试提供实实在在的帮助。

本书可作为全国计算机等级考试二级 Access 科目的培训教材与辅导用书，也可作为 Access 软件的学习参考书。

◆ 编　　著　未来教育
　责任编辑　牟桂玲
　责任印制　马振武

◆ 人民邮电出版社出版发行　北京市丰台区成寿寺路 11 号
　邮编　100164　电子邮件　315@ptpress.com.cn
　网址　https://www.ptpress.com.cn

涿州市京南印刷厂印刷

◆ 开本：880×1230　1/16
　印张：14　　　　　　　　2020 年 4 月第 1 版
　字数：627 千字　　　　　2022 年 10 月河北第 4 次印刷

定价：45.00 元

读者服务热线：(010)81055410　印装质量热线：(010)81055316
反盗版热线：(010)81055315
广告经营许可证：京东市监广登字 20170147 号

前　言

全国计算机等级考试由教育部考试中心主办,是国内影响较大、参加考试人数较多的计算机水平考试。此类考试的目的在于以考试督促考生学习,因此该考试的报考门槛较低,考生不受年龄、职业、学历等背景的限制,任何人都可以根据自己学习和使用计算机的实际情况,选择不同级别的考试。

对于二级Access科目,考生从报名到参加考试只有3个月左右的准备时间。由于备考时间短,不少考生存在选择题或操作题其中一项偏弱的情况。为帮助考生提高备考效率,我们精心编写了本书。

本书具有以下特点。

1. 针对选择题和操作题

计算机等级考试二级Access科目包括选择题和操作题两种考查形式,本书在对无纸化考试题库进行深入分析和研究后,总结出选择题和操作题的考点,通过知识点讲解及经典试题剖析,帮助考生更好地理解考点,并快速提高解题能力。

2. 章前考点总结

要想在有限的时间内掌握所有的知识点,考生会感到无从下手。本书通过对无纸化考试题库中的题目进行分析,总结各考点的考核概率,并对考点的难易程度进行评析,帮助考生了解考试的重点与难点。

3. 内容讲解易学易懂

本书的编写力求将复杂问题简单化,将理论难点通俗化,以快速提高考生的复习效率。

● 根据无纸化考试题库总结考点,精讲内容。

● 通过典型例题帮助考生强化巩固所学知识点。

● 采用大量插图,简化解题步骤。

● 提供大量习题,巩固所学知识,以练促学,学练结合。

4. 考前模拟训练

为了帮助考生了解考试形式,熟悉命题方式,掌握命题规律,本书特意安排了两套无纸化考试套卷,以贴近真实考试的全套样题的形式供考生进行模拟练习。

5. 智能模考软件

为了更好地帮助考生提高复习效率,本书提供配套的智能模考软件。该软件主要包含以下功能模块。

●考试题库：包含历年考试题目，以套卷的形式提供，并且考生在练习时可以随时查看答案及解析。

●模拟考场：完全模拟真实考试环境，其操作界面、答题流程、评分标准均与真考的情况一致，能帮助考生提前熟悉真考环境和考试流程。

●错题重做：考生可将做错的试题收录于"错题重做"模块进行重做，以查漏补缺，提高复习效率。

●配书资源：主要有本书的PPT课件、素材文件以及章末"综合自测"中所有题目的详细解析。

本软件的获取方式：扫描图书封底的二维码，关注微信公众号"职场研究社"，回复"53143"，即可免费获取本软件的下载链接。

在编写过程中，尽管我们着力打磨内容，精益求精，但水平有限，书中难免存在疏漏之处，恳请广大读者批评指正。考生在学习过程中，可以访问未来教育考试网，及时获得考试信息及下载资源。如有疑问，可以发送邮件至 muguiling@ptpress.com.cn，我们将会给您满意的答复。

最后，祝愿各位考生顺利通过考试。

编　者

目 录

第0章 考试指南 ... 1
0.1 考试环境简介 ... 2
0.2 考试流程演示 ... 2

第1章 公共基础知识 ... 5
1.1 数据结构与算法 ... 6
考点1 算法 ... 6
考点2 数据结构的基本概念 ... 7
考点3 线性表及其顺序存储结构 ... 8
考点4 栈和队列 ... 9
考点5 线性链表 ... 10
考点6 树和二叉树 ... 11
考点7 查找技术 ... 13
考点8 排序技术 ... 13
1.2 程序设计基础 ... 15
考点9 程序设计方法与风格 ... 15
考点10 结构化程序设计 ... 16
考点11 面向对象的程序设计 ... 17
1.3 软件工程基础 ... 18
考点12 软件工程基本概念 ... 18
考点13 结构化分析方法 ... 19
考点14 结构化设计方法 ... 20
考点15 软件测试 ... 22
考点16 程序的调试 ... 23
1.4 数据库设计基础 ... 24
考点17 数据库系统的基本概念 ... 24
考点18 数据模型 ... 25
考点19 关系代数 ... 27
考点20 数据库设计与管理 ... 28
1.5 综合自测 ... 30

第2章 数据库基础知识 ... 32
2.1 数据库基础知识 ... 33
考点1 数据及数据库系统 ... 33
考点2 数据模型 ... 34
2.2 关系数据库 ... 36
考点3 关系数据模型 ... 36
考点4 关系运算 ... 37
2.3 数据库设计基础 ... 38
考点5 数据库设计步骤 ... 38
考点6 数据库设计过程 ... 39
2.4 Access简介 ... 40
考点7 Access数据库的特点及系统结构 ... 40

考点 8　Access 窗口及基本操作 ………………………………………………………… 41
2.5　综合自测 …………………………………………………………………………………… 42

第 3 章　数据库和表 …………………………………………………………………… 44
3.1　建立表 ………………………………………………………………………………………… 45
考点 1　建立表的结构 …………………………………………………………………… 45
考点 2　设置字段属性 …………………………………………………………………… 47
考点 3　建立表之间的关系 ……………………………………………………………… 51
考点 4　向表中输入数据 ………………………………………………………………… 52
3.2　维护表 ………………………………………………………………………………………… 53
考点 5　修改表结构 ……………………………………………………………………… 53
考点 6　编辑表内容 ……………………………………………………………………… 55
考点 7　调整表外观 ……………………………………………………………………… 56
3.3　操作表 ………………………………………………………………………………………… 59
考点 8　查找数据 ………………………………………………………………………… 59
考点 9　筛选记录 ………………………………………………………………………… 61
考点 10　排序记录 ………………………………………………………………………… 62
3.4　综合自测 …………………………………………………………………………………… 64

第 4 章　查询 ……………………………………………………………………………… 66
4.1　查询概述 …………………………………………………………………………………… 67
考点 1　查询的功能 ……………………………………………………………………… 67
考点 2　查询的条件 ……………………………………………………………………… 68
4.2　创建选择查询 ……………………………………………………………………………… 71
考点 3　使用查询向导 …………………………………………………………………… 71
考点 4　使用设计视图 …………………………………………………………………… 73
考点 5　在查询中进行计算 ……………………………………………………………… 76
4.3　创建交叉表查询 …………………………………………………………………………… 79
考点 6　交叉表查询 ……………………………………………………………………… 79
4.4　创建参数查询 ……………………………………………………………………………… 81
考点 7　参数查询 ………………………………………………………………………… 81
4.5　创建操作查询 ……………………………………………………………………………… 83
考点 8　操作查询 ………………………………………………………………………… 83
4.6　创建 SQL 查询 ……………………………………………………………………………… 87
考点 9　SQL 查询 ………………………………………………………………………… 87
4.7　综合自测 …………………………………………………………………………………… 89

第 5 章　窗体 ……………………………………………………………………………… 91
5.1　认识窗体 …………………………………………………………………………………… 92
考点 1　窗体 ……………………………………………………………………………… 92
5.2　设计窗体 …………………………………………………………………………………… 93
考点 2　窗体设计视图 …………………………………………………………………… 93
考点 3　常用控件的功能 ………………………………………………………………… 94
考点 4　常用控件的使用 ………………………………………………………………… 96
考点 5　窗体和控件的属性 ……………………………………………………………… 100
5.3　综合自测 …………………………………………………………………………………… 103

第 6 章　报表 ……………………………………………………………………………… 105
6.1　报表的基本概念与组成 …………………………………………………………………… 106
考点 1　报表的基本概念 ………………………………………………………………… 106

	考点2 报表设计区	107
6.2	创建报表	108
	考点3 报表的创建及控件的添加	108
6.3	报表排序和分组	112
	考点4 记录分组与排序	112
6.4	使用计算控件	114
	考点5 报表计算	114
6.5	设计复杂的报表	117
	考点6 报表属性	117
6.6	综合自测	118

第7章 宏 ... 121

7.1	宏的功能	122
	考点1 宏的基本概念	122
7.2	建立宏	122
	考点2 创建不同类型的宏	122
7.3	通过事件触发宏	126
	考点3 事件及宏触发	126
7.4	综合自测	127

第8章 模块与VBA编程基础 ... 129

8.1	模块	130
	考点1 模块的概念及创建	130
8.2	VBA程序设计基础	131
	考点2 Visual Basic编程环境	131
	考点3 数据类型和数据库对象	133
	考点4 变量与常量	135
	考点5 常用标准函数	137
8.3	VBA流程控制语句	140
	考点6 VBA程序结构	140
8.4	过程调用和参数传递	144
	考点7 过程定义、调用	144
8.5	窗体、控件属性及含义	147
	考点8 窗体属性及含义	147
	考点9 控件属性及含义	148
8.6	VBA程序错误处理与调试	150
	考点10 VBA错误处理的语句结构	150
	考点11 VBA程序的调试	151
8.7	综合自测	152

第9章 VBA数据库编程 ... 155

9.1	VBA常见操作	156
	考点1 开关操作与事件处理	156
9.2	VBA的数据库编程	162
	考点2 数据访问对象(DAO)和Activex数据对象(ADO)	162
9.3	综合自测	167

第10章 操作题高频考点精讲 ... 170

10.1	基本操作题	171
	考点1 建立表结构	171

考点2　设置字段属性 ··· 172
考点3　建立表间关系 ··· 174
考点4　向表中输入数据 ··· 174
考点5　维护表 ··· 175
考点6　操作表 ··· 175
10.2　简单应用题 ··· 175
考点7　创建选择查询 ··· 175
考点8　在查询中进行计算 ··· 176
考点9　创建交叉表查询 ··· 176
考点10　创建参数查询 ··· 177
考点11　创建操作查询 ··· 177
考点12　创建SQL查询 ·· 179
考点13　编辑和使用查询 ··· 179
10.3　综合应用题 ··· 180
考点14　创建窗体 ··· 180
考点15　常用控件的使用 ··· 181
考点16　常用属性 ··· 182
考点17　宏 ··· 183
考点18　创建报表 ··· 184
考点19　报表控件 ··· 184
考点20　报表排序和分组 ··· 185
考点21　使用计算控件 ··· 185
考点22　报表中的常见属性 ··· 186
考点23　窗体属性及含义 ··· 186
考点24　控件属性及含义 ··· 187

第11章　新增无纸化考试套卷及其答案解析 ·· 188
11.1　新增无纸化考试套卷 ··· 189
第1套　新增无纸化考试套卷 ··· 189
第2套　新增无纸化考试套卷 ··· 193
11.2　新增无纸化考试套卷的答案及解析 ··· 199
第1套　答案及解析 ··· 199
第2套　答案及解析 ··· 207

附录　综合自测参考答案 ··· 216

第0章 考试指南

俗话说:"知己知彼,百战不殆。"考生在备考之前,需要了解相关的考试信息,然后进行有针对性的复习,方可起到事半功倍的效果。为此,特安排本章,以帮助考生在较短的时间了解到最实用的信息,同时本章还提供了考试环境及流程介绍。各部分具体内容如下。

考试环境简介:介绍考试的环境、考试题型及分值等。

考试流程演示:主要是介绍真实考试的操作过程,以免考生因不了解答题过程而造成失误。

0.1 考试环境简介

2020年全国计算机等级考试的硬件环境和软件环境,以及题型、分值、考试时间如下。

1. 硬件环境

考试系统所需要的硬件环境如表0.1所示。

表0.1 硬件环境

CPU	主频双核 2.1GHz
内　存	2GB 或以上
显　卡	支持 DirectX 9
硬盘空间	10GB 以上可供考试使用的空间

2. 软件环境

考试系统所需要的软件环境如表0.2所示。

表0.2 软件环境

操作系统	中文版 Windows 7
应用软件	中文版 Microsoft Access 2010

3. 本书配套软件的适用环境

本书配套的软件在教育部考试中心规定的考试环境下进行了严格的测试,适用于中文版 Windows 7 操作系统和 Microsoft Access 2010 应用软件。

4. 题型及分值

全国计算机等级考试二级 Access 考试满分为 100 分,共有 4 种考查题型,即选择题(40 小题,共 40 分)、基本操作题(分值 18 分)、简单应用题(分值 24 分)和综合应用题(分值 18 分)。

5. 考试时间

全国计算机等级考试二级 Access 考试时间为 120 分钟,考试时间由考试系统自动计时。考试时间结束,考试系统自动将计算机锁定,考生不能继续进行考试。

0.2 考试流程演示

考生考试过程分为登录、答题、交卷等阶段。

1. 登录

在实际答题之前,需要进行考试系统的登录。一方面,这是考生姓名的记录凭据,系统要验证考生的"合法"身份;另一方面,考试系统也需要为每一位考生随机抽题,生成一份二级 Access 考试的试题。

(1)启动考试系统。双击桌面上的"NCRE 考试系统"快捷方式,或从"开始"菜单的"所有程序"中选择"第××(××为考次号)次 NCRE"命令,启动"NCRE 考试系统"。

(2)考号验证。在"考生登录"界面中输入准考证号,单击图0.1中的"下一步"按钮,可能会出现以下情况的提示信息。

- 如果输入的准考证号存在,将弹出"考生信息确认"界面,要求考生对准考证号、姓名及证件号进行验证,如图0.2所示。如果输入的准考证号错误,则单击"重输准考证号"按钮重新输入;如果输入的准考证号正确,则单击"下一步"按钮继续。

图 0.1 输入准考证号

图 0.2 考生信息确认

- 如果输入的准考证号不存在,考试系统会显示如图 0.3 所示的提示信息,并要考生重新输入准考证号。

(3)登录成功。当考试系统抽取试题成功后,屏幕上会显示二级 Access 的考试须知,考生须勾选"已阅读"复选框并单击"开始考试并计时"按钮,开始考试并计时,如图 0.4 所示。

图 0.3 准考证号无效

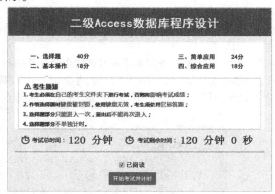

图 0.4 考试须知

2. 答题

(1)试题内容查阅窗口。登录成功后,考试系统将自动在屏幕中间生成试题内容查阅窗口,至此,系统已为考生抽取了一套完整的试题,如图 0.5 所示。单击其中的"选择题""基本操作""简单应用"或"综合应用"按钮,可以分别查看各题型的题目要求。

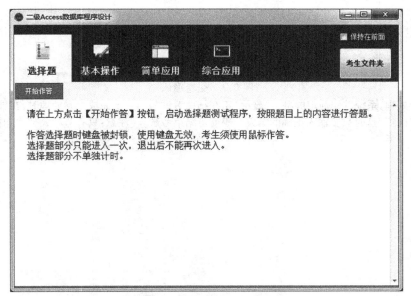

图 0.5 试题内容查阅窗口

当试题内容查阅窗口中显示上下或左右滚动条时,表示该窗口中的试题尚未完全显示,此时,考生可用鼠标拖动滚动条显示余下的试题内容,防止因漏做试题而影响考试成绩。

(2)考试状态信息条。屏幕中出现试题内容查阅窗口的同时,屏幕顶部显示考试状态信息条,其中包括:①考生的准考证号、考试剩余时间等;②可以随时显示或隐藏试题内容查阅窗口的按钮;③退出考试系统进行交卷的按钮,如图0.6所示。"隐藏试题"字符表示屏幕中间的考试窗口正在显示。当用鼠标单击"隐藏试题"字符时,屏幕中间的考试窗口就被隐藏,且"隐藏试题"字符变成"显示试题"。

图0.6 考试状态信息条

(3)启动考试环境。在试题内容查阅窗口中,单击"选择题"标签,再单击"开始作答"按钮,系统将自动进入作答选择题的界面,可根据要求进行答题。注意:选择题作答界面只能进入一次,退出后不能再次进入。对于基本操作题、简单应用题和综合应用题,可单击试题内容查阅窗口内素材列表中的文件,或者单击"考生文件夹"按钮后,在打开的文件夹中双击相应文件,在启动的 Microsoft Access 2010 中按照题目要求进行操作。

(4)考生文件夹。考生文件夹是考生存放答题结果的唯一位置。考生在考试过程中所操作的文件和文件夹绝对不能脱离考生文件夹,同时绝对不能随意删除此文件夹中的任何与考试要求无关的文件及文件夹,否则会影响考试成绩。考生文件夹的命名是系统默认的,一般为准考证号的前2位和后6位。假设某考生登录的准考证号为"2928999999000001",则考生文件夹为"K:\考试机机号\29000001"。

3. 交卷

考试过程中,系统会为考生计算剩余考试时间。在剩余5分钟时,系统会显示提示信息,提示考生注意保存并准备交卷。时间用完,系统自动结束考试,强制交卷。

如果考生要提前结束考试并交卷,则在屏幕顶部考试状态信息条中单击"交卷"按钮,考试系统将弹出图0.7所示的"作答进度"窗口,其中会显示已作答题量和未作答题量。此时,考生如果单击"确定"按钮,系统会再次显示确认对话框。如果仍单击"确定"按钮,则退出考试系统进行交卷处理;如果单击"取消"按钮,则返回考试界面,继续进行考试。

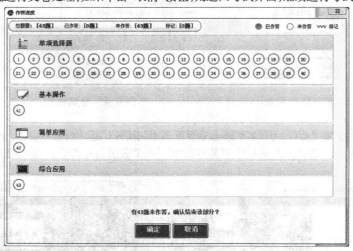

图0.7 交卷确认

如果确定进行交卷处理,系统首先锁定屏幕,并显示"正在结束考试";当系统完成交卷处理时,在屏幕上显示"考试结束,请监考老师输入结束密码:",这时只要输入正确的结束密码就可结束考试。(注意:只有监考人员才能输入结束密码)

第1章

公共基础知识

本章内容主要是全国计算机等级考试二级的公共基础知识,主要介绍关于程序设计的基础知识和面向对象的程序设计基础,这些在等级考试中占有相当的比重。本章分为4节,包括数据结构与算法、程序设计基础、软件工程基础和数据库设计基础。在学习本章内容时,可参考"真考链接"中的相关指导,根据侧重点有针对性地学习。

选择题分析明细表

考点	考查概率	难易程度
算法	45%	★★★
数据结构的基本概念	45%	★★
线性表及其顺序存储结构	45%	★
栈和队列	90%	★★★
线性链表	35%	★★★
树和二叉树	100%	★★★★★
查找技术	35%	★★
排序技术	25%	★★
程序设计方法与风格	10%	★
结构化程序设计	45%	★★
面向对象的程序设计	65%	★★★★
软件工程基本概念	75%	★★★
结构化分析方法	85%	★★★
结构化设计方法	65%	★★★
软件测试	75%	★★
程序的调试	30%	★
数据库系统的基本概念	100%	★★
数据模型	90%	★
关系代数	90%	★★
数据库设计与管理	55%	★★★★★

1.1 数据结构与算法

考点1 算 法

1. 算法的基本概念

算法是指解题方案的准确而完整的描述。

(1) 算法的基本特征

- 可行性：针对实际问题而设计的算法，执行后能够得到满意的结果，即必须有一个或多个输出。如果在数学理论上是正确的，但是在实际的计算工具上不能执行，则该算法也是不具有可行性的。
- 确定性：是指算法中每一步骤都必须是有明确定义的。
- 有穷性：是指算法必须能在有限的时间内做完。
- 拥有足够的情报：一个算法是否有效，还取决于为算法所提供的情报是否足够。

> **真考链接**
>
> 在选择题中，考查概率为45%。该知识点属于熟记性内容，应熟记算法、时间复杂度和空间复杂度的概念。

(2) 算法的基本要素

算法一般由两种基本要素构成：

- 对数据对象的运算和操作；
- 算法的控制结构，即运算和操作时间的顺序。

算法中对数据对象的运算和操作：算法就是按解题要求从指令系统中选择合适的指令组成的指令序列。计算机算法就是计算机能执行的操作所组成的指令序列。不同的计算机系统，指令系统是有差异的，但一般的计算机系统中都包括的运算和操作有4类，即算术运算、逻辑运算、关系运算和数据传输。

算法的控制结构：算法中各操作之间的执行顺序称为算法的控制结构。算法的功能不仅取决于所选用的操作，还与各操作之间的进行顺序有关。基本的控制结构包括顺序结构、选择结构和循环结构等。

(3) 算法设计的基本方法

算法设计的基本方法有列举法、归纳法、递推法、递归法、减半递推技术和回溯法。

2. 算法的复杂度

算法复杂度主要包括时间复杂度和空间复杂度。

(1) 算法的时间复杂度

所谓算法的时间复杂度，是指执行算法所需要的计算工作量。

一般情况下，算法的工作量用算法所执行的基本运算次数来度量，而算法所执行的基本运算次数是问题规模的函数，即

$$算法的工作量 = f(n)$$

其中，n 表示问题的规模。这个表达式表示随着问题规模 n 的增大，算法执行时间的增长率和 $f(n)$ 的增长率相同。

在同一个问题规模下，如果算法执行所需的基本运算次数取决于某一特定输入时，可以用两种方法来分析算法的工作量，即平均性态分析和最坏情况分析。

(2) 算法的空间复杂度

一个算法的空间复杂度，一般是指执行这个算法所需要的内存空间。算法执行期间所需要的存储空间包括3个部分：

- 算法程序所占的空间；
- 输入的初始数据所占的存储空间；
- 算法执行过程中所需要的额外空间。

在许多实际问题中，为了减小算法所占的存储空间，通常采用压缩存储技术，用于减小不必要的额外空间。

考点2 数据结构的基本概念

1. 数据结构的定义

数据结构是指相互有关联的数据元素的集合,即数据的组织形式。

(1) 数据的逻辑结构

所谓数据的逻辑结构,是指反映数据元素之间逻辑关系(即前后件关系)的数据结构。它包括两个要素,即数据元素的集合和数据元素之间的关系。

(2) 数据的存储结构

数据的逻辑结构在计算机存储空间中的存放形式称为数据的存储结构(也称为数据的物理结构)。数据结构的存储方式有:顺序存储方法、链式存储方法、索引存储方法和散列存储方法。采用不同的存储结构,数据处理的效率是不同的。因此在进行数据处理时,选择合适的存储结构是很重要的。

> **真考链接**
>
> 在选择题中,考查概率为45%。该知识点属于熟记性内容,应熟记数据结构的定义、分类,能区分线性结构与非线性结构。

数据结构研究的内容主要包括3个方面:
- 数据集合中各数据元素之间的逻辑关系,即数据的逻辑结构;
- 在对数据进行处理时,各数据元素在计算机中的存储关系,即数据的存储结构;
- 对各种数据结构进行的运算。

2. 数据结构的图形表示

数据元素之间最基本的关系是前后件关系。所谓前后件关系即每一个二元组,都可以用图形来表示。用中间标有元素值的方框表示数据元素,一般称之为数据节点,简称为节点。对于每一个二元组,通常用一条有向线段从前件指向后件。

用图形表示数据结构具有直观、易懂的特点,在不引起歧义的情况下,前件节点到后件节点连线上的箭头可以省去。例如在树形结构中,通常都是用无向线段来表示前后件关系的。

3. 线性结构与非线性结构

根据数据结构中各数据元素之间前后件关系的复杂程度,一般可将数据结构分为两大类型:线性结构和非线性结构。

如果一个非空的数据结构满足有且只有一个根节点,并且每个节点最多有一个直接前驱和直接后继,则称该数据结构为线性结构,又称线性表。不满足上述条件的数据结构则称为非线性结构。

> **小提示**
>
> 需要注意的是:在线性结构中插入或删除任何一个节点后它还是线性结构,否则不能称之为线性结构。

  真题精选

下列叙述中正确的是( )。
A) 程序执行的效率与数据的存储结构密切相关
B) 程序执行的效率只取决于程序的控制结构
C) 程序执行的效率只取决于所处理的数据量
D) 以上3种说法都不对

【答案】A

【解析】在计算机中,数据的存储结构对数据的执行效率有较大的影响,例如在有序存储的表中查找某个数值的效率就比在无序存储的表中查找的效率高很多。

考点3 线性表及其顺序存储结构

1. 线性表的基本概念

在数据结构中,通常将线性结构称为线性表,线性表是最简单也是最常用的一种数据结构。

线性表是由 $n(n \geq 0)$ 个数据元素 $a_1, a_2, \cdots, a_n$ 组成的一个有限序列。除了表中的第一个元素外,有且只有一个前件;除了最后一个元素外,有且只有一个后件。

线性表要么是一个空表,要么可以表示为如下形式:

$$(a_1, a_2, \cdots, a_i, \cdots, a_n)$$

其中 $a_i(i=1,2,\cdots,n)$ 是线性表的数据元素,也称为线性表的一个节点。

每个数据元素的具体含义,在不同的情况下各不相同,它可以是一个数或一个字符,也可以是一个具体的事物,甚至其他更复杂的信息。但是需要注意的是:同一线性表中的数据元素必定具有相同的特性,即属于同一个数据对象。

> **真考链接**
>
> 在选择题中,考查概率为45%。该知识点属于了解性内容,考生需了解线性表的基本概念。

> **小提示**
>
> 非空线性表具有以下一些结构特征:
> - 只有一个根节点,即头节点,它无前件;
> - 有且只有一个终节点,即尾节点,它无后件;
> - 除了头节点与尾节点外,其他所有节点有且只有一个前件,也有且只有一个后件。节点个数 n 称为线性表的长度,当 $n=0$ 时称为空表。

2. 线性表的顺序存储结构

将线性表中的元素一个接一个地存储在一片相邻的存储区域中,这种顺序表示的线性表也称为顺序表。

线性表的顺序存储结构具有以下两个基本特点:
- 元素所占的存储空间必须是连续的;
- 元素在存储空间的位置是按逻辑顺序存放的。

从这种特点也可以看出,线性表是用元素在计算机内物理位置上的相邻关系来表示元素之间逻辑上的相邻关系。只要确定了首地址,线性表内任意元素的地址都可以方便地计算出来。

3. 线性表的插入运算

在线性表的插入运算中,若在第 i 个元素之前插入一个新元素,完成插入操作主要有以下3个步骤:

(1)把原来第 i 个节点至第 n 个节点依次往后移一个元素的位置;
(2)把新节点放在第 i 个位置上;
(3)修正线性表的节点个数。

> **小提示**
>
> 一般会为线性表开辟一个大于线性表长度的存储空间,经过多次插入运算,可能出现存储空间已满的情况,如果此时仍继续进行插入运算,将会产生错误,此类错误称为"上溢"。

如果需要在线性表末尾进行插入运算,则只需要在表的末尾增加一个元素即可,而不需要移动线性表中的元素。
如果在第一个位置插入新的元素,则需要移动表中所有的数据。

4. 线性表的删除运算

在线性表的删除运算中,若删除第 i 个位置的元素,则要从第 $i+1$ 个元素开始,直到第 n 个元素之间共 $n-i$ 个元素依次向前移一个位置。完成删除主要有以下几个步骤:

(1)把第 i 个元素之后(不包括第 i 个元素)的 $n-i$ 个元素依次前移一个位置;
(2)修正线性表的节点个数。

显然,如果删除运算在线性表的末尾进行,即删除第 n 个元素,则不需要移动线性表中的元素。
如果要删除第1个元素,则需要移动表中所有的数据。

第1章 公共基础知识

> **小提示**
> 由线性表的以上性质可以看出,线性表的顺序存储结构适用于小线性表或者建立之后其中的元素不常变动的线性表,而不适用于需要经常进行插入和删除运算的线性表和长度较大的线性表。

真题精选

【例1】下列有关顺序存储结构的叙述,不正确的是( )。
　A)存储密度大
　B)逻辑上相邻的节点物理上不必邻接
　C)可以通过计算机直接确定第i个节点的存储地址
　D)插入、删除操作不方便

【答案】B
【解析】顺序存储结构要求逻辑上相邻的元素物理上也相邻,所以只有选项B叙述错误。

【例2】在一个长度为n的顺序表中,向第i个元素($1 \leq i \leq n+1$)位置插入一个新元素时,需要从后向前依次移动( )个元素。
　A)$n-i$　　　　B)i　　　　C)$n-i-1$　　　　D)$n-i+1$

【答案】D
【解析】根据顺序表的插入运算的定义知道,在第i个位置上插入x,从a_i到a_n都要向后移动一个位置,共需要移动$n-i+1$个元素。

考点4　栈和队列

1.栈及其基本运算

(1)栈的基本概念

栈实际上也是线性表,只不过是一种特殊的线性表。在这种特殊的线性表中,插入与删除运算都只在线性表的一端进行。

在栈中,允许插入与删除的一端称为栈顶(top),另一端称为栈底(bottom)。当栈中没有元素时称为空栈。栈也被称为"先进后出"表或"后进先出"表。

> **真考链接**
> 在选择题中,考查概率为90%,属于必考知识点。该知识点较为基础,应理解栈和队列的概念和特点,掌握栈和队列的运算方法。

(2)栈的特点

根据栈的上述定义,栈具有以下几个特点:
- 栈顶元素总是最后被插入的元素,也是最先被删除的元素;
- 栈底元素总是最先被插入的元素,也是最后才能被删除的元素;
- 栈具有记忆作用;
- 在顺序存储结构下,栈的插入和删除运算都不需要移动表中其他的数据元素;
- 栈顶指针动态反映了栈中元素的变化情况。

(3)栈的顺序存储及其运算

栈的状态如图1.1所示。

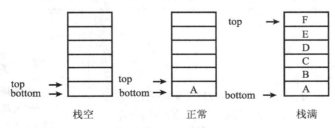

图1.1　栈的状态

根据栈的状态,可以得知栈的基本运算有以下3种:
- 入栈运算:在栈顶位置插入一个新元素;

- 退栈运算:取出栈顶元素并赋给一个指定的变量;
- 读栈顶元素:将栈顶元素赋给一个指定的变量。

2. 队列及其基本运算

(1)队列的基本概念

队列是指允许在一端进行插入,而在另一端进行删除的线性表。允许插入的一端称为队尾,通常用一个称为尾指针(rear)的指针指向队尾元素;允许删除的一端称为队头,通常用一个头指针(front)指向头元素的前一个位置。

因此队列又称为"先进先出"(First In First Out,FIFO)的线性表。插入元素称为入队运算,删除元素称为退队运算。队列的基本结构如图1.2所示。

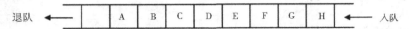

图1.2 队列

(2)循环队列及其运算

所谓循环队列,就是将队列存储空间的最后一个位置绕到第一个位置,形成逻辑上的环状空间,供队列循环使用。

在循环队列中,用尾指针(rear)指向队列的尾元素,用头指针(front)指向头元素的前一个位置,因此,从头指针(front)指向的后一个位置直到尾指针(rear)指向的位置之间所有的元素均为队列中的元素。循环队列的初始状态为空,即 rear = front。

循环队列的基本运算主要有两种:入队运算与退队运算。
- 入队运算是指在循环队列的队尾加入一个新的元素。
- 退队运算是指在循环队列的排头位置退出一个元素,并赋给指定的变量。

> **小提示**
> 栈是按照"先进后出"或"后进先出"的原则组织数据,而队列则是按照"先进先出"或"后进后出"的原则组织数据,这就是栈和队列的不同点。

真题精选

【例1】下列对队列的叙述正确的是(　　)。
A)队列属于非线性表　　　　　　　　B)队列按"先进后出"原则组织数据
C)队列在队尾删除数据　　　　　　　D)队列按"先进先出"原则组织数据

【答案】D

【解析】队列是一种特殊的线性表,它只能在一端进行插入,在另一端进行删除。允许插入的一端称为队尾,允许删除的另一端称为队头。队列又称为"先进先出"或"后进后出"的线性表,体现了"先到先服务"的原则。

【例2】下列关于栈的描述正确的是(　　)。
A)在栈中只能插入元素而不能删除元素
B)在栈中只能删除元素而不能插入元素
C)栈是特殊的线性表,只能在一端插入或删除元素
D)栈是特殊的线性表,只能在一端插入元素,而在另一端删除元素

【答案】C

【解析】栈是一种特殊的线性表。在这种特殊的线性表中,其插入和删除操作只在线性表的一端进行。

考点5　线性链表

1. 线性链表的基本概念

线性表的链式存储结构称为线性链表。

为了存储线性表中的每一个元素,一方面要存储数据元素的值,另一方面要存储各数据元素之间的前后件关系。为此,在链式存储方式中,每个节点由两部分组成:一部分称为数据域,用于存放数据元素值;另一部分称为指针域,用于存放下一个数据元素的存储序号,即指向后件节点。链式存储结构既可以表示线性结构,也可以表示非线性结构。

> **真考链接**
> 在选择题中,考查概率为35%。该知识点属于熟记性内容,主要应熟记线性链表的概念和特点,顺序表和链表的优缺点等。

线性表链式存储结构的特点是用一组不连续的存储单元存储线性表中的各个元素。由于存储单元不连续,因此数据元素之间的逻辑关系就不能依靠数据元素的存储单元之间的物理关系来表示。

2. 线性链表的基本运算

线性链表主要包括以下几种运算:
- 在线性链表中包含指定元素的节点之前插入一个新元素;
- 在线性链表中删除包含指定元素的节点;
- 将两个线性链表按要求合并成一个线性链表;
- 将一个线性链表按要求进行分解;
- 逆转线性链表;
- 复制线性链表;
- 线性链表的排序;
- 线性链表的查找。

3. 循环链表及其基本运算

(1) 循环链表的定义

在单链表的第一个节点前增加一个表头节点,队头指针指向表头节点,将最后一个节点的指针域的值由 NULL 改为指向表头节点,这样的链表称为循环链表。在循环链表中,所有节点的指针构成了一个环状链。

(2) 循环链表与单链表的比较

对单链表的访问是一种顺序访问,从其中的某一个节点出发,只能找到它的直接后继,但无法找到它的直接前驱。而且对于空表和第一个节点的处理必须单独考虑,空表与非空表的操作不统一。

在循环链表中,只要指出表中任何一个节点的位置,就可以从它出发访问到表中其他所有的节点。并且由于表头节点是循环链表所固有的节点,因此即使在表中没有数据元素的情况下,表中也至少有一个节点存在,从而使空表和非空表的运算统一。

 真题精选

下列叙述中正确的是( )。

A) 线性链表是线性表的链式存储结构
B) 栈与队列是非线性结构
C) 双向链表是非线性结构
D) 只有根节点的二叉树是线性结构

【答案】A

【解析】根据数据结构中各数据元素之间前后件关系的复杂程度,可将数据结构分为两大类型:线性结构与非线性结构。如果一个非空的数据结构满足下列两个条件:①有且只有一个根节点;②每个节点最多一个前驱,也最多有一个后继,则称该数据结构为线性结构,也叫作线性表。若不满足上述条件,则称之为非线性结构。线性表、栈与队列、线性链表都是线性结构,而二叉树则是非线性结构。

考点6 树和二叉树

1. 树的基本概念

树是一种简单的非线性结构,直观地来看树是以分支关系定义的层次结构。树是由 $n(n \geq 0)$ 个节点构成的有限集合,$n = 0$ 的树称为空树;当 $n \neq 0$ 时,树中的节点应该满足以下两个条件:
- 有且仅有一个没有前驱的节点称之为根;
- 其余的节点分成 $m(m > 0)$ 个互不相交的有限集合 $T_1, T_2, \cdots, T_m$,其中每一个集合又都是一棵树,称 $T_1, T_2, \cdots, T_m$ 为根节点的子树。

在树的结构中主要会涉及下面几个概念。
- 每一个节点只有一个前件,称为父节点。没有前件的节点只有一个,称为树的根节点,简称树的根。
- 每一个节点可以有多个后件,称为该节点的子节点。没有后件的节点称为叶子节点。
- 一个节点所拥有的后继个数称为该节点的度。
- 所有节点最大的度称为树的度。

> **真考链接**
>
> 在选择题中,考查概率为 100%。本节属于必考知识点,特别是关于二叉树的遍历。该知识点属于熟记和掌握性内容,应熟记二叉树的概念及其相关术语,掌握二叉树的性质以及二叉树的 3 种遍历方法。本知识点是数据结构的重要部分。

- 树的最大层次称为树的深度。

2. 二叉树及其基本性质

(1) 二叉树的定义

二叉树是一种非线性结构,是一个有限的节点集合,该集合或者为空,或者由一个根节点及其两棵互不相交的左右二叉子树所组成。当集合为空时,称该二叉树为空二叉树。

二叉树具有以下特点:
- 二叉树可以为空,空的二叉树没有节点,非空二叉树有且只有一个根节点;
- 每一个节点最多有两棵子树,且分别称为该节点的左子树与右子树。

(2) 满二叉树和完全二叉树

满二叉树:除了最后一层外,每一层上的所有节点都有两个子节点,即在满二叉树的第 k 层上有 2^{k-1} 个节点,且深度为 m 的满二叉树中有 $2^m - 1$ 个节点。

完全二叉树:除了最后一层外,每一层上的节点数都达到了最大值,在最后一层上只缺少右边的若干节点。

满二叉树与完全二叉树的关系:满二叉树一定是完全二叉树,但完全二叉树不一定是满二叉树。

(3) 二叉树的主要性质

- 一棵非空二叉树的第 k 层上最多有 2^{k-1} 个节点($k \geq 1$)。
- 深度为 m 的满二叉树中有 $2^m - 1$ 个节点。
- 对任何一棵二叉树而言,度为 0 的节点(即叶子节点)总是比度为 2 的节点多一个。
- 具有 n 个节点的完全二叉树的深度 k 为 $[\log_2 n] + 1$。

3. 二叉树的存储结构

在计算机中,二叉树通常采用链式存储结构。用于存储二叉树中各元素的存储节点由数据域和指针域组成。由于每一个元素可以有两个后件(即两个子节点),所以用于存储二叉树的存储节点的指针域有两个:一个指向该节点的左子节点的存储地址,称为左指针域;另一个指向该节点的右子节点的存储地址,称为右指针域。因此,二叉树的链式存储结构也称为二叉链表。

对于满二叉树与完全二叉树可以按层次进行顺序存储。

4. 二叉树的遍历

二叉树的遍历是指不重复地访问二叉树中的所有节点。二叉树的遍历主要是针对非空二叉树的;对于空二叉树,则结束返回。

二叉树的遍历有前序遍历、中序遍历和后序遍历等。

(1) 前序遍历(DLR)

首先访问根节点,然后遍历左子树,最后遍历右子树。

(2) 中序遍历(LDR)

首先遍历左子树,然后访问根节点,最后遍历右子树。

(3) 后序遍历(LRD)

首先遍历左子树,然后遍历右子树,最后访问根节点。

小提示

已知一棵二叉树的前序遍历序列和中序遍历序列,可以唯一确定这棵二叉树。已知一棵二叉树的后序遍历序列和中序遍历序列,也可以唯一确定这棵二叉树。已知一棵二叉树的前序遍历序列和后序遍历序列,则不能唯一确定这棵二叉树。

真题精选

对如右图所示的二叉树进行后序遍历的结果为(　　)。

A) ABCDEF　　　　　　　　　　　B) DBEAFC
C) ABDECF　　　　　　　　　　　D) DEBFCA

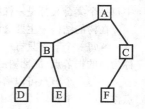

【答案】D

【解析】执行后序遍历,依次进行如下操作:
　　①首先按照后序遍历的顺序遍历根节点的左子树;
　　②然后按照后序遍历的顺序遍历根节点的右子树;
　　③最后访问根节点。

考点7　查找技术

1. 顺序查找

顺序查找一般是指在线性表中查找指定的元素。其基本思路是：从表中的第一个元素开始，依次将线性表中的元素与被查找元素进行比较，直到两者相符，查到所要找的元素为止。若表中没有要找的元素，则查找不成功。

在最好的情况下，第一个元素就是要查找的元素，则比较次数为 1 次。
在最坏的情况下，顺序查找需要比较 n 次。
在平均情况下，需要比较 $n/2$ 次。因此查找算法的时间复杂度为 $O(n)$。
在下列两种情况下只能够采取顺序查找：
- 如果线性表中元素的排列是无序的，则无论是顺序存储结构还是链式存储结构，都只能进行顺序查找；
- 即便是有序线性表，若采用链式存储结构，也只能进行顺序查找。

2. 二分查找

使用二分法查找的线性表必须满足两个条件：
- 顺序存储结构；
- 线性表是有序表。

所谓有序表，是指线性表中的元素按值非递减排列（即从小到大，但允许相邻元素值相等）。
对于长度为 n 的有序线性表，利用二分法查找元素 x 的过程如下：
(1) 将 x 与线性表的中间项进行比较；
(2) 若中间项的值等于 x，则查找成功，结束查找；
(3) 若 x 小于中间项的值，则在线性表的前半部分以二分法继续查找；
(4) 若 x 大于中间项的值，则在线性表的后半部分以二分法继续查找。
这样反复进行查找，直到查找成功或子表长度为 0（说明线性表中没有这个元素）为止。
当有序线性表为顺序存储时采用二分查找的效率要比顺序查找高得多。对于长度为 n 的有序线性表，在最坏的情况下，二分查找只需要比较 $\log_2 n$ 次，而顺序查找则需要比较 n 次。

> **真考链接**
> 在选择题中，考查概率为 35%。
> 该知识点属于理解性内容，应理解顺序查找与二分查找的概念以及一些查找的方法。

真题精选

在下列数据结构中，能用二分法进行查找的是（　　）。
A) 顺序存储的有序线性表　　B) 线性链表　　C) 二叉链表　　D) 有序线性链表

【答案】A
【解析】二分法查找只适用于顺序存储的有序表。所谓有序表是指线性表中的元素按值非递减排列（即从小到大，但允许相邻元素值相等）。

考点8　排序技术

1. 交换类排序法

交换类排序法是指借助数据元素的"交换"来进行排序的一种方法。本节介绍的冒泡排序法和快速排序法就是属于交换类排序法。

(1) 冒泡排序法

冒泡排序的基本思路如下。
在线性表中依次查找相邻的数据元素，将表中最大的元素不断地往后移动，反复操作直到消除所有的逆序，此时该表即排序结束。
冒泡排序法的基本过程如下。
① 从表头开始往后查找线性表，在查找过程中逐次比较相邻两个元素的大小。若在相邻两个元素中，前面的元素大于后面的元素，则将它们交换。
② 从后到前查找剩下的线性表（除去最后一个元素），同样，在查找过程中逐次比较相邻两个元素的大小。若在相邻两个元素中，后面的元素小于前面的元素，则将它们交换。

> **真考链接**
> 在选择题中，考查概率为 25%。
> 该知识点属于掌握性内容，应掌握各种排序方法的概念、基本思想以及它们的复杂度。

③对剩下的线性表重复上述过程,直到剩下的线性表变空为止,即表示线性表排序完成。

假设线性表的长度为 n,则在最坏的情况下,冒泡排序需要经过 $n/2$ 遍的从前往后的扫描和 $n/2$ 遍的从后往前扫描,需要比较 $n(n-1)/2$ 次,其数量级为 n^2。

(2)快速排序法

快速排序法的基本思路如下。

在线性表中逐个选取元素,对线性表进行分割,直到所有元素全部选取完毕,此时线性表即排序结束。

快速排序法的基本过程如下。

①从线性表中选取一个元素,设为 T,将线性表后面小于 T 的元素移到前面,而将大于 T 的元素移到后面,这样就将线性表分成了两部分(称为两个子表)。T 处于分界线的位置,将线性表分成了前后两个子表,且前面子表中的所有元素均不大于 T,而后子表中的所有元素均不小于 T,此过程称为线性表的分割。

②对分割后的子表再按上述原则进行反复分割,直到所有子表为空为止,此时的线性表就变成有序的了。

2. 插入类排序法

插入排序是指将无序序列中的各元素依次插入到已经有序的线性表中。下面主要介绍简单插入排序法和希尔排序法。

(1)简单插入排序法

简单插入排序是把 n 个待排序的元素看成一个有序表和一个无序表,开始时,有序表只包含一个元素,而无序表则包含 $n-1$ 个元素,每次取无序表中的第一个元素插入有序表中的正确位置,使之成为增加一个元素的新的有序表。插入元素时,插入位置及其后的记录依次向后移动。最后有序表的长度为 n,而无序表为空,此时排序完成。

在简单插入排序中,每一次比较后最多移掉一个逆序,因此该排序方法的效率与冒泡排序法相同。在最坏的情况下,简单插入排序需要进行 $n(n-1)/2$ 次比较。

(2)希尔排序法

希尔排序法的基本思路为:将整个无序序列分割成若干个小的子序列并分别进行插入排序。

分割方法如下:

①将相隔某个增量 h 的元素构成一个子序列;

②在排序过程中,逐次减少这个增量,直到 h 减到 1 时进行一次插入排序,排序即可完成。

希尔排序的效率与所选取的增量序列有关。

3. 选择类排序法

选择排序的基本思路是通过每一趟从待排序序列中选出值最小的元素,顺序放在已排好序的有序子表的后面,直到全部序列满足排序要求为止。下面介绍选择类排序法中的简单选择排序法和堆排序法。

(1)简单选择排序法

简单选择排序的基本思路是:首先从所有 n 个待排序的数据元素中选择最小的元素,将该元素与第一个元素交换,再从剩下的 $n-1$ 个元素中选出最小的元素与第二个元素交换。重复这样的操作直到所有的元素有序为止。

简单选择排序在最坏的情况下需要比较 $n(n-1)/2$ 次。

(2)堆排序法

堆排序的方法如下:

①将一个无序序列建成堆;

②将堆顶元素与堆中最后一个元素交换。忽略已经交换到最后的那个元素,考虑前 $n-1$ 个元素构成的子序列,只有左、右子树是堆,可以将该子树调整为堆。这样反复下去做第二步,直到剩下的子序列空为止。

在最坏的情况下,堆排序需要比较的次数为 $n\log_2 n$。

  真题精选

对于长度为 n 的线性表,在最坏的情况下,下列各排序法所对应的比较次数中正确的是(　　)。

A)冒泡排序为 $n/2$ B)冒泡排序为 n

C)快速排序为 n D)快速排序为 $n(n-1)/2$

【答案】D

【解析】假设线性表的长度为 n,则在最坏的情况下,冒泡排序需要经过 $n/2$ 遍的从前往后扫描和 $n/2$ 遍的从后往前扫描,需要比较的次数为 $n(n-1)/2$。快速排序法在最坏的情况下,比较的次数也是 $n(n-1)/2$。

常见问题

为什么只有二叉树的前序遍历和后序遍历不能唯一确定一棵二叉树?

在二叉树遍历的前序和后序中都可以确定根节点,中序是由左至根及右的顺序,所以知道前序(或后序)和中序肯定能唯一确定二叉树;在前序和后序中只能确定根节点,而对于左右子树的节点元素则没有办法正确选取,所以很难确定一棵二叉树。由此可见确定一棵二叉树的基础是必须知道中序遍历。

1.2 程序设计基础

考点9　程序设计方法与风格

1. 程序设计方法

程序设计是指设计、编制、调试程序的方法和过程。

程序设计方法是研究问题求解如何进行系统构造的软件方法学。常用的程序设计方法有结构化程序设计方法、软件工程方法和面向对象方法。

2. 程序设计风格

程序设计风格是指编写程序时所表现出的特点、习惯和逻辑思路。良好的程序设计风格可以使程序结构清晰合理,程序代码便于维护,因此程序设计风格深深地影响着软件的质量和维护。要形成良好的程序设计风格,主要应注意和考虑的因素有:

- 源程序文档化;
- 数据说明方法;
- 语句的结构;
- 输入和输出。

> **真考链接**
>
> 在选择题中,考查概率为10%。该知识点属于熟记性内容,应熟记程序设计风格的规范及相关的概念。

真题精选

【例1】 下列叙述中,不属于良好程序设计风格要求的是(　　)。

A) 程序的效率第一,清晰第二　　　　B) 程序的可读性好

C) 程序中要有必要的注释　　　　　　D) 输入数据前要有提示信息

【答案】 A

【解析】 著名的"清晰第一,效率第二"的论点已经成为主导的程序设计风格,所以选项A不属于良好程序设计风格要求的,其余选项都是良好程序设计风格的要求。

【例2】 下列选项中不符合良好程序设计风格的是(　　)。

A) 源程序要文档化　　　　　　　　　B) 数据说明的次序要规范化

C) 避免滥用goto语句　　　　　　　　D) 模块设计要保证高耦合、高内聚

【答案】 D

【解析】 良好的程序设计风格可以使程序结构清晰合理,程序代码便于维护。主要应注意和考虑的因素有:①源程序要文档化;②数据说明的次序要规范化;③语句的结构应简单直接,不应该为提高效率而把语句复杂化,应避免滥用goto语句;④模块设计要保证低耦合、高内聚。

考点 10　结构化程序设计

1.结构化程序设计的原则
结构化程序设计的主要原则可以概括为自顶向下、逐步求精、模块化及限制使用 goto 语句。
- 自顶向下：在进行程序设计时，应先考虑总体，后考虑细节；先考虑全局目标，后考虑具体问题。
- 逐步求精：将复杂问题细化，细分为逐个的小问题各依次求解。
- 模块化：把程序要解决的总目标分解为若干个目标，再进一步分解为具体的小目标，每个小目标称为一个模块。
- 限制使用 goto 语句。

> **真考链接**
> 在选择题中，考查概率为 45%。该知识点属于熟记性内容，应熟记结构化程序设计的 4 个原则以及结构化程序的基本结构的 3 种类型。

2.结构化程序设计的基本结构
结构化程序设计有 3 种基本结构：顺序结构、选择结构和循环结构。基本形式如图 1.3 所示。

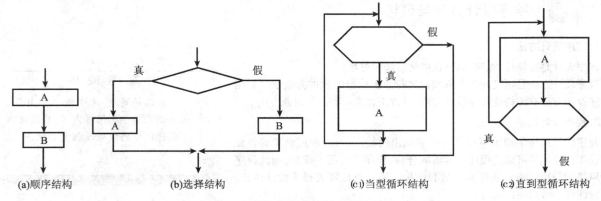

图 1.3　结构化程序设计的基本结构

3.结构化程序设计的原则和方法的应用
结构化程序设计是一种面向过程的程序设计方法。在结构化程序设计的具体实施中，需要注意以下几个问题：
- 应使用程序设计语言的顺序、选择、循环等有限的控制结构表示程序的控制逻辑；
- 选用的控制结构只准许有一个入口和一个出口；
- 用程序语句组成容易识别的块，每块只有一个入口和一个出口；
- 复杂结构应该应用嵌套的基本控制结构进行组合嵌套来实现；
- 对语言中所没有的控制结构，应该采用前后一致的方法来模拟；
- 严格控制 goto 语句的使用。

真题精选

下列选项中不属于结构化程序设计方法的是（　　）。
A) 自顶向下　　B) 逐步求精　　C) 模块化　　D) 可复用

【答案】D

【解析】自 20 世纪 70 年代以来，已提出了许多软件设计方法，主要包括：①逐步求精。对复杂的问题，应设计一些子目标作过渡，逐步细化。②自顶向下。在进行程序设计时，应先考虑总体，后考虑细节；先考虑全局目标，后考虑局部目标。一开始不要过多追求细节，先从最上层总目标开始设计，逐步使问题具体化。③模块化。一个复杂问题，肯定是由若干个相对简单的问题构成的。模块化是把程序要解决的总目标分解为分目标，再进一步分解为具体的小目标，每个小目标称为一个模块。而可复用则是面向对象程序设计的一个优点，不是结构化程序设计方法。

考点 11　面向对象的程序设计

1. 面向对象方法的本质

面向对象方法的本质就是主张从客观世界固有的事物出发来构造系统,提倡用人类在现实生活中常用的思维方法来认识、理解和描述客观事物,强调最终建立的系统能够映射问题域。

2. 面向对象方法的优点

面向对象方法有以下优点:
- 与人类习惯的思维方法一致;
- 稳定性好;
- 可重用性好;
- 易于开发大型软件产品;
- 可维护性好。

3. 面向对象方法的基本概念

(1) 对象

对象是面向对象方法中最基本的概念。对象可以用来表示客观世界中的任何实体,它既可以是具体的物理实体的抽象,也可以是人为概念,或者是任何有明确边界和意义的东西。

(2) 类

类是具有共同属性、共同方法的对象的集合,是关于对象的抽象描述,反映属于该对象类型的所有对象的性质。

(3) 实例

一个具体对象是其对应类的一个实例。

(4) 消息

消息是一个实例与另一个实例之间传递的信息,它请求对象执行某一处理或回答某一要求的信息,它统一了数据流和控制流。

(5) 继承

继承是使用已有的类定义作为基础建立新类的定义技术。在面向对象技术中,类组成为具有层次结构的系统:一个类的上层可有父类,下层可有子类;一个类直接继承其父类的描述(数据和操作)或特性,子类自动地共享基类中定义的数据和方法。

(6) 多态性

对象根据所接收的信息而做出动作,同样的消息被不同的对象接收时可以有完全不同的行动,该现象称为多态性。

> **真考链接**
>
> 在选择题中,考查概率为65%。该知识点属于熟记性内容,应熟记对象、类、实例、消息、继承、多态性等概念。

小提示

当使用"对象"这个术语时,既可以指一个具体的对象,也可以泛指一般的对象。但是当使用"实例"这个术语时,则是指一个具体的对象。

真题精选

在面向对象的方法中,实现信息隐蔽是依靠(　　)。

A) 对象的继承　　B) 对象的多态　　C) 对象的封装　　D) 对象的分类

【答案】C

【解析】对象是由数据和操作组成的封装体,与客观实体有直接的对应关系。对象之间通过传递消息互相联系,以模拟现实世界中不同事物彼此之间的关系。面向对象技术的3个重要特性为:封装性、继承性和多态性。

常见问题

对象是面向对象最基本的概念,请问对象有哪些特点?

标识唯一性,指对象是可区分的,并且由对象的内在本质来区分;分类性,指可以将具有共同属性和方法的对象抽象成类;多态性,指同一个操作可以是不同对象的行为;封装性,指从外面不能直接使用对象的处理能力,也不能直接修改其内部状态,对象的内部状态只能由其自身改变。

1.3 软件工程基础

考点 12　软件工程基本概念

1. 软件定义与软件特点

(1) 软件的定义

软件(software)是与计算机系统的操作有关的计算机程序、规程、规则，以及可能有的文件、文档及数据。

计算机软件由两部分组成：一是计算机可执行的程序和数据；二是计算机不可执行的，与软件开发、运行、维护、使用等有关的文档。

(2) 软件的特点

软件主要包括以下几个特点：
- 软件是一种逻辑实体，具有抽象性；
- 软件的生产与硬件不同，它没有明显的制作过程；
- 软件在运行、使用期间，不存在磨损、老化问题；
- 软件的开发、运行对计算机系统具有依赖性，受计算机系统的限制，这导致了软件移植的问题；
- 软件复杂性高，成本昂贵；
- 软件开发涉及诸多的社会因素。

> **真考链接**
>
> 在选择题中，考查概率为75%。该知识点属于熟记理解性内容，应熟记软件的定义、特点，软件工程的目标与原则，软件开发工具与软件开发环境，理解软件工程过程与软件生命周期。

2. 软件危机与软件工程

(1) 软件危机

软件危机泛指在计算机软件的开发和维护中所遇到的一系列严重问题。具体地说，在软件开发和维护过程中，软件危机主要表现在以下几个方面：
- 软件需求的增长得不到满足；
- 软件的开发成本和进度无法控制；
- 软件质量难以保证；
- 软件不可维护或维护程度非常低；
- 软件的成本不断提高；
- 软件开发生产率的提高赶不上硬件的发展和应用需求的增长。

总之，可以将软件危机归结为成本、质量、生产率等问题。

(2) 软件工程

软件工程是应用于计算机软件的定义、开发和维护的一整套方法、工具、文档、实践标准和工序。

软件工程包括两个方面的内容：软件开发技术和软件工程管理。软件工程包括3个要素，即方法、工具和过程。软件工程的核心思想是把软件产品看作是一个工程产品来处理。

3. 软件工程过程与软件生命周期

(1) 软件工程过程

软件工程过程是把输入转化成为输出的一组彼此相关的资源和活动。

(2) 软件生命周期

通常，将软件产品从提出、实现、使用维护到停止使用的过程称为软件生命周期。

软件生命周期主要包括软件定义、软件开发及软件运行维护3个阶段。其中软件生命周期的主要活动阶段包括可行性研究与计划制订、需求分析、软件设计、软件实现、软件测试和运行维护等。

4. 软件工程的目标与原则

(1) 软件工程的目标

软件工程需达到的目标是：在给定成本、进度的前提下，开发出具有有效性、可靠性、可理解性、可维护性、可重用性、可适应性、可移植性、可追踪性和可互操作性且满足用户需求的产品。

(2)软件工程的原则

为了实现上述的软件工程目标,在软件开发过程中,必须遵循软件工程的基本原则,这些原则适用于所有的软件项目。这些基本原则包括抽象、信息隐蔽、模块化、局部化、确定性、一致性、完备性和可验证性等。

5.软件开发工具与软件开发环境

软件开发工具与软件开发环境的使用提高了软件的开发效率、维护效率和软件质量。

(1)软件开发工具

软件开发工具的产生、发展和完善促进了软件的开发速度和质量的提高。软件开发工具从初期的单项工具逐步向集成工具发展。与此同时,软件开发的各种方法也必须得到相应的软件工具的支持,否则方法就很难有效地实施。

(2)软件开发环境

软件开发环境是全面支持软件开发过程的软件工具集合。这些软件工具按照一定的方法或模式组合起来,支持软件生命周期的各个阶段和各项任务的完成。

计算机辅助软件工程(Computer Aided Software Engineering,CASE)是当前软件开发环境中富有特色的研究工作和发展方向。CASE 将各种软件工具、开发计算机和一个存放过程信息的中心数据库组合起来,形成软件工程环境。一个良好的工程环境可以最大限度地降低软件开发的技术难度,并能使软件开发的质量得到保证。

真题精选

下列描述中正确的是( )。
A)程序就是软件
B)软件开发不受计算机系统的限制
C)软件既是逻辑实体,又是物理实体
D)软件是程序、数据与相关文档的集合

【答案】D

【解析】计算机软件是计算机系统中与硬件相互依存的另一部分,包括程序、数据及相关文档的完整集合。软件具有以下几个特点:①软件是一种逻辑实体,而不是物理实体,具有抽象性;②软件的生产过程与硬件不同,没有明显的制作过程;③软件在运行、使用期间,不存在磨损、老化问题;④软件的开发、运行对计算机系统具有不同程度的依赖性,这导致了软件移植的问题;⑤软件复杂性高,成本昂贵;⑥软件开发涉及诸多的社会因素。

考点 13　结构化分析方法

1.需求分析和需求分析方法

(1)需求分析

软件需求是指用户对目标软件系统在功能、行为、性能、设计约束等方面的期望。

需求分析的任务是发现需求、求精、建模和定义需求的过程。需求分析将创建所需的数据模型、功能模型和控制模型。

需求分析阶段的工作可以概括为 4 个方面:需求获取、需求分析、编写需求规格说明书、需求评审。

(2)需求分析方法

常用的需求分析方法有结构化分析方法和面向对象分析方法。

2.结构化分析方法

(1)结构化分析方法介绍

结构化分析方法是结构化程序设计理论在软件需求分析阶段的应用。

结构化分析方法的实质是着眼于数据流,自顶向下逐层分解,建立系统的处理流程,以数据流图和数据字典为主要工具,建立系统的逻辑模型。

(2)结构化分析方法的常用工具

常用工具包括数据流图、数据字典、判断树、判断表。下面主要介绍数据流图和数据字典。

数据流图(Data Flow Diagram,DFD)是描述数据处理的工具,是需求理解的逻辑模型的图形表示,它直接支持系统的功能建模。

数据流图从数据传递和加工的角度,来刻画数据流从输入到输出的移动变换过程。数据流图中的主要图形元素及说明见表1.1。

> 真考链接
>
> 在选择题中,考查概率为 85%。该知识点属于熟记理解性内容,应熟记需求分析的定义及其工作、两种需求分析方法,理解结构化分析方法常用的工具。

表 1.1　　　　　　　　　　　　　数据流图中的主要图形元素及说明

图形	说明
○	加工(转换)：输入数据经加工产生输出
→	数据流：沿箭头方向传送数据，一般在旁边标注数据流名
═	存储文件：表示处理过程中存放各种数据的文件
□	数据的源点/终点：表示系统和环境的接口，属系统之外的实体

数据字典(Data Dictionary,DD)是结构化分析方法的核心。数据字典是对所有与系统相关的数据元素的一个有组织的列表，以及明确的、严格的定义，使得用户和系统分析员对于输入、输出、存储成分和中间计算结果有共同的理解。通常数据字典包含的信息有名称、别名、何处使用/如何使用、内容描述、补充信息等。数据字典中有4种类型的条目：数据流、数据项、数据存储和加工。

> **小提示**
>
> 数据流图与程序流程图中用带箭头的线段表示的控制流有本质的不同，千万不要混淆。此外，数据存储和数据流都是数据，仅仅是所处的状态不同。数据存储是处于静止状态的数据，数据流则是处于运动中的数据。

3. 软件需求规格说明书

软件需求规格说明书是需求分析阶段的最后结果，是软件开发中的重要文档之一。

软件需求规格说明书的标准主要有：正确性、无歧义性、完整性、可验证性、一致性、可理解性、可修改性和可追踪性。

考点 14　结构化设计方法

1. 软件设计的基本概念及方法

(1)软件设计的基础

软件设计是软件工程的重要阶段，是一个把软件需求转换为软件表示的过程。软件设计的基本目标是用比较抽象概括的方式确定目标系统如何完成预定的任务，即软件设计是确定系统的物理模型。

(2)软件设计的基本原理

软件设计遵循软件工程的基本目标和原则，建立了适用于在软件设计中应该遵循的基本原理和与软件设计有关的概念，主要包括抽象、模块化、信息隐蔽以及模块的独立性。下面主要介绍模块独立性的一些度量标准。

模块的独立程度是评价设计好坏的重要度量标准。衡量软件的模块独立性的定性度量标准是耦合性和内聚性。

耦合性是模块间互相联结的紧密程度的度量，内聚性是一个模块内部各个元素间彼此结合的紧密程度的度量。通常较优秀的软件设计，应尽量做到低耦合、高内聚。

(3)结构化设计方法

结构化设计就是采用可能的方法设计系统的各个组成部分及各部分之间的内部联系的技术。也就是说，结构化设计是这样一个过程，它决定用哪些方法把哪些部分联系起来，才能解决好某个有清楚定义的具体问题。

结构化设计方法的基本思想是将软件设计成由相对独立、单一功能的模块组成的结构。

> **真考链接**
>
> 在选择题中，考查概率为65%。该知识点属于熟记理解性内容，应熟记概要设计的基本任务、准则，理解软件设计的基本原理、面向数据流的设计方法、详细设计的工具。

> **小提示**
>
> 一般来说，要求模块之间的耦合程度尽可能低，即模块尽可能独立，且要求模块的内聚程度尽可能高。内聚性和耦合性是一个问题的两个方面，耦合程度低的模块，其内聚程度一定高。

2. 概要设计

(1)概要设计的任务

软件概要设计的任务是：

- 设计软件系统结构;
- 数据结构及数据库设计;
- 编写概要设计文档;
- 概要设计文档评审。

(2) 面向数据流的设计方法

在需求分析设计阶段产生了数据流图。面向数据流的设计方法定义了一些不同的映射方法,利用这些映射方法可以把数据流图变换成结构图表示的软件结构。DFD从系统的输入数据流到系统的输出数据流的一连串连续加工形成了一条信息流。数据流图的信息流可分为两种类型:变换流和事务流。相应地,数据流图有两种典型的结构形式:变换型和事务型。

面向数据流的结构化设计过程如下:

①确认数据流图的类型(是事务型还是变换型);
②说明数据流的边界;
③把数据流图映射为程序结构;
④根据设计准则对产生的结构进行优化。

(3) 结构化设计的准则

大量的实践表明,以下的设计准则可以借鉴为设计的指导和对软件结构图进行优化的条件。

- 提高模块独立性;
- 模块规模应该适中;
- 深度、宽度、扇入和扇出都应适当;
- 模块的作用域应该在控制域之内;
- 降低模块之间接口的复杂程度;
- 设计单入口、单出口的模块;
- 模块功能应该可以预测。

小提示

扇出过大意味着模块过分复杂,需要控制和协调过多的下级模块;扇出过小时可以把下级模块进一步分解成若干个子功能模块,或者合并到它的上级模块中去。扇入越大则共享该模块的上级模块数目越多,这是有好处的,但是不能牺牲模块的独立性而单纯地追求高扇入。大量实践表明,设计得很好的软件结构通常顶层扇出比较高,中层扇出较少,底层模块有高扇入。

3. 详细设计

(1) 详细设计的任务

详细设计的任务是为软件结构图中的每一个模块确定实现算法和局部数据结构,用某种选定的表达工具表示算法和数据结构的细节。

(2) 详细设计的工具

常见的过程设计工具如下。

- 图形工具:程序流程图、N-S、PAD及HIPO。
- 表格工具:判定表。
- 语言工具:PDL(伪码)。

真题精选

从工程管理角度看,软件设计一般分为两步完成,它们是( )。
A) 概要设计与详细设计　　　　　　　　B) 数据设计与接口设计
C) 软件结构设计与数据设计　　　　　　D) 过程设计与数据设计

【答案】A

【解析】从工程管理角度看,软件设计分两步完成:概要设计与详细设计。概要设计将软件需求转化为软件体系结构、确定系统级接口、全局数据结构或数据库模式;详细设计确定每个模块的实现算法和局部数据结构,用适当的方法表示算法和数据结构的细节。

考点 15　软件测试

软件测试是保证软件质量的重要手段,其主要过程涵盖了整个软件生命期,包括需求定义阶段的需求测试,编码阶段的单元测试、集成测试以及其后的确认测试、系统测试,验证软件是否合格、能否交付用户使用等。

> **真考链接**
> 在选择题中,考查概率为75%。该知识点属于熟记理解性内容,应熟记软件测试的目的和准则,理解白盒测试与黑盒测试以及它们的测试用例设计。

1. 软件测试的目的及准则

(1) 软件测试的目的

软件测试是为了发现错误而执行程序的过程。

一个好的测试用例是指很可能找到迄今为止尚未发现的错误的用例。

一个成功的测试是指发现了至今尚未发现的错误的测试。

(2) 软件测试的准则

鉴于软件测试的重要性,要做好软件测试,设计出有效的测试方案和好的测试用例,软件测试人员需要充分理解和运用软件测试的一些基本准则:

- 所有测试都应追溯到用户需求;
- 严格执行测试计划,排除测试的随意性;
- 充分注意测试中的群集现象;
- 程序员应避免检查自己的程序;
- 穷举测试不可能;
- 妥善保存测试计划、测试用例、出错统计和最终分析报告,为维护提供方便。

2. 软件测试技术和方法综述

软件测试的方法是多种多样的,对于软件测试技术和方法,可以从不同的角度分类。

若从是否需要执行被测软件的角度,软件测试的方法可以分为静态测试和动态测试;若按照功能划分,软件测试的方法可以分为白盒测试和黑盒测试。

(1) 静态测试与动态测试

静态测试不实际运行软件,主要通过人工进行分析,包括代码检查、静态结构分析、代码质量度量等。其中代码检查分为代码审查、代码走查、桌面检查、静态分析等具体形式。

动态测试是基于计算机的测试,是为了发现错误而执行程序的过程。设计高效、合理的测试用例是动态测试的关键。

测试用例就是为测试设计的数据,由测试输入数据和预期的输出结果两部分组成。测试用例的设计方法一般分为两类:白盒测试和黑盒测试。

(2) 白盒测试方法与测试用例设计

白盒测试也称结构测试或逻辑驱动测试,它根据程序的内部逻辑来设计测试用例,检查程序中的逻辑通路是否都按预定的要求正确地工作。

白盒测试的主要方法有逻辑覆盖测试、基本路径测试等。

(3) 黑盒测试方法与测试用例设计

黑盒测试也称为功能测试或数据驱动测试,它根据规格说明书的功能来设计测试用例,检查程序的功能是否符合规格说明的要求。

黑盒测试的主要诊断方法有等价类划分法、边界值分析法、错误推测法、因果图法等,主要用于软件确认测试。

3. 软件测试的实施

软件测试的实施过程主要有4个步骤:单元测试、集成测试、确认测试(验收测试)和系统测试。

(1) 单元测试

单元测试也称模块测试,模块是软件设计的最小单位。单元测试是对模块进行正确性的检验,以期尽早发现各模块内部可能存在的各种错误。

(2) 集成测试

集成测试也称组装测试,它是对各模块按照设计要求组装成的程序进行测试,主要目的是发现与接口有关的错误。

(3) 确认测试

确认测试的任务是用户根据合同进行,确定系统功能和性能是否可接受。确认测试需要用户积极参与,或者以用户为主进行。

(4) 系统测试

系统测试是将软件系统与硬件、外设或其他元素结合在一起,对整个软件系统进行测试。

系统测试的内容包括功能测试、操作测试、配置测试、性能测试、安全测试、外部接口测试等。

真题精选

下列叙述中正确的是( )。
A)软件测试应该由程序开发者来完成　　B)程序经调试后一般不需要再测试
C)软件维护只包括对程序代码的维护　　D)以上3种说法都不对
【答案】D
【解析】程序调试的任务是诊断和改正程序中的错误。软件测试则不同,软件测试是尽可能多地发现软件中的错误。先要发现软件的错误,然后借助于一定的调试工具去找出软件错误的具体位置。软件测试贯穿整个软件生命周期,调试主要在开发阶段。为了实现更好的测试效果,应该由独立的第三方来构造测试。软件的运行和维护是指将已交付的软件投入运行,并在运行使用中不断地维护,根据新提出的需求进行必要而且可能的扩充和删改。

考点16　程序的调试

在对程序进行了成功的测试之后将进行程序的调试。程序调试的目的是诊断和改正程序中的错误。

本节主要讲解程序调试的概念以及调试的方法。

1. 程序调试的基本概念

调试是作为成功测试之后的步骤,也就是说,调试是在测试发现错误之后排除错误的过程。软件测试贯穿整个软件生命期,而调试则主要在开发阶段。

程序调试活动由两部分组成:
- 根据错误的迹象确定程序中错误的确切性质、原因和位置;
- 对程序进行修改,排除这个错误。

(1)调试的基本步骤
①错误定位;
②修改设计和代码,以排除错误;
③进行回归测试,防止引入新的错误。

(2)调试的原则

调试活动由对程序中错误的定性、定位和排错两部分组成,因此调试原则也应从这两个方面考虑:
①确定错误的性质和位置的原则;
②修改错误的原则。

2. 程序调试方法

调试的关键在于推断程序内部的错误位置及原因。从是否跟踪和执行程序的角度出发,它类似于软件测试,分为静态调试和动态调试。静态调试主要是指通过人的思维来分析源程序代码和排错,是主要的调试手段,而动态调试则是辅助静态调试的。

主要的程序调试方法有强行排错法、回溯法和原因排除法。其中强行排错法是传统的调试方法,回溯法适合于小规模程序的排错,原因排除法是通过演绎和归纳以及二分法来实现的。

> **真考链接**
> 在选择题中,考查概率为30%。该知识点属于熟记性内容,应熟记程序调试的目的及调试方法。

真题精选

程序调试的目的是( )。
A)发现错误　　B)更正错误　　C)改善性能　　D)验证程序的正确性
【答案】B
【解析】程序调试的目的是诊断和改正程序中的错误,改正以后还需要进行测试。

常见问题

软件设计的重要性有哪些?

软件开发阶段(设计、编码、测试)占据软件项目开发总成本的绝大部分,是软件质量形成的关键环节;软件设计是开发阶段最重要的步骤,是将需求准确地转化为完整的软件产品或系统的唯一途径;软件设计做出的决策,最终影响软件实现的成败;软件设计是软件工程和软件维护的基础。

1.4 数据库设计基础

考点17 数据库系统的基本概念

1. 数据、数据库、数据库管理系统、数据库系统

（1）数据

数据（Data）是描述事物的符号记录。

（2）数据库

数据库（DataBase，DB）是指长期存储在计算机内的、有组织的、可共享的数据集合。

（3）数据库管理系统

数据库管理系统（DataBase Management System，DBMS）是数据库的机构，它是一个系统软件，负责数据库中的数据的组织、操纵、维护、控制、保护以及数据服务等。

数据库管理系统的主要类型有4种：文件管理系统、层次数据库系统、网状数据库系统和关系数据库系统，其中关系数据库系统的应用最广泛。

（4）数据库系统

数据库系统（DataBase System，DBS），是指引进数据库技术后的整个计算机系统，能实现有组织地、动态地存储大量相关数据，提供数据处理和信息资源共享的便利手段。

> **真考链接**
>
> 在选择题中，考查概率为100%。该知识点属于熟记理解性内容，应熟记数据、数据库的概念，数据库管理系统的6个功能，数据库技术发展经历的3个阶段，数据库系统的4个基本特点。特别是数据独立性，数据库系统的3级模式及2级映射，理解数据库、数据库系统、数据库管理系统之间的关系。

> **小提示**
>
> 在数据库系统、数据库管理系统和数据库三者之间，数据库管理系统是数据库系统的组成部分，数据库又是数据库管理系统的管理对象，因此我们可以说数据库系统包括数据库管理系统，数据库管理系统又包括数据库。

2. 数据库系统的发展

数据管理发展至今已经经历了3个阶段：人工管理阶段、文件系统阶段和数据库系统阶段。

一般认为，未来的数据库系统应支持数据管理、对象管理和知识管理，应该具有面向对象的基本特征。在关于数据库的诸多新技术中，有3种是比较重要的，它们是：面向对象数据库系统、知识库系统、关系数据库系统的扩充。

（1）面向对象数据库系统

用面向对象方法构筑面向对象数据库模型，使其具有比关系数据库系统更为通用的能力。

（2）知识库系统

用人工智能中的方法，特别是用逻辑知识表示方法构筑数据模型，使其模型具有特别通用的能力。

（3）关系数据库系统的扩充

利用关系数据库做进一步的扩展，使其在模型的表达能力与功能上有进一步的加强，如与网络技术相结合的Web数据库、数据仓库及嵌入式数据库等。

3. 数据库系统的基本特点

数据库系统具有如下特点：数据的集成性、数据的高共享性与低冗余性、数据独立性、数据统一管理与控制。

4. 数据库系统的内部结构体系

数据模式是数据库系统中数据结构的一种表示形式，具有不同的层次与结构方式。

数据库系统在其内部具有3级模式及2级映射，3级模式分别是概念模式、内模式与外模式；2级映射是外模式/概念模式的映射和概念模式/内模式的映射。3级模式与2级映射构成了数据库系统内部的抽象结构体系。

模式的3个级别层次反映了模式的3个不同环境以及它们的不同要求，其中内模式处于最底层，它反映了数据在计算机物理结构中的实际存储形式；概念模式位于中层，它反映了设计者的数据全局逻辑要求；而外模式则位于最外层，它反映了用户对数据的要求。

小提示

一个数据库只有一个概念模式和一个内模式,有多个外模式。

真题精选

【例1】 下列叙述中正确的是(   )。
 A)数据库系统是一个独立的系统,不需要操作系统的支持
 B)数据库技术的根本目标是要解决数据的共享问题
 C)数据库管理系统就是数据库系统
 D)以上3种说法都不对

【答案】 B

【解析】 数据库系统(DataBase System,DBS),是由数据库(数据)、数据库管理系统(软件)、计算机硬件、操作系统及数据库管理员等组成的。作为处理数据的系统,数据库技术的主要目的就是解决数据的共享问题。

【例2】 在数据库系统中,用户所见到的数据模式为(   )。
 A)概念模式 B)外模式 C)内模式 D)物理模式

【答案】 B

【解析】 概念模式是数据库系统中对全局数据逻辑结构的描述,是全体用户(应用)的公共数据视图,它主要描述数据的记录类型及数据间的关系,还包括数据间的语义关系等。数据库系统的3级模式结构由外模式、概念模式、内模式组成。数据库的外模式也叫作用户级数据库,是用户所看到和理解的数据库,是从概念模式导出的子模式,用户可以通过子模式描述语言来描述用户级数据库的记录,还可以利用数据语言对这些记录进行操作。内模式(或存储模式、物理模式)是指数据在数据库系统内的存储介质上的表示,是对数据的物理结构和存取方式的描述。

考点18　数据模型

1. 数据模型的基本概念

数据是现实世界符号的抽象,而数据模型则是数据特征的抽象。数据模型从抽象层次上描述了系统的静态特征、动态行为和约束条件,为数据库系统的信息表示与操作提供一个抽象的框架。数据模型所描述的内容有3部分,即数据结构、数据操作及数据约束。

数据模型按不同的应用层次分为3种类型,即概念数据模型、逻辑数据模型和物理数据模型。

目前,逻辑数据模型也有很多种,较为成熟并先后被人们大量使用过的有E-R模型、层次模型、网状模型、关系模型、面向对象模型等。

2. E-R模型

E-R模型(实体联系模型)将现实世界的要求转化成实体、联系、属性等几个基本概念,以及它们之间的两种基本连接关系,并且可以用E-R图非常直观地表示出来。

E-R图提供了表示实体、属性和联系的方法。

- 实体:客观存在并可以相互区别的事物,用矩形表示,矩形框内写明实体名。
- 属性:描述实体的特性,用椭圆形表示,并用无向边将其与相应的实体连接起来。
- 联系:实体之间的对应关系,它反映现实世界事物之间的相互联系,用菱形表示,菱形框内写明联系名。

在现实世界中,实体之间的联系可以分为3种类型:"一对一"的联系(简记为1:1)、"一对多"的联系(简记为1:n)、"多对多"的联系(简记为M:N或m:n)。

3. 层次模型

层次模型是用树形结构表示实体及其之间联系的模型。在层次模型中,节点是实体,树枝是联系,从上到下是一对多的关系。

层次模型的基本结构是树形结构,自顶向下,层次分明。其缺点是受文件系统影响大,模型受限制多,物理成分复杂,操作与使用均不理想,且不适用于表示非层次性的联系。

真考链接

在选择题中,考查概率为90%。该知识点属于熟记性内容,应熟记数据模型的概念、数据模型的三要素及类型、层次模型,熟记E-R模型的基本概念、联系的类型,理解E-R模型3个概念之间的连接关系、E-R图,理解关系模型中常用的术语及完整性约束。

4. 网状模型

网状模型是用网状结构表示实体及其之间联系的模型。可以说,网状模型是层次模型的扩展,表示多个从属关系的层次结构,呈现一种交叉关系。

网状模型是以记录型为节点的网络,它反映现实世界中较为复杂的事物间的联系。

网状模型结构如图1.4所示。

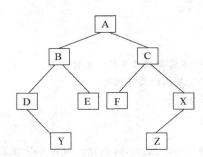

图1.4 网状模型结构示意图

5. 关系模型

(1) 关系的数据结构

关系模型采用二维表来表示,简称表。二维表由表框架及表的元组组成。表框架是由 n 个命名的属性组成的,n 称为属性元数。每个属性都有一个取值范围,称为值域。表框架对应了关系的模式,即类型的概念。在表框架中按行可以存放数据,每行数据称为元组。

在二维表中唯一能标识元组的最小属性集称为该表的键(或码)。二维表中可能有若干个键,它们称为该表的候选键(或候选码)。从二维表的候选键中选取一个作为用户使用的键称为主键(或主码)。如表A中的某属性集是某表B的键,则称该属性集为A的外键(或外码)。

关系是由若干个不同的元组所组成的,因此关系可视为元组的集合。

(2) 关系的操纵

关系模型的数据操纵即是建立在关系上的数据操纵,一般有数据查询、增加、删除及修改等4种操作。

(3) 关系中的数据约束

关系模型允许定义3类数据约束,它们是实体完整性约束、参照完整性约束和用户定义的完整性约束,其中前两种完整性约束由关系数据库系统自动支持。对于用户定义的完整性约束,则由关系数据库系统提供完整性约束语言,用户可利用该语言写出约束条件,运行时由系统自动检查。

 真题精选

【例1】下列说法中正确的是( )。

　　A) 为了建立一个关系,首先要构造数据的逻辑关系

　　B) 表示关系的二维表中各元组的每一个分量还可以分成若干个数据项

　　C) 一个关系的属性名称为关系模式

　　D) 一个关系可以包含多个二维表

【答案】A

【解析】元组已经是数据的最小单位,不可再分;关系的框架称为关系模式;关系框架与关系元组一起构成了关系,即一个关系对应一张二维表。在选项A中,在建立关系前,需要先构造数据的逻辑关系是正确的。

【例2】用树形结构表示实体之间联系的模型是( )。

　　A) 关系模型　　　　　　　　　　　　B) 网状模型

　　C) 层次模型　　　　　　　　　　　　D) 以上3个都是

【答案】C

【解析】数据模型是指反映实体及其实体间联系的数据组织的结构和形式,有关系模型、网状模型和层次模型等。其中层次模型实际上是以记录型为节点构成的树,它把客观问题抽象为一个严格的、自上而下的层次关系,所以它的基本结构是树形结构。

第1章 公共基础知识

考点19 关系代数

1. 传统的集合运算

(1) 关系并运算

若关系 R 和关系 S 具有相同的结构，则关系 R 和关系 S 的并运算记为 $R\cup S$，表示由属于 R 的元组或属于 S 的元组组成。

(2) 关系交运算

若关系 R 和关系 S 具有相同的结构，则关系 R 和关系 S 的交运算记为 $R\cap S$，表示由既属于 R 的元组且属于 S 的元组组成。

(3) 关系差运算

若关系 R 和关系 S 具有相同的结构，则关系 R 和关系 S 的差运算记为 $R-S$，表示由属于 R 的元组且不属于 S 的元组组成。

(4) 广义笛卡儿积运算

分别为 n 元和 m 元的两个关系 R 和 S 的广义笛卡儿积 $R\times S$ 是一个 $(n\times m)$ 元组的集合。其中的两个运算对象 R 和 S 的关系可以是同类型，也可以是不同类型。

> **真考链接**
>
> 在选择题中，考查概率为90%。该知识点属于掌握性内容，需要大家掌握投影、选择、笛卡儿积运算以及并、交、差等一些基本运算，这些都是考试的内容。

2. 专门的关系运算

专门的关系运算有选择、投影、连接等。

(1) 选择

从关系中找出满足给定条件元组的操作称为选择。选择的条件以逻辑表达式给出，使得逻辑表达式为真的元组将被选取。选择又称为限制，它是在关系 R 中选择满足给定选择条件 F 的诸元组，记作：

$$\sigma_F(R)=\{t|t\in R\wedge F(t)='真'\}$$

其中选择条件 F 是一个逻辑表达式，取逻辑值"真"或"假"。

(2) 投影

从关系模式中指定若干个属性列组成新的关系称为投影。

关系 R 上的投影是从关系 R 中选择出若干属性列组成新的关系，记作：

$$\pi_A(R)=\{t[A]|t\in R\}$$

其中 A 为 R 中的属性列。

(3) 连接

也称为 θ 连接，它是从两个关系的笛卡儿积中选取满足条件的元组，记作：

$$R\underset{A\theta B}{\bowtie}S=\{t_r t_s|t_r\in R\wedge t_s\in S\wedge t_r[A]\theta t_s[B]\}$$

其中 A 和 B 分别为 R 和 S 上度数相等且可比的属性列。θ 是比较运算符。

连接运算是从广义笛卡儿积 $R\times S$ 中选取 R 关系在 A 属性列上的值与 S 关系在 B 属性列上值满足关系 θ 的元组。

连接运算中有两种最为重要且常用的连接，一种是等值连接，另一种是自然连接。

θ 为"="的连接运算称为等值连接，是从关系 R 与关系 S 的广义笛卡儿积中选取 A、B 属性列值相等的元组，则等值连接为：

$$R\underset{A=B}{\bowtie}S=\{t_r t_s|t_r\in R\wedge t_s\in S\wedge t_r[A]=t_s[B]\}$$

自然连接(Naturaljoin)是一种特殊的等值连接，它要求两个关系中进行比较的分量必须是相同的属性列，并且在结果中去掉重复的属性列，则自然连接可记作：

$$R\bowtie S=\{t_r t_s|t_r\in R\wedge t_s\in S\wedge t_r[B]=t_s[B]\}$$

真题精选

【例1】 设有如下3个关系表。

	R				S				T		
A	B	C		A	B	C		A	B	C
1	1	2		3	1	3		1	1	2
2	2	3						2	2	3
								3	1	3

下列操作中正确的是(　　)。

A)$T=R\cap S$　　B)$T=R\cup S$　　C)$T=R\times S$　　D)$T=R/S$

【答案】C

【解析】集合的并、交、差、广义笛卡儿积：设有两个关系为 R 和 S，它们具有相同的结构，R 和 S 的并是由属于 R 和 S，或者同时属于 R 和 S 的所有元组组成的，记作 $R\cup S$；R 和 S 的交是由既属于 R 又属于 S 的所有元组组成的，记作 $R\cap S$；R 和 S 的差是由属于 R 但不属于 S 的所有元组组成的，记作 $R-S$；元组的前 n 个分量是 R 的一个元组，后 m 个分量是 S 的一个元组，若 R 有 $K1$ 个元组，S 有 $K2$ 个元组，则 $R\times S$ 有 $K1\times K2$ 个元组，记为 $R\times S$。从图中可见，关系 T 是关系 R 和关系 S 的简单扩充，而扩充的符号为"×"，故答案为 $T=R\times S$。

【例2】在下列关系运算中，不改变关系表中的属性个数但能减少元组个数的是(　　)。

A)并　　　　B)交　　　　C)投影　　　　D)笛卡儿积

【答案】B

【解析】关系的基本运算有两类：传统的集合运算(并、交、差)和专门的关系运算(选择、投影、连接)。集合的并、交、差：设有两个关系为 R 和 S，它们具有相同的结构，R 和 S 的并是由属于 R 和 S，或同时属于 R 和 S 的所有元组组成的，记作 $R\cup S$；R 和 S 的交是由既属于 R 又属于 S 的所有元组组成的，记作 $R\cap S$；R 和 S 的差是由属于 R 但不属于 S 的所有元组组成的，记作 $R-S$。因此，在关系运算中，不改变关系表中的属性个数但能减少元组(关系)个数的只能是集合的交。

考点20　数据库设计与管理

数据库设计是数据库应用的核心。

1. 数据库设计概述

数据库设计的基本任务是根据用户对象的信息需求、处理需求和数据库的支持环境设计出数据模型。

数据库设计的基本思想是过程迭代和逐步求精。数据库设计的根本目标是解决数据共享问题。

在数据库设计中有两种方法：
- 面向数据的方法，是以信息需求为主，兼顾处理需求；
- 面向过程的方法，是以处理需求为主，兼顾信息需求。

其中，面向数据的方法是主流的设计方法。

> **真考链接**
>
> 在选择题中，考查概率为55%。该知识点属于熟记理解性内容，主要是一些基本概念和一些方法步骤，应熟记数据库设计的方法和步骤、数据库管理的6个方面内容，理解概念设计及逻辑设计。

数据库设计目前一般采用生命周期法，即将整个数据库应用系统的开发分解成目标独立的若干个阶段。它们是需求分析阶段、概念设计阶段、逻辑设计阶段、物理设计阶段、编码阶段、测试阶段、运行阶段、进一步修改阶段。

2. 数据库设计的需求分析

需求收集和分析是数据库设计的第一阶段，这一阶段收集到的基础数据和绘制的一组数据流图是下一步设计概念结构的基础。需求分析的主要工作有：绘制数据流图，进行数据分析、功能分析，确定功能处理模块和数据之间的关系。

需求分析和表达经常采用的方法有结构化分析方法和面向对象方法。结构化分析方法用自顶向下、逐层分解的方式分析系统。数据流图表达了数据和处理过程的关系，数据字典对系统中数据的详尽描述是各类数据属性的清单。

数据字典是各类数据描述的集合，它通常包括5个部分，即数据项，是数据的最小单位；数据结构，是若干数据项有意义的集合；数据流，可以是数据项，也可以是数据结构，表示某一处理过程的输入和输出；数据存储，处理过程中存取的数据，常常是手工凭证、手工文档或计算机文件；处理过程。

数据字典是在需求分析阶段建立，在数据库设计过程中不断修改、充实、完善的。

3. 数据库的概念设计

(1)数据库概念设计

数据库概念设计的目的是分析数据间内在的语义关联，然后在此基础上建立一个数据的抽象模型。

数据库概念设计的方法主要有两种：
- 集中式模式设计法；
- 视图集成设计法。

(2)数据库概念设计的过程

使用 E-R 模型与视图集成法进行设计时，需要按以下步骤进行：

①选择局部应用；

②视图设计；

③视图集成。

4. 数据库的逻辑设计

(1)从E-R图向关系模式转换

从E-R图到关系模式的转换是比较直接的,实体与联系都可以表示成关系。在E-R图中属性也可以转换成关系的属性,实体集也可以转换成关系,如表1.2所示。

表1.2　　　　　　　　　　　　　　E-R模型与关系间的比较

E-R模型	关系	E-R模型	关系
属性	属性	实体集	关系
实体	元组	联系	关系

如联系类型为1:1,则每个实体的码均是该关系的候选码。
如联系类型为1:N,则关系的码为N端实体的码。
如联系类型为$M:N$,则关系的码为诸实体的组合。具有相同码的关系模式可以合并。

(2)逻辑模式规范化

在关系数据库设计中存在的问题有:数据冗余、插入异常、删除异常和更新异常。

数据库规范化的目的在于消除数据冗余和插入/删除/更新异常。规范化理论有4种范式,从第1范式到第4范式的规范化程度逐渐升高。

(3)关系视图设计

关系视图是在关系模式的基础上所设计的直接面向操作用户的视图,它可以根据用户的需求随时创建。

5. 数据库的物理设计

(1)数据库物理设计的概念

数据库在物理设备上的存储结构与存取方法称为数据库的物理结构,它依赖于给定的计算机系统。为一个给定的逻辑模式选取一个最适合应用要求的物理结构的过程,就是数据库的物理设计。

(2)数据库物理设计的主要目标

数据库物理设计的主要目标是对数据库内部物理结构作调整,并选择合理的存取路径,以提高数据库访问的速度并有效利用存储空间。

6. 数据库管理

数据库是一种共享资源,它需要维护与管理,这种工作称为数据库管理,而实施此项管理的人就是数据库管理员(DBA)。

数据库管理包括数据库的建立、数据库的调整、数据库的重组、数据库安全性与完整性控制、数据库故障恢复和数据库监控等。

真题精选

在E-R图中,用来表示实体之间联系的图形是(　　)。
A)矩形　　　　B)椭圆形　　　　C)菱形　　　　D)平行四边形
【答案】C
【解析】E-R图中规定:用矩形表示实体,椭圆形表示实体属性,菱形表示实体关系。

常见问题

联系有哪3种类型?它们的区别是什么?
一对一:A中的每一个实体只与B中的一个实体相联系,反之亦然,则称一对一联系;一对多:A中的每一个实体,在B中都有多个实体与之对应,B中的每一个实体,在A中只有一个实体与之相对应,则称一对多联系;多对多:A中的每一个实体,在B中都有多个实体与之对应,反之亦然,则称多对多联系。

1.5 综合自测

选择题

1. 对下列二叉树进行中序遍历的结果是(　　)。

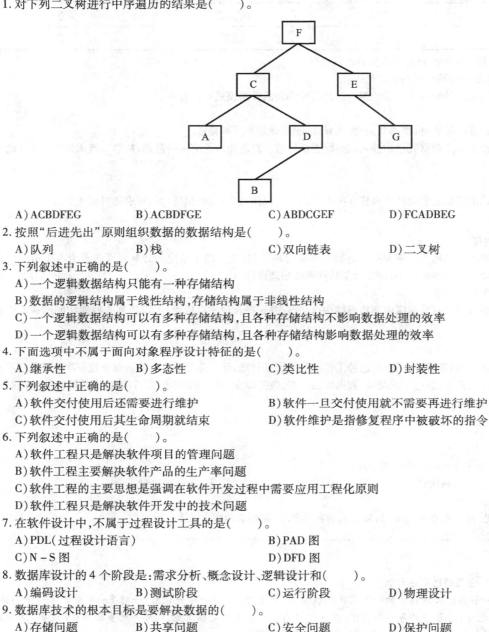

  A) ACBDFEG   B) ACBDFGE   C) ABDCGEF   D) FCADBEG

2. 按照"后进先出"原则组织数据的数据结构是(　　)。
  A) 队列   B) 栈   C) 双向链表   D) 二叉树

3. 下列叙述中正确的是(　　)。
  A) 一个逻辑数据结构只能有一种存储结构
  B) 数据的逻辑结构属于线性结构,存储结构属于非线性结构
  C) 一个逻辑数据结构可以有多种存储结构,且各种存储结构不影响数据处理的效率
  D) 一个逻辑数据结构可以有多种存储结构,且各种存储结构影响数据处理的效率

4. 下面选项中不属于面向对象程序设计特征的是(　　)。
  A) 继承性   B) 多态性   C) 类比性   D) 封装性

5. 下列叙述中正确的是(　　)。
  A) 软件交付使用后还需要进行维护
  B) 软件一旦交付使用就不需要再进行维护
  C) 软件交付使用后其生命周期就结束
  D) 软件维护是指修复程序中被破坏的指令

6. 下列叙述中正确的是(　　)。
  A) 软件工程只是解决软件项目的管理问题
  B) 软件工程主要解决软件产品的生产率问题
  C) 软件工程的主要思想是强调在软件开发过程中需要应用工程化原则
  D) 软件工程只是解决软件开发中的技术问题

7. 在软件设计中,不属于过程设计工具的是(　　)。
  A) PDL(过程设计语言)   B) PAD 图
  C) N－S 图   D) DFD 图

8. 数据库设计的4个阶段是:需求分析、概念设计、逻辑设计和(　　)。
  A) 编码设计   B) 测试阶段   C) 运行阶段   D) 物理设计

9. 数据库技术的根本目标是要解决数据的(　　)。
  A) 存储问题   B) 共享问题   C) 安全问题   D) 保护问题

10. 数据独立性是数据库技术的重要特点之一。所谓数据独立性是指(　　)。
  A) 数据与程序独立存放
  B) 不同的数据被存放在不同的文件中
  C) 不同的数据只能被对应的应用程序所使用
  D) 以上3种说法都不对

11. 下列关于栈的叙述正确的是(　　)。
    A)栈是非线性结构　　　　　　　　　　　B)栈是一种树形结构
    C)栈具有"先进先出"的特征　　　　　　D)栈具有"后进先出"的特征
12. 结构化程序设计所规定的3种基本控制结构是(　　)。
    A)输入、处理、输出　　　　　　　　　　B)树形、网形、环形
    C)顺序、选择、循环　　　　　　　　　　D)主程序、子程序、函数
13. 下列叙述正确的是(　　)。
    A)算法的效率只与问题的规模有关,而与数据的存储结构无关
    B)算法的时间复杂度是指执行算法所需要的计算工作量
    C)数据的逻辑结构与存储结构是一一对应的
    D)算法的时间复杂度与空间复杂度一定相关
14. 在结构化程序设计中,模块划分的原则是(　　)。
    A)各模块应包括尽量多的功能
    B)各模块的规模尽量大
    C)各模块之间的联系应尽量紧密
    D)模块内具有高内聚度、模块间具有低耦合度
15. 某二叉树中有 n 个度为2的节点,则该二叉树中的叶子节点数为(　　)。
    A)$n+1$　　　　　B)$n-1$　　　　　C)$2n$　　　　　D)$n/2$

第2章

数据库基础知识

选择题分析明细表

考点	考查概率	难易程度
数据及数据库系统	40%	★★★
数据模型	70%	★★★★
关系数据模型	10%	★★★
关系运算	80%	★★★★★
数据库设计步骤	10%	★★
数据库设计过程	10%	★★
Access 数据库的特点及系统结构	55%	★★★
Access 窗口及基本操作	20%	★★

2.1 数据库基础知识

考点1　数据及数据库系统

1. 数据

数据(Data)指描述事物的符号记录。在计算机中文字、图形、图像、声音等都是数据,学生的档案、教师的基本情况、货物的运输情况等也都是数据。

2. 数据库

数据库(Data Base)就是存储于计算机存储设备、结构化的相关数据的集合。它不仅包括描述事物的数据本身,而且包括相关事物之间的关系。

数据库中的数据往往不只是面向某一项特定的应用,而是面向多种应用,可以被多个用户、多个应用程序共享。

3. 计算机数据管理

计算机在数据管理方面经历了由低级到高级的发展过程。计算机数据管理随着计算机硬件、软件技术和计算机应用范围的发展而发展,先后经历了人工管理、文件系统和数据库系统、分布式数据库系统,以及面向对象的数据库系统等几个阶段。

4. 数据库系统

数据库系统(DataBase System,DBS)是指引进数据库技术后的计算机系统,是实现有组织地、动态地存储大量相关数据,提供数据处理和信息资源共享的便利手段。

数据库系统由5个部分组成:硬件系统、数据库、数据库管理系统及相关软件、数据库管理员、用户。

数据库系统的特点如下。

(1)实现数据共享,减少数据冗余。

(2)采用特定的数据模型。

(3)具有较高的数据独立性。

(4)有统一的数据控制功能。

5. 数据库管理系统

数据库管理系统是指位于用户与操作系统之间的数据管理软件。数据库管理系统是为数据库的建立、使用和维护而配置的软件。支持用户对数据库的基本操作,是数据库系统的核心软件,其主要目标是使数据成为方便用户使用的资源,易于为各种用户所共享,并增强数据的安全性、完整性和可用性。

数据库管理系统的功能如下。

(1)数据定义。

(2)数据操纵。

(3)数据库运行管理。

(4)数据的组织、存储和管理。

(5)数据库的建立和维护。

(6)数据通信接口。

> **小提示**
>
> 数据库管理系统是数据库系统的组成部分,数据库又是数据库管理系统的管理对象。数据库系统包括数据库管理系统和数据库。

常见问题

数据库系统由哪几部分组成?
由硬件系统、数据库、数据库管理系统及相关软件、数据库管理员、用户等5部分组成。

 真题精选

【例1】下列关于数据库系统的叙述中正确的是(　　)。
　　A)数据库系统减少了数据冗余
　　B)数据库系统避免了一切冗余
　　C)数据库系统中数据的一致性是指数据类型一致
　　D)数据库系统比文件系统能管理更多的数据
【答案】A
【解析】数据库系统的数据具有高共享性和低冗余性,但不能完全避免数据冗余;数据的一致性是指在系统中同一数据的不同出现应保持相同的值。

【例2】数据库系统的核心是(　　)。
　　A)数据库　　　　B)数据库管理系统　　　C)模拟模型　　　D)软件工程
【答案】B
【解析】数据库管理系统(Database Management System,DBMS)是一种系统软件,负责数据库中的数据组织、操纵、维护、控制和保护,以及数据服务等,数据库管理系统是数据库系统的核心。

【例3】以下不属于数据库系统(DBS)的组成部分的是(　　)。
　　A)硬件系统　　　　　　　　　　　　　B)数据库管理系统及相关软件
　　C)文件系统　　　　　　　　　　　　　D)数据库管理员(DataBase Administrator,DBA)
【答案】C
【解析】DBS由硬件系统、数据库、数据库管理系统及相关软件、数据库管理员、用户等5部分组成。

考点2　数据模型

1. 实体描述

(1)实体

客观存在并相互区别的事物称为实体。实体可以是实际的事物,也可以是抽象的事物。例如,学生、课程、读者等都属于实际的事物,学生选课、借阅图书等都是比较抽象的事物。

(2)实体的属性

描述实体的特性称为属性。例如,学生实体用学号、姓名、性别、出生年月、系、入学时间等属性来描述,图书实体用图书编号、分类号、书名、作者、单价等多个属性来描述。

(3)实体集和实体型

属性值的集合表示一个实体,而属性的集合则表示一种实体的类型,称为实体型。同类型的实体的集合称为实体集。
例如,学生(学号,姓名,性别,出生年月,系,入学时间)就是一个实体型。对于学生来说,全体学生就是一个实体集。在Access中,用"表"来存放同一类实体,即实体集,例如,学生表、教师表、成绩表等。Access的一个"表"包含若干个字段,"表"中的字段就是实体的属性。字段值的集合组成了表中的一条记录,代表一个具体的实体,即每一条记录表示一个实体。

> **真考链接**
>
> 在选择题中,考查概率为70%,主要考查实体之间的联系及关系数据模型,是非常重要的一个考查点。

2. 实体间的联系及分类

实体之间的对应关系称为联系,它反映现实世界事物之间的相互关联。例如,一个学生可以选修多门课程,同一门课程可以由多名教师讲授。
实体间联系的种类是指一个实体型中可能出现的每一个实体与另一个实体型中多少个实体存在联系。两个实体间的联系可以归结为以下3种类型。

(1) 一对一联系

在 Access 中,一对一联系表现为主表中的每一条记录只与相关表中的一条记录相关联。例如,人事部门的教师名单表和财务部门的教师工资表之间是一对一的联系,因为一名教师在同一时间只能领一份工资。

(2) 一对多联系

在 Access 中,一对多联系表现为主表中的每条记录与相关表中的多条记录相关联。即表 A 中的一条记录在表 B 中可以有多条记录与之对应,但表 B 中的一条记录最多只能与表 A 中的一条记录对应。

一对多联系是最普遍的联系,也可以将一对一联系看作是一对多联系的特殊情况。

(3) 多对多联系

在 Access 中,多对多联系表现为一个表中的多条记录在相关表中同样可以有多条记录与之对应。即表 A 中的一条记录在表 B 中可以对应多条记录,而表 B 中的一条记录在表 A 中也可对应多条记录。

3. 关系数据模型

数据管理系统所支持的传统数据模型有 3 种:层次数据模型、网状数据模型和关系数据模型。

层次数据模型是数据库系统中最早出现的数据模型,它用树形结构表示各类实体以及实体间的联系。

网状数据模型是一个网络,用网状数据模型可以表示层次数据模型所不能表示的非树形结构。

关系数据模型是目前最重要的一种模型,是用二维表结构来表示实体以及之间联系的模型。在关系数据模型中,操作的对象和结果都是二维表,这种二维表就是关系。

关系数据模型与层次数据模型、网状数据模型的本质区别在于数据描述的一致性,模型概念单一。在关系数据模型中,每一个关系都是一个二维表,无论实体本身还是实体间的联系均用称为"关系"的二维表来表示,使得描述实体的数据本身能够自然地反映它们之间的关系。而传统的层次和网状模型数据库则是使用链接指针来存储和体现联系的。

常见问题

在实体之间的联系中,用得较多的联系是哪一种?

在实体之间的联系中,用得较多的是一对多的联系。

真题精选

【例1】图 2.1 所示的数据模型属于(   )。

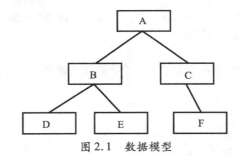

图 2.1 数据模型

A) 关系模型　　　　B) 层次模型　　　　C) 网状模型　　　　D) 以上皆非

【答案】B

【解析】层次数据模型的特点是有且只有一个节点无双亲,这个节点称为"根节点";其他节点有且只有一个双亲。网状数据模型的特点是允许一个以上的节点无双亲,一个节点可以有多于一个的双亲。关系数据模型是以二维表的结构来表示的。

【例2】关系模型中最普遍的联系是(   )。

A) 一对多联系　　　B) 多对多联系　　　C) 一对一联系　　　D) 多对一联系

【答案】A

【解析】在 Access 数据库中表之间的关系一般为一对多联系。

2.2 关系数据库

考点3　关系数据模型

1. 关系术语

(1) 关系

一个关系就是一张二维表,每个关系有一个关系名。在Access中,一个关系存储为一个表,具有一个表名。对关系的描述称为关系模式,一个关系模式对应一个关系的结构。其格式如下:

关系名(属性名1,属性名2,…,属性名n)

在Access中,表示为表结构:

表名(字段名1,字段名2,…,字段名n)

(2) 元组

在一个二维表(一个具体关系)中,水平方向的行称为元组,每一行是一个元组。元组对应表中的一条具体记录。例如,教师表和工资表两个关系各包括多条记录(或多个元组)。

(3) 属性

二维表中垂直方向的列称为属性,每一列有一个属性名,与前面讲的实体属性相同。在Access中表示为字段名。每个字段的数据类型、宽度等在创建表的结构时规定。例如,教师表中的编号、姓名、性别等字段名及其相应的数据类型组成了表的结构。

(4) 域

属性的取值范围,即不同元组对同一个属性的取值所限定的范围。例如,姓名的取值范围是文字字符;性别只能从"男""女"两个汉字中取值;逻辑型属性"婚否"只能从逻辑"真"或逻辑"假"两个值中取值。

(5) 关键字

其值能够唯一地标识一个元组的属性或属性的组合。在Access中表示为字段或字段的组合,教师表中的编号可以作为标识一条记录的关键字。由于具有某一职称的可能不止一人,所以职称字段不能作为唯一标识的关键字。在Access中,主关键字和候选关键字就起到唯一标识一个元组的作用。

(6) 外部关键字

如果表中的一个字段不是本表的主关键字,而是另外一个表的主关键字和候选关键字,这个字段(属性)就称为外部关键字。

真考链接

在选择题中,考查概率为10%,主要考查关系术语中关键字的含义及属性、域的概念,以及关系的特点。

2. 关系的特点

关系必须具有以下特点。

(1) 关系必须规范化。

所谓关系必须规范化是指关系模型中的每一个关系模式都必须满足一定的要求。最基本的要求是每个属性必须是不可分割的数据单元,即表中不能再包含表。

(2) 在同一个关系中不能出现相同的属性名。在Access中不允许一个表中有相同的字段名。

(3) 关系上不允许有完全相同的元组,即数据冗余。在Access的一个表中不能有两个完全相同的记录。

(4) 在一个关系中元组的次序无关紧要。也就是说,任意交换两行的位置并不影响数据的实际含义。

(5) 在一个关系中列的次序无关紧要。任意交换两列的位置不影响数据的实际含义。例如,工资单里奖金和基本工资哪一项在前面都不重要,重要的是实际数额。

真题精选

下列关系模型中术语解析不正确的是(　　)。

A) 记录,满足一定规范化要求的二维表,也称关系

B) 字段,二维表中的一列

C)数据项,也称为分量,是每个记录中的一个字段的值
D)字段的值域,字段的取值范围,也称为属性域

【答案】A

【解析】表中的每一行称为一条记录,也称元组。

考点 4 关系运算

1.传统的集合运算

(1)并

两个相同结构关系的并是由属于这两个关系的元组组成的集合。

例如,有两个结构相同的学生关系 R1 和 R2,分别存放两个班的学生,将第二个班的学生记录追加到第一个班的学生记录后面就是两个关系的并集。

(2)差

两个具有相同结构的关系 R 和 S,R 差 S 的结构是由属于 R 但不属于 S 的元组组成的集合,即差运算的结果是从 R 中去掉 S 中也有的元组。

例如,有选修计算机基础的学生关系 R,选修数据库 Access 的学生关系 S。求选修了计算机基础,但没有选修数据库 Access 的学生,就应当进行差运算。

(3)交

两个具有相同结构的关系 R 和 S,它们的交是由既属于 R 又属于 S 的元组组成的集合。交运算的结果是 R 和 S 中的共同元组。

例如,有选修计算机基础的学生关系 R,选修数据库 Access 的学生关系 S。求既选修了计算机基础又选修了数据库 Access 的学生,就应当进行交运算。

> **真考链接**
> 在选择题中,考查概率为80%,是非常重要的一个考点,几乎在每次考试中都会考查,主要考查几个专门的关系运算,如投影、选择等。

2.专门的关系运算

(1)选择

从关系中找出满足给定条件的元组的操作称为选择。选择的条件以逻辑表达式给出,使得逻辑表达式的值为真的元组将被选取。例如,要从教师表中找出职称为"教授"的教师,所进行的查询操作就属于选择运算。

(2)投影

从关系模式中指定若干个属性组成新的关系称为投影。

投影是从列的角度进行的运算,相当于对关系进行垂直分解。投影运算提供了垂直调整关系的手段,体现出关系上列的次序无关紧要这一特点。例如,要从学生关系中查询学生的姓名和班级所进行的查询操作就属于投影运算。

(3)连接

连接是关系的横向结合。连接运算将两个关系模式拼接成一个更宽的关系模式,生成的新关系中包含满足连接条件的元组。

说明:选择和投影运算的操作对象只是一个表,相当于对一个二维表进行切割。连接运算需要两个表作为操作对象。如果需要连接两个以上的表,则应当两两进行连接。

(4)自然连接

在连接运算中,按照字段值对应相等为条件进行的连接操作称为等值连接。自然连接是去掉重复属性的等值连接。自然连接是最常用的连接运算。

真题精选

将两个关系拼接成一个新的关系,生成的新关系中包括满足连接条件的元组,这种操作被称为(   )。

A)投影　　　　　　B)选择　　　　　　C)连接　　　　　　D)并

【答案】C

【解析】连接是关系的横向结合。连接运算将两个关系模式拼接成一个更宽的关系模式,生成的新关系中包含满足连接条件的元组。

2.3 数据库设计基础

考点5　数据库设计步骤

1. 设计原则

（1）关系数据库的设计应遵从概念单一化"一事一地"的原则

一个表描述一个实体或实体间的一种联系。例如，将有关教师基本情况的数据，包括姓名、性别、工作时间等保存到教师表中，而工资的信息则应该保存到工资表中，而不是将这些数据统统放到一起。

（2）避免在表之间出现重复字段

例如，在课程表中有了课程字段，在选课表中就不应该有课程字段。需要时可以通过两个表的连接找到所选课程对应的课程名称。

（3）表中的字段必须是原始数据和基本数据元素

表中不应包括通过计算可以得到的"二次数据"或多项数据的组合。例如，在职工表中应当包括出生日期字段，而不应包括年龄字段。当需要查询年龄的时候，可以通过简单计算得到准确的年龄。

说明：在特殊情况下可以保留计算字段，但是必须保证数据的同步更新。

（4）用外部关键字保证有关联的表之间的联系

表之间的联系依靠外部关键字来维系，可以使表结构合理，不仅存储了所需要的实体信息，并且反映出实体之间的客观存在的联系，最终设计出满足应用需求的实际关系模型。

2. 设计步骤

数据库设计步骤如下。

（1）需求分析

确定建立数据库的目的，这有助于确定数据库保存哪些信息。

（2）确定需要的表

可以着手将需求信息划分成各个独立的实体，如教师、学生、工资、选课等。每个实体都可以设计成为数据库中的一个表。

（3）确定所需字段

确定在每个表上要保存哪些字段，确定关键字，字段中要保存数据的数据类型和数据的长度。通过对这些字段的显示或计算应能够得到所有的需求信息。

（4）确定联系

对每个表进行分析，确定一个表中的数据和其他表中的数据有何联系。必要时要在表中加入一个字段或创建一个新表来明确联系。

（5）设计求精

对设计进一步分析，查找其中的错误。创建表，在表中加入几个示例数据记录，考察能否从表中得到想要的结果。需要时可以调整设计。

> **小提示**
>
> 在特殊情况下可以保留计算字段，但是必须保证数据的同步更新。

　常见问题

数据库设计分哪几步？
（1）需求分析；（2）确定需要的表；（3）确定所需字段；（4）确定联系；（5）设计求精。

真题精选

为了合理地组织数据,应遵从的设计原则是( )。
A)关系数据库的设计应遵从概念单一化"一事一地"的原则
B)避免在表之间出现重复字段
C)用外部关键字保证有关联的表之间的联系
D)以上都是

【答案】D
【解析】如上所述,数据库的设计原则包括4项,除了A、B、C 3项,还有一项是表中的字段必须是原始数据和基本数据元素,故答案为D。

考点6 数据库设计过程

1. 确定主关键字字段

设计表的结构,要确定每个表应包含哪些字段。由于每个表所包含的信息都应该属于同一主题,因此在确定所需字段时,要注意每个字段包含的内容应该与表的主题相关,而且应包含相关主题所需的全部信息。确定字段时需要注意以下几个问题。

真考链接

在选择题中,考查概率为10%,主要考查数据之间的关系。

(1)每个字段直接和表的实体相关

首先必须确保一个表中的每个字段直接描述该表的实体。如果多个表中重复同样的信息,应删除不必要的字段,然后分析表之间的联系,确定描述另一个实体的字段是否为该表的外部关键字。

(2)以最小的逻辑单位存储信息

表中的字段必须是基本数据元素,而不是多项数据的组合。如果一个字段中结合了多种数据,会很难获取单独的数据,因此应尽量把信息分解成较小的逻辑单位。例如,教师工资表中的基本工资、奖金、津贴等应是不同的字段。

(3)表中的字段必须是原始数据

不必把计算结果存储在表中,对于可推导得到或需要计算的数据,在要查看结果时可以通过计算得到。

(4)确定主关键字字段

关系型数据库管理系统能够迅速查找存储在多个独立表中的数据并组合这些信息。为使其有效地工作,数据库的每个表都必须有一个或一组字段可用以唯一确定存储在表中的每条记录,即主关键字。主关键字可以是一个字段,也可以是一组字段。Access利用主关键字迅速关联多个表中的数据,不允许在主关键字字段中有重复值或空值。常使用唯一的标识作为这样的字段,例如在教学管理数据库中,可以将教师编号、学生编号、课程编号分别作为教师表、学生表和课程表的主关键字字段。

2. 数据表之间的关系

数据表之间的关系如下。

(1)一对多联系

一对多联系是关系型数据库中最普遍的联系。在一对多联系中,表A的一条记录在表B中可以有多条记录与之对应,但表B中的一条记录最多只能有表A中的一条记录与之对应。要建立这样的联系,就要把一方的主关键字添加到对方的表中。在联系中,一方用主关键字或候选索引关键字,而"多方"则使用普通索引关键字。

(2)多对多联系

在多对多联系中,表A中的一条记录在表B中可以对应多条记录,而表B中的一条记录在表A中也可以对应多条记录。通常为了解决数据的重复存储,又要保持多对多的联系,解决的方法是创建第三个表,把多对多的联系分解成两个一对多的联系。所创建的第三个表包含两个表的主关键字,在两表之间起着纽带的作用,称为"纽带表"。纽带表不一定需要有自己的主关键字,如果需要,可以将它所联系的两个表的主关键字作为组合关键字指定为主关键字。

(3)一对一联系

在一对一联系中,表A中的一条记录在表B中只能对应一条记录,而表B中的一条记录在表A中对应一条记录。典型的一对一联系就是在一所学校只能有一个正校长。

说明:如果两个表有同样的实体,可以在两个表中使用同样的主关键字字段。如果两个表中有不同的实体及不同的主关键字,可以选择其中的一个表,将它的主关键字字段放到另一个表中作为外部关键字字段,以此建立一对一联系。

小提示

数据库的每个表都必须有一个或一组字段可用以唯一确定存储在表中的每条记录,即主关键字。主关键字可以是一个字段,也可以是一组字段。

真题精选

通过关联关键字"系列"这一相同字段,下图中表2和表1构成的关系为(　　)。

表1

学号	系别	班级
3011141082	一系	0102
3011141123	一系	0102
3011142044	二系	0122

表2

关联关键字段"系别"

系别	报到人数	未到人数
一系	100	3
二系	200	3
三系	300	6

A)一对一　　　　　B)多对一　　　　　C)一对多　　　　　D)多对多

【答案】C

【解析】注意是表2和表1构成的关系,而不是表1和表2。

2.4　Access 简介

考点7　Access 数据库的特点及系统结构

1. Access 数据库的特点

Access 数据库系统既是一个关系数据库系统,又是 Windows 图形用户界面的应用程序生成器。

Access 不用携带向上兼容的软件,具有方便实用的强大功能,Access 用户不用考虑构成传统 PC 数据库的多个单独的文件;可以利用各种图例快速获得数据;可以利用报表设计工具,非常方便地生成漂亮的数据报表,而不需编程;采用 OLE 技术能够方便地创建和编辑多媒体数据库,包括文本、声音、图像和视频等对象;支持 ODBC 标准的 SQL 数据库的数据;设计过程自动化,提高了数据库的工作效率;具有较好的集成开发功能;可以采用 VBA 编写数据库应用程序;提供包括断点设置、单步执行等调试功能;能够像 Word 那样自动地进行语法检查和错误诊断;进一步完善了将 Internet/Intranet 集成到整个办公室的操作环境。

真考链接

在选择题中,考查概率为55%,主要考查 Access 数据库的特点、Access 数据库文件的扩展名及系统结构的相关概念。

2. Access 数据库的系统结构

Access 将数据库定义为一个扩展名为 .accdb 的文件,并分为6种不同的对象:表、查询、窗体、报表、宏和模块。

不同的数据库对象在数据库中起着不同的作用,其中表是数据库的核心与基础,存放数据库中的全部数据。报表、查询和窗体都是从数据库中获得数据信息,以实现用户特定的需求。窗体提供良好的用户操作界面,可使用户直接或间接地调用宏或模块,实现查询、打印、预览、计算等功能,甚至可以对数据库进行编辑修改。

表是数据库中用来存储数据的对象,是整个数据库系统的基础。Access 允许一个数据库中包含多个表,用户可以在不同的表中存储不同类型的数据。在表中,数据以二维表的形式保存。表中的列称为字段,字段是数据信息的最基本数据元素,说明了一条信息在某一方面的属性。表中的行称为记录,记录由一个或多个字段组成。

查询是数据库设计目的的体现。建立数据库之后,数据只有被用户查询才能体现出它的价值。

窗体是数据库和用户联系的界面。

报表可以将数据库中需要的数据提取出来进行分析、整理和计算,并将数据以格式化的方式发送到打印机。

宏是一系列操作的集合。

模块就是建立复杂的 VBA 程序以完成宏等不能完成的任务。

小提示

Access 将数据库定义为一个扩展名为.accdb 的文件。

常见问题

Access 数据库的核心与基础是什么?

Access 数据库有6种不同的对象,即表、查询、窗体、报表、宏和模块,其中表是数据库的核心与基础。

真题精选

【例1】在 Access 数据库中,(　　)数据库对象是其他数据库对象的基础。

　　A)报表　　　　B)查询　　　　C)表　　　　D)模块

【答案】C

【解析】表是所有数据库对象的基础。

【例2】在 Access 数据库中,表是(　　)。

　　A)关系　　　　B)索引　　　　C)记录　　　　D)数据库

【答案】A

【解析】在 Access 中,一个"表"就是一个关系,每个关系都有一个关系名,即表名。

【例3】以下叙述不符合 Access 特点和功能的是(　　)。

　　A)Access 仅能处理 Access 格式的数据库,不能对诸如 DBASE、FOXBASE、Btrieve 等格式的数据库进行访问

　　B)采用 OLE 技术,能够方便地创建和编辑多媒体数据库,包括文本、声音、图像和视频等对象

　　C)Access 支持 ODBC 标准的 SQL 数据库的数据

　　D)可以采用 VBA(Visual Basic Application)编写数据库应用程序

【答案】A

【解析】Access 不仅能处理 Access 格式的数据库,也能对诸如 DBASE、FOXBASE、Btrieve 等格式的数据库进行访问。

考点8　Access 窗口及基本操作

1. Access 基本操作

(1)启动

方法一:单击"开始"按钮,然后在"程序"菜单中选择图标 Microsoft Access 2010,即可打开 Access 2010。

方法二:双击桌面上的图标或双击数据库。

(2)关闭

单击 Access 2010 右上角的"关闭"按钮,或者单击 Access 2010 窗口中的"文件"选项卡,然后从中选择"退出"命令。

2. Access 窗口

启动 Access 后,工作界面如图2.2所示。

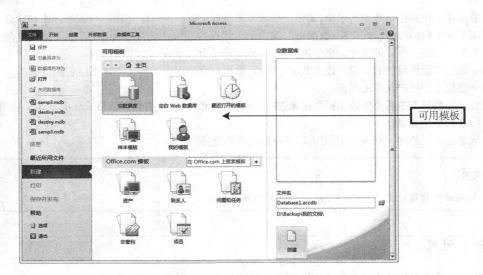

图 2.2　Access 2010 启动后的工作界面

当打开一个已创建并命名的数据库时,数据库窗口如图 2.3 所示。在数据库窗口的左侧列出了 6 个对象,选择不同的对象即可在数据库窗口的右侧列出该对象所包含的具体内容。

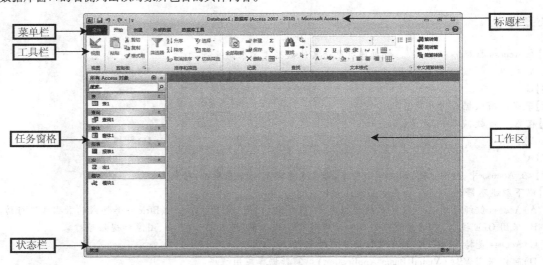

图 2.3　Access 的数据库窗口

小提示

Access 数据库窗口及其基本操作是操作数据库的基础,考生首先要对其有所了解并能熟练操作。

2.5　综合自测

选择题

1. Access 2010 数据库文件的扩展名为(　　)。
   A).accdb　　　　　　　　　　　　B).pdf
   C).acc　　　　　　　　　　　　　D).ass

2. 在 Access 数据库中"表"之间的关系一般都定义为( )。
   A) 一对一   B) 一对多
   C) 多对多   D) 以上都不对
3. Access 中的"表"指的是关系模型中的( )。
   A) 关系   B) 元组
   C) 属性   D) 域
4. "商品"与"顾客"两个实体集之间的联系一般为( )。
   A) 一对多   B) 一对一
   C) 多对一   D) 多对多
5. 数据库管理系统(DBMS)的组成不包括( )。
   A) 数据定义语言及其翻译处理程序   B) 数据库运行控制程序
   C) 数据库应用程序   D) 实用程序
6. 将两个关系拼接成一个新的关系,生成的新关系中包括满足条件的元组,这种操作被称为( )。
   A) 投影   B) 选择
   C) 连接   D) 并
7. 以下不属于数据库系统(DBS)组成部分的有( )。
   A) 数据库集合   B) 用户
   C) 数据库管理系统及相关软件   D) 操作系统
8. 下图所示的数据模型属于( )。

   ```
         厂商          仓库
           \  /       /
            商品 ─── 地址
           /  \
         价格   种类
   ```

   A) 关系模型   B) 网状模型   C) 层次模型   D) 以上都不是
9. 下列关系模型中术语解析不正确的是( )。
   A) 记录,满足一定规范化要求的二维表,也称关系
   B) 字段,二维表中的一列
   C) 数据项,也称为分量,是每个记录中的一个字段的值
   D) 字段的值域,字段的取值范围,也称为属性域
10. 关系表中的每一行称为一个( )。
    A) 元组   B) 字段   C) 属性   D) 码
11. Access 数据库的设计一般由 5 个步骤组成,以下步骤的排序正确的是( )。
    a. 确定数据库中的表 b. 确定表中的字段 c. 确定主关键字 d. 分析建立数据库的目的 e. 确定表之间的关系
    A) dabec   B) dabce   C) cdabe   D) cdaeb
12. Access 中表和数据库之间的关系是( )。
    A) 一个数据库可以包含多个表   B) 数据库就是数据表
    C) 一个表可以包含多个数据库   D) 一个表只能包含两个数据库
13. 以下不属于数据库系统(DBS)组成部分的是( )。
    A) 硬件系统   B) 数据库管理系统及相关软件
    C) 文件系统   D) 数据库管理员(DataBase Administrator,DBA)
14. 在 Access 数据库中,表是( )。
    A) 关系   B) 索引   C) 记录   D) 数据库
15. 在 Access 数据库中,( )数据库对象是其他数据库对象的基础。
    A) 报表   B) 查询   C) 表   D) 模块

第 3 章

数据库和表

选择题分析明细表

考点	考查概率	难易程度
建立表的结构	20%	★★
设置字段属性	100%	★★★★★
建立表之间的关系	55%	★★★★
编辑表内容	10%	★
查找数据	70%	★★★
筛选记录	30%	★

操作题分析明细表

考点	考查概率	难易程度
建立表的结构	61%	★★★★
设置字段属性	93%	★★★★★
建立表之间的关系	39%	★★★
向表中输入数据	80%	★★★★
修改表结构	89%	★★★★
编辑表内容		
调整表外观		
查找数据	17%	★★
筛选记录		
排序记录		

3.1 建 立 表

考点1　建立表的结构

1．表的结构

表的结构是指数据表的框架，主要包括表名和字段属性两部分。

表名：表名是该表存储在磁盘上的唯一标识，也可以理解为是用户访问数据的唯一标识。

字段属性：即表的组织形式，包括表中字段的个数，每个字段的名称、数据类型、字段大小、格式、输入掩码、有效性规则等。在Access中，字段的命名规则如下：

(1) 长度为1~64个字符；

(2) 可以包含字母、汉字、数字、空格和其他字符，但不能以空格开头；

(3) 不能包含句号(.)、叹号(!)、方括号([ ])和单引号(')。

> **真考链接**
>
> 在选择题中，考查概率为20%；在操作题中，考查概率为61%。重点考查主键的含义和定义主键的方法，数据表的组成和各组成元素的含义，定义表结构时各字段的属性。

2．数据类型

(1) 文本

文本型字段用于保存文本或文本与数字的组合。

(2) 备注

备注型字段可用于保存较长的文本，允许存储的最多字符个数为65535。

(3) 数字

数字型字段用来存储进行算术运算的数字数据。

(4) 日期/时间

日期/时间型字段用来存储日期、时间或日期时间的组合，字节长度固定为8个字节。

(5) 货币

货币型字段是数字型的特殊类型，等价于具有双精度属性的数字类型。向货币型字段输入数据时，不必输入货币符号和千位分隔符，Access会自动显示。

(6) 自动编号

自动编号型字段比较特殊，Access会自动插入唯一顺序号，即在自动编号字段中指定某一数值。自动编号型字段一旦被指定，就会永久地记录连接，即使删除了表中含有自动编号字段的一条记录，Access也不会对表中的自动编号型字段重新编号。

(7) 是/否

是/否型字段，又常称为布尔型或逻辑型字段，是针对只包含两种不同取值的字段而设置的类型。例如，True/False等数据。

(8) OLE对象

OLE对象型字段是指字段允许被单独地"链接"或"嵌入"OLE对象。例如，Word文档、Excel表格、图像、声音或其他的二进制数据。OLE对象型字段最大可为1GB。

(9) 超链接

超链接型字段是用来保存超链接的。超链接型字段包含作为超链接地址的文本或以文本形式存储的字符与数字的组合。超链接地址最多包含3个部分，Displaytex：在字段或控件中显示的文本；Address：到文件(UNC路径)或页面(URL)的路径；Subaddress：在文件或页面中的地址。超链接型字段的使用语法如下：

Displaytex#Address#Subaddress

(10) 查阅向导

查阅向导是一种比较特殊的数据类型。在记录数据输入的时候，如果希望通过一个列表或组合框选择所需要的数据，以便将其输入到字段中，而不必靠手工输入，此时就可以使用查阅向导类型的字段。

说明：在使用查阅向导类型字段时，列出的选项可以来自其他的表，或者是事先输入好的一组固定的值。

3．表结构的建立

建立表结构的方法有3种，一是在"数据表视图"中直接在字段名处输入字段名，这种方法比较简单，但无法对每一个字段的数据类型、属性值进行设置,一般还需要在"设计视图"中修改;二是使用"设计视图",这是一种最常用的方法;三是通过"表向导"创建表结构,其创建方法与使用"数据库向导"创建数据库的方法类似。

使用"数据表视图"建立表结构,"数据表视图"是按行和列显示表中数据的。在"数据表视图"中,可以进行字段的添加、编辑、删除,以及数据的查找等各种操作。

使用"设计视图"建立表结构,要详细说明每个字段的字段名和所使用的数据类型。

使用"表向导"创建表是在"表向导"的引导下,选择一个表作为基础来创建所需表,这种方法简单、快捷。

4. 定义主键

主键也称为主关键字,是表中能够唯一标识记录的一个字段或多个字段的组合。只有为表定义了主键,才能与数据库中的其他表建立关系,从而使查询、窗体或报表能够迅速、准确地查找和组合不同表中的信息。

定义主键的方法有两种,一是在建立表结构时定义主键,如在建立学生表时,可将"学生编号"字段定义为主键,直接右击该字段的左边三角形标志,在弹出的快捷菜单中选择"主键"即可;二是在建立表结构后,重新打开"设计视图"定义主键。例如,在建立教师表时没有定义主键,这时就可以打开"设计视图"进行定义。

在 Access 中,可以定义 3 种类型的主键,即自动编号、单字段和多字段。自动编号主键的特点是:当向表中增加一条新记录时,主键字段值会自动加 1,如果在保存新建表之前未设置主键,Access 则会询问是否要创建主键,如果回答"是",Access 将创建自动编号型的主键。单字段主键是以某一个字段作为主键,来唯一标识记录,这类主键的值可由用户自行定义。多字段主键是由两个或更多字段组合在一起来唯一标识表中的记录,多字段主键的字段出现的顺序非常重要,应在"设计视图"中排好序。

> **小提示**
>
> 多字段主键的字段出现的顺序非常重要,应在"设计视图"中排好序。

> **常见问题**
>
> 数据表由哪几部分组成?
> 表的结构是指数据表的框架,主要包括表名和字段属性两部分。

真题精选

一、选择题

【例1】某数据库的表中要添加 Internet 站点的网址,应采用的字段类型是(　　)。

　　A)OLE 对象数据类型　　B)超链接数据类型　　C)查阅向导数据类型　　D)自动编号数据类型

【答案】B

【解析】超链接型的字段是用来保存超链接的。超链接型字段包含作为超链接地址的文本或以文本形式存储的字符与数字的组合。

【例2】以下字符串不符合 Access 字段命名规则的是(　　)。

　　A)school　　　　　　B)生日快乐　　　　　　C)hello. c　　　　　　D)//注释

【答案】C

【解析】字段命名规则为长度1~64个字符,可以包含字母、汉字、数字、空格和其他字符,不能包括句号(.)、叹号(!)、方括号([ ])和重音符号(')。

二、操作题

在"samp1.accdb"数据库中建立表"tCourse",其结构如表 3.1 所示。

表 3.1　　　　　　　　　　　　　　　　　　　表 tCourse

字段名称	数据类型	字段大小	格式
课程编号	文本	8	
课程名称	文本	20	
学时	数字	整型	
学分	数字	单精度型	

续表

字段名称	数据类型	字段大小	格式
开课日期	日期/时间		短日期
必修否	是/否		是/否
简介	备注		

【操作步骤】打开"samp1.accdb"数据库,进入表"设计视图",在"设计视图"中按表中的要求设置字段属性,并将表保存为"tCourse"。如图3.1所示。

图3.1 使用"设计视图"建立表

考点2　设置字段属性

1. 字段大小

通过"字段大小"属性,可以控制字段使用的长度大小。该属性只适用于数据类型为"文本型"或"数字类型"的字段。对于一个"文本型"字段,其字段大小的取值范围是0~255,默认值为50,可以在该属性文本框中输入取值范围内的整数;对于一个"数字型"字段,可以单击"字段大小"属性文本框,然后单击右侧下拉按钮,并从下拉列表中选择一种类型。

真考链接

在选择题中,考查概率为100%;在操作题中,考查概率为93%。这是非常重要的一个考查点。特别要熟悉输入掩码所使用的字符、索引等。

2. 输入掩码

输入掩码可以避免用手动方式重复输入固定格式的数据带来的麻烦。它将格式中不变的符号固定成格式的一部分,这样在输入数据时,只需输入变化的值即可。对于文本、数字、日期/时间、货币等数据类型的字段,都可以定义"输入掩码"。

注意:如果为某字段定义了输入掩码,同时又设置了它的"格式"属性,"格式"属性将在数据显示时优先于输入掩码的设置,这意味着即使已经保存了输入掩码,在数据设置格式显示时,将会忽略输入掩码。输入掩码属性所使用字符的含义见表3.2。

表3.2　　　　　　　　　　输入掩码属性所使用字符的含义

字符	说明
0	必须输入数字(0~9)
9	可以选择输入数据或空格
#	可以选择输入数据或空格(在"编辑"模式下空格以空白显示,但是在保存数据时将空白删除,允许输入加号或减号)
L	必须输入字母(A~Z,a~z)

续表

字符	说明
?	可以选择输入字母（A～Z,a～z）
A	必须输入字母或数字
a	可以选择输入字母或数字
&	必须输入一个任意的字符或一个空格
C	可以选择输入任意的字符或一个空格
. : ; - /	小数点占位符及千位、日期与时间的分隔符（实际的字符将根据"Windows 控制面板"中"区域设置属性"中的设置而定）
<	将所有字符转换为小写
>	将所有字符转换为大写
!	使输入掩码从右到左显示，而不是从左到右显示。输入掩码中的字符始终都是从左到右输入。可以在输入掩码中的任何地方输入叹号
\	使接下来的字符以原义字符显示（例如，\A 只显示为 A）

3. 默认值

在一个数据库中，往往会有一些字段的数据内容相同或者包含有相同的部分。为了减少数据输入量，可以将出现较多的值作为该字段的默认值。

说明：可以使用 Access 表达式定义默认值。如在输入日期/时间型字段值时输入当前系统日期，可以在该字段的"默认值"属性框上输入表达式"Date()"。一旦表达式被用来定义默认值，它就不能被同一表中的其他字段引用。设置默认值属性时，必须与字段中所设定的数据类型相匹配，否则会出现错误。

4. 有效性规则

有效性规则允许定义一条规则，限制可以接受的内容。无论通过哪种方式添加或编辑数据，都将强行实施字段有效性规则。有效性规则的形式及设置目的随字段数据类型的不同而不同。对于"文本"型字段，可以设置输入的字符个数不能超过某一个值。对于"数字"型字段，可以使表只接受一定范围内的数据。对于"日期/时间"型字段，可以将数值限制在一定的月份或年份之内。

5. 有效性文本

若输入的数据违反了有效性规则，系统就会显示提示信息，但往往给出的提示信息并不是很清楚、明确，这时就可以通过定义有效性文本来解决，即通过有效性文本给出明确的提示信息。

6. 索引

索引能根据键值加快在表中查找和排序的速度，并且能对表中的记录实施唯一性。按索引功能分，索引有唯一索引、普通索引和主索引等 3 种。其中，唯一索引的索引字段值不能相同，即没有重复值。如果为该字段输入重复值，系统会提示操作错误，如果已有重复值的字段要创建索引，则不能创建唯一索引。普通索引的索引字段值可以相同，即有重复值。在 Access 中，同一个表可以创建多个唯一索引，其中一个可设置为主索引，且一个表只有一个主索引。如果经常需要同时搜索或排序两个或更多的字段，则可创建多字段索引。在使用多个字段索引进行排序时，将首先用定义在索引中的第一个字段进行排序，如果第一个字段有重复值，再用索引中的第二个字段排序，依次类推。

> **小提示**
>
> 如果已有重复值的字段要创建索引，则不能创建唯一索引。

 真题精选

一、选择题

【例1】邮政编码是由 6 位数字组成的字符串，为邮政编码设置输入掩码的格式是（　　）。
　　A）000000　　　　　　B）CCCCCC　　　　　　C）999999　　　　　　D）LLLLLL

【答案】A

【解析】邮政编码必须为 0～9 的数字，且不能为空格，所以用"0"表示，故选 A。

【例2】下列可以设置为索引的字段是(　　)。
　　A)备注　　　　　　B)OLE 对象　　　　　C)主关键字　　　　D)超链接
【答案】C
【解析】索引是表中字段非常重要的属性,能根据键值加速在表中查找和排序的速度,并且能对表中的记录实施唯一性。

二、操作题
【例1】在考生文件夹下有一个数据库文件"samp1.accdb"。在数据库文件中已经建立了一个表对象"学生基本情况"。请按以下操作要求完成各种操作。
　　(1)将"学生基本情况"表名称改为"tStud"。
　　(2)设置"身份ID"字段为主键,并设置"身份ID"字段的相应属性,使该字段在数据表视图中的显示标题为"身份证"。
　　(3)将"姓名"字段设置为有重复索引。
　　(4)将新增"电话"字段的输入掩码设置为"010-＊＊＊＊＊＊＊＊"的形式。其中,"010-"部分自动输出,后8位为0~9的数字显示。
【考点分析】本题考点:表名更改;字段属性中的主键、标题、索引和输入掩码的设置等。
【解题思路】第(1)小题表名更改可以直接用鼠标右键单击表名进行重命名;第(2)、(3)、(4)小题字段属性可在设计视图中设置。
【操作步骤】(1)打开"samp1.accdb"数据库,选择表对象,右键单击表名进行重命名,如图3.2所示。

图3.2　表的重命名

(2)右键单击"tStud"表,在弹出的快捷菜单中选择"设计视图"命令,在"设计视图"中按要求设置字段属性,如图3.3所示。

图3.3　设置字段属性(1)

(3)在"设计视图"中按要求设置字段属性,如图3.4所示。

图3.4 设置字段属性(2)

(4)在"设计视图"中按要求设置字段属性,如图3.5所示。

图3.5 设置字段属性(3)

【例2】在考生文件夹下有一个数据库文件"samp1.accdb"和一个图像文件"photo.bmp",在数据库文件中已经建立了一个表对象"tStud"。请按以下要求完成操作:设置"入校时间"字段的有效性规则和有效性文本。具体规则是:输入日期必须在2000年1月1日之后(不包括2000年1月1日);有效性文本内容为:"输入的日期有误,请重新输入。"

【操作步骤】打开tStud表设计视图,在"设计视图"中按要求设置字段属性,如图3.6所示。

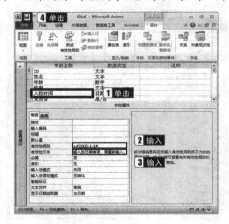

图3.6 设置字段属性(4)

考点 3　建立表之间的关系

1. 表间关系的概念

在 Access 中,每个表都是数据库独立的一个部分,但每个表又不是完全孤立的,表与表之间可能存在着相互的联系。Access 中表与表之间的关系可以分为一对一、一对多和多对多等 3 种。

一对一:假设有表 A 和表 B 两个表,如果表 A 中的一条记录与表 B 中的一条记录相匹配,反之也是一样,那么这两个表存在一对一的关系。

一对多:如果表 A 中的一条记录与表 B 中的多条记录相匹配,且表 B 中的一条记录只与表 A 中的一条记录相匹配,则这两个表存在一对多的关系。

多对多:如果表 A 中的多条记录与表 B 中的多条记录相对应,且表 B 中的多条记录也与表 A 中的多条记录相对应,则称表 A 与表 B 是多对多的关系。

说明:可以将一对一关系的两个表合并为一个表,这样既不会出现重复信息,也便于表的查询。而任何多对多的关系都可以拆成多个一对多的关系。因此在 Access 中,表之间的关系都可定义为一对多的关系。通常将一端表称为主表,将多端表称为相关表。

> **真考链接**
> 在选择题中,考查概率为 55%;在操作题中,考查概率为 39%。重点考查表之间的关系及参照完整性规则。

2. 参照完整性

参照完整性是在输入或删除记录时,为维持表之间已定义的关系而必须遵循的规则。

说明:如果实施了参照完整性,那么当主表中没有相关记录时,就不能将记录添加到相关表中,也不能在相关表中存在匹配的记录时删除主表中的记录,更不能在相关表中有相关记录时,更改主表上的主键值。也就是说,实施了参照完整性后,对表中主键字段进行操作时系统会自动地检查主键字段,看看该字段是否被添加、修改或删除了。如果对主键的修改违背了参照完整性的要求,那么系统会自动强制执行参照完整性。

3. 建立表之间的关系

使用数据库向导创建数据库时,向导自动定义各个表之间的关系;同样使用表向导创建表时,也将定义该表与数据库中其他表之间的关系。但如果没有使用向导创建数据库或表,那么就需要用户定义表之间的关系。注意:在定义表之间的关系之前,应关闭所有需要定义关系的表。

具体建立的操作可以单击数据库工具选项卡中的"关系"按钮进行。

小提示
在 Access 中,表之间的关系都定义为一对多的关系。通常,将一端表称为主表,将多端表称为相关表。

 常见问题

Access 中表与表之间有哪几种关系?
Access 中表与表之间的关系可以分为一对一、一对多和多对多等 3 种。

 真题精选

一、选择题

在 Access 数据库中,表之间的关系一般都定义为(　　)。
　A)一对一　　　　　B)一对多　　　　　C)多对多　　　　　D)以上都不对
【答案】B
【解析】因为在 Access 数据库中,一对一的关系可以合并成一个表,多对多的关系可以拆成多个一对多的关系,所以一般都是一对多的关系。

二、操作题

在考生文件夹下,"samp1.accdb"数据库文件中已建立 3 个关联表对象(名为"线路""游客"和"团队")和窗体对象"brow"。试按以下要求完成操作:建立"线路"和"团队"两表之间的关系并实施参照完整性。

【操作步骤】打开 tStud 表设计视图,在"设计视图"中进行如下操作,如图 3.7 所示。

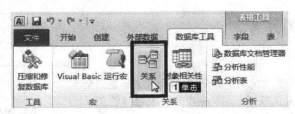

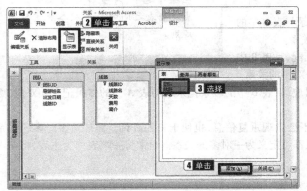

图 3.7　建立表之间的关系

考点 4　向表中输入数据

1. 使用"数据表视图"

使用"数据表视图"可以很容易地往表中输入数据，就好像在一张纸上的空白表格内填写数字一样简单。在"数据库"窗口的"表"对象下双击数据表，即可打开"数据表视图"，然后在该视图中直接输入数据即可。

2. 创建查询列表字段

一般情况下，表中的大部分字段值都来自于直接输入的数据，或从其他数据源导入的数据。如果某字段值是一组固定数据，再手工输入会比较麻烦，此时可将这组固定值设置为一个列表，从列表中选择相应值即可，这样既可以提高输入的效率，也能够减轻输入的强度。创建查询列表字段的方法是在打开表中选择相应字段，在"数据类型"列中选择"查询向导"，然后在该查询向导中按照提示进行操作即可。

> **真考链接**
>
> 在操作题中，考查概率为 80%。主要考查使用数据表示图、创建查询列表向导及外部数据的获取。

3. 获取外部数据

利用 Access 提供的导入和链接功能可以将一些外部数据直接添加到当前的 Access 数据库中，如使用 Excel 生成的表。在 Access 中，可以导入的表类型包括 Access 数据库中的表、Excel、Louts 和 DBASE 等应用程序创建的表，以及 HTML 文档等。导入时，在"数据库"窗口中单击"文件"菜单中的"获取外部数据"命令，并在其级联菜单中选择"导入"或"链接"命令，打开相应对话框，然后按照提示进行操作完成。

说明："导入"与"链接"操作相似，但其数据对象是完全不同的。导入的数据表如同在 Access 中新建的一样，与外部数据源没有任何联系；链接只是在 Access 数据库内创建了一个数据表链接对象，即数据本身不在 Access 数据库中，外部数据源对数据所做的任何改动都会通过该链接直接反映到 Access 数据库中。

 常见问题

> 在 Access 中可以导入的数据源有哪些？
> 在 Access 中，可以导入的表类型包括 Access 数据库中的表、Excel、Louts 和 DBASE 等应用程序创建的表，以及 HTML 文档等。

真题精选

在考生文件夹下有一个数据库文件"samp1.accdb",该文件下有一个名为"tEmployee"的表,向表3.3中输入如下数据。

表3.3　　　　　　　　　　　　　　表 tEmployee

职工 ID	姓名	职称	聘任日期
00001	112	副教授	1995 – 11 – 1
00002	113	教授	1995 – 12 – 12
00003	114	讲师	1998 – 10 – 10
00004	115	副教授	1992 – 8 – 11
00005	116	副教授	1996 – 9 – 11
00006	117	教授	1998 – 10 – 28

【操作步骤】打开 samp1.accdb 表设计视图,在"设计视图"下进行如图 3.8 所示的操作。

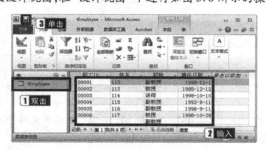

图 3.8　向表中输入数据

3.2　维　护　表

考点 5　修改表结构

修改表结构的操作主要包括添加字段、修改字段、删除字段、重新设置主键等。

真考链接

在操作题中,考查概率为 89%。本知识点是一个重要的考点,读者应能熟练操作。

1. 添加字段

添加字段的方法有两种。第一种是用表"设计视图"打开需要添加字段的表,然后将光标移动到要插入新字段的位置,单击菜单栏"表格工具"下"设计"选项卡下"工具"组中的"插入行"按钮,在新行的"字段名称"列中输入新字段名称,确定新字段数据类型。第二种是用"数据表视图"打开需要添加字段的表,然后单击菜单栏"表格工具"下"字段"选项卡下"添加和删除"组中的"其他字段"按钮,选择所需格式类型再双击新列中的字段名"字段 1",为该列输入唯一的名称。

说明:在表中添加一个字段不会影响其他字段和现有数据,但利用该表建立的查询、窗体或报表,新字段不会自动加入,而需要手工添加上去。

2. 修改字段

修改字段包括修改字段的名称、数据类型、说明、属性等。在"数据表视图"中只能修改字段名,如果要改变其数据类型或定义字段的属性,则需要切换到"设计视图"中操作。具体方法是用表"设计视图"打开需要修改字段的表,如果要修改某字段名称,可在该字段的"字段名称"列中单击鼠标,然后修改字段名称;如果要修改某字段数据类型,单击该字段"数据类型"列右侧下拉按钮,然后从打开的下拉列表中选择需要的数据类型即可。

说明：在 Access 中，"数据表视图"中字段列顶部的名称可以与字段的名称不相同。

3. 删除字段

删除字段的方法有两种。第一种是用表"设计视图"打开需要删除字段的表，然后将光标移到要删除字段行上；如果要选择一组连续的字段，可将鼠标指针拖过所选字段的字段选定器；如果要选择一组不连续的字段，可先选中要删除的某一个字段的字段选定器，然后按住 Ctrl 键不放，再单击每一个要删除字段的字段选定器，最后单击菜单栏"设计"选项卡下"工具"组中的"删除行"按钮。第二种是用"数据表视图"打开需要删除字段的表，选中要删除的字段列，然后单击"字段"选项卡下"添加和删除"组中的"删除"按钮。

4. 重新设置主键

重新定义主键需要先删除已定义的主键，然后再定义新的主键。具体的操作步骤如下。

（1）使用"设计视图"打开需要重新定义主键的表。

（2）单击主键所在行字段选定器，然后单击"设计"选项卡下"工具"组中的"主键"按钮。完成此步骤后，系统将取消以前设置的主键。

（3）单击要设为主键的字段选定器，然后单击"设计"选项卡下"工具"组中的"主键"按钮，这时主键字段选定器上会显示一个"主键"图标，表明该字段是主键字段。

> **小提示**
> 重新定义主键时要先删除已定义的主键。

 真题精选

在考生文件夹下有一个数据库文件"samp1.accdb"，在"samp1.accdb"数据库文件中已建立 3 个表对象（名为"线路""游客"和"团体"）。请按以下要求完成表的各种操作。

（1）将"线路"表中的"线路 ID"字段设置为主键；设置其有效性规则属性，"有效性规则"为大于 0。

（2）在"团队"表中添加"线路 ID"字段，"数据类型"为"文本"，"字段大小"为 8。

（3）将"游客"表中的"年龄"字段删除；添加字段，字段名为"证件编号"；"证件编号"的"数据类型"为"文本"，"字段大小"为 20。

【操作步骤】（1）打开 samp1.accdb 表设计视图，在"设计视图"下进行图 3.9 所示的操作。

图 3.9　设置字段属性

（2）在"设计视图"下进行图 3.10 所示的操作。

第3章 数据库和表

 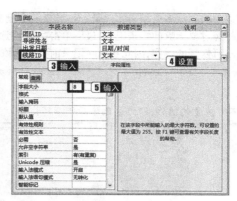

图 3.10 添加新字段并设置属性

（3）在"设计视图"下进行图 3.11 所示的操作。

 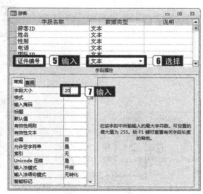

图 3.11 删除旧字段，添加新字段

考点6 编辑表内容

1. 添加记录

要添加新记录，使用"数据表视图"打开要编辑的表，可以将光标直接移到表的最后一行，直接输入要添加的数据；也可以单击"记录定位器"上的添加新记录按钮，或者选择"开始"选项卡下"记录"组中的"新建"命令，待光标移到表的最后一行后输入要添加的数据即可。

2. 删除记录

要删除记录，使用"数据表视图"打开要编辑的表，单击要删除记录的记录选择器，然后单击"开始"选项卡下"记录"组中的"删除"按钮，在弹出的"删除记录"提示框中单击"是"按钮。

真考链接

在选择题中，考查概率为10%；在操作题中，考查概率为89%。重点考查记录的删除。本知识点是操作题中的一个重要考点，读者应能熟练操作。

在数据表中,还可以一次删除多条相邻的记录。如果要一次删除多条相邻的记录,则在选择记录时,先单击第一条记录的选定器,然后拖动鼠标经过要删除的每条记录,最后单击"开始"选项卡下"记录"组中的"删除"按钮即可。

注意:删除操作是不可恢复的操作,因此在删除记录前要确认该记录是否是要删除的记录。

> **小提示**
>
> 删除操作是不可恢复的操作,即记录删除后将不可恢复。

 真题精选

一、选择题

在 Access 的数据表中删除一条记录,被删除的记录(   )。
A) 可以恢复到原来位置　　　　　　　　B) 被恢复为最后一条记录
C) 被恢复为第一条记录　　　　　　　　D) 不能恢复

【答案】D

【解析】在 Access 数据库中,表中删除的记录是不能恢复的。

二、操作题

在考生文件夹下的"samp1.accdb"数据库文件中已建立表对象"tEmployee"。请按以下操作要求完成表的编辑。

(1)删除表中 1949 年以前出生的雇员记录。

(2)在编辑完的表中追加如下新记录,如表 3.4 所示。

表 3.4　　　　　　　　　　　　　表 tEmployee

雇员编号	姓名	性别	出生日期	职务	简历	联系电话
0005	刘洋	男	1967-10-9	职员	1985 年中专毕业现为销售员	65976421

【操作步骤】(1)打开 samp1.accdb 表设计视图,在"设计视图"下进行图 3.12 所示的操作。

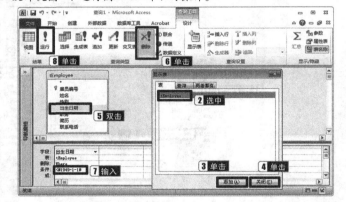

图 3.12　删除雇员记录

(2)在"设计视图"下进行图 3.13 所示的操作。

图 3.13　追加新记录

考点 7　调整表外观

1. 改变字段显示次序

(1)使用"数据表视图"打开表。

(2)将鼠标指针定位在要改变次序的字段名上,鼠标指针变成一个粗体黑色下箭头,然后单击鼠标,此时该字段列被选中。

(3)将鼠标指针放在该字段列的字段名上,按住鼠标左键并拖动到目的位置,然后释放鼠标左键即可。

使用此方法,可以移动任何单独的字段或者所选的多个字段。移动"数据表视图"中的字段不会改变表"设计视图"中字段的排列顺序,而只是改变在"数据表视图"中字段的显示顺序。

真考链接

在操作题中,考查概率为89%。本知识点是操作题中非常重要的一个考点,主要考查表结构和内容的各种操作,以及表外观的设置。

2. 调整行显示高度

有两种方法:使用鼠标和使用菜单命令。

使用鼠标:使用"数据表视图"打开要调整的表,然后将鼠标指针放在表中任意两行选定器之间,当鼠标指针变为双箭头时,按住鼠标左键不放,拖动鼠标指针上下移动,调整到所需高度后松开鼠标即可。

使用菜单命令:使用"数据表视图"打开调整的表,右击表左侧的行选项区域,在弹出的快捷菜单中选择"行高"命令,在打开的"行高"对话框中输入所需的行高值,然后单击"确定"按钮即可。改变行高后,整个表的行高都会得到调整。

3. 调整列显示宽度

同调整行显示高度一样,也有两种方法:鼠标和菜单命令,操作方式一样。

说明:重新设定列宽不会改变表中字段的"字段大小"属性所允许的字符数,它只是简单地改变字段所包含数据的显示空间。

4. 隐藏不需要的列

(1)用"数据表视图"打开表。

(2)单击要隐藏的字段选定器。如果要一次隐藏多列,单击要隐藏的第1列字段选定器,然后按住鼠标左键不放,拖动鼠标到最后一个需要选择的列即可。

(3)单击"开始"选项卡下"记录"组中"其他"按钮右侧的下拉按钮,选择"隐藏字段"命令,这时Access会将选定的列隐藏起来,或者右键单击字段选定器,选择"隐藏字段"。

5. 显示隐藏的列

(1)用"数据表视图"打开表。

(2)右键单击任意字段表头处,在弹出的快捷菜单中选择"取消隐藏字段"。

(3)在"列"列表中选中要显示列的复选框,然后单击"关闭"按钮即可,如图3.14所示。

图3.14 "取消隐藏列"对话框

6. 冻结列

冻结列是用来解决表过宽时,有些字段值因为水平滚动后无法看到的问题。冻结后,无论怎样水平滚动窗口,被冻结的字段总是可见的,并且总是显示在窗口的最左侧。

(1)用"数据表视图"打开表,单击要冻结的字段选定器。

(2)单击"开始"选项卡下"记录"组中"其他"按钮右侧的下拉按钮,选择"冻结字段"命令。

说明:取消冻结列的方法是单击"开始"选项卡下"记录"组中"其他"按钮右侧的下拉按钮,选择其下拉列表中的"取消对所有列的冻结"命令。

7. 设置数据表格式

可以改变数据表视图中单元格的显示效果,也可以选择网格线的显示方式和颜色,以及表格的背景颜色等。设置过程如图3.15所示。

图 3.15　设置数据表格式

（1）用"数据表视图"打开要设置格式的表。
（2）单击菜单栏"开始"选项卡下"文本格式"组右下角"设置数据表格式"按钮，打开"设置数据表格式"对话框。
（3）在该对话框中，可以根据需要选择所需的项目。
（4）单击"确定"按钮完成设置。

8．改变字体

（1）用"数据表视图"打开表。
（2）在菜单栏"开始"选项卡下"文本格式"组中进行字体的设置，如图3.16所示。

图 3.16　设置字体

真题精选

在考生文件夹下有一个数据库文件"samp1.accdb"，里面已建立两个表对象"tGrade"和"tStudent"。请按以下操作要求完成表的编辑。
（1）将"tGrade"表中隐藏的列显示出来。
（2）设置"tStudent"表的显示格式，使表的背景颜色为"蓝色"、网格线为"白色"、文字字号为"10"。

【操作步骤】

（1）打开 samp1.accdb 表设计视图，在"设计视图"下操作，如图3.17所示。

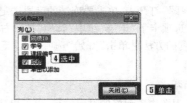

图 3.17　显示隐藏的列

（2）在"设计视图"下进行图3.18所示的操作。

第3章 数据库和表

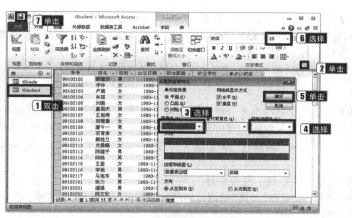

图 3.18 设置表格式

3.3 操 作 表

考点 8　查找数据

1. 查找指定内容

（1）用"数据表视图"打开表,单击要查询的字段选定器。

（2）单击"开始"选项卡下"查找"组中的"查找"按钮,打开"查找和替换"对话框,在"查找内容"文本框中输入要查询的内容,如图 3.19 所示。

图 3.19 查找和替换

真考链接

在选择题中,考查概率为 70%;在操作题中,考查概率为 17%。通配符的使用和空值或空字符串的表示为考查重点。本知识点是操作题中的一个重点,读者应能熟练操作。

如果需要也可以在"查找范围"下拉列表中选择"整个表"作为查找的范围。

注意:"查找范围"下拉列表中所包括的字段为在进行查找之前控制光标所在字段。用户最好在查找之前将控制光标移到所要查找的字段上,这样比对整个表进行查找可以节省更多的时间。在"匹配"下拉列表中,可以选择其他的匹配部分。

（3）单击"查找下一个"按钮,这时将查找下一个指定的内容,Access 将反向显示找到的数据。连续单击"查找下一个"按钮,可以将全部指定的内容查找出来。

（4）单击"取消"按钮或窗口"关闭"按钮,可以结束查找。

2. 通配符的用法

用户在指定查找内容时,如果希望在只知道部分内容的情况下对数据表进行查找,或者按照特定的要求查找记录,可以使用通配符作为其他字符的占位符,通配符的用法如表 3.5 所示。

表 3.5　　　　　　　　　　　　　通配符用法表

字符	用法	示例
*	通配任意个数的字符	Wh* 可以找到 white 和 why,但找不到 wash 和 without
?	通配任何单个字符	b?ll 可以找到 ball 和 bill,但找不到 blle 和 beall
[ ]	通配方括号内任何单个字符	b[ae]ll 可以找到 ball 和 bell,但找不到 bill
!	通配任何不在方括号内字符	B[!ae]ll 可以找到 bill 和 bull,但找不到 bell 和 ball
-	通配范围内的任何一个字符。必须以递增排序顺序来指定区域(A 到 Z,而不是 Z 到 A)	b[a-c]d 可以找到 bad、bbd 和 bcd,但找不到 bdd
#	通配任何单个数字字符	1#3 可以找到 103、113 和 123

注意：在使用通配符搜索星号（*）、问号（?）、井号（#）、左方括号（[）或连字号（-）时，必须将搜索的符号放在方括号内。例如搜索问号，在"查找内容"文本框中输入[?]符号；搜索连字号，在"查找内容"文本框中输入[-]符号。如果同时搜索连字号和其他单词，需要在方括号内将连字号放置在所有字符之前或之后，但是如果有叹号（!），则需要在方括号内将连字号放置在叹号之后。如果搜索叹号或右方括号（]），则不需要将其放在方括号内。

3. 查找空值或空字符串

在 Access 表中，如果某条记录的某个字段尚未存储数据，则称该记录的这个字段的值为空值。空值与空字符串的含义不同。空值是缺值或还没有值（即可能存在但当前未知），允许使用 Null 值来说明一个字段里的信息目前还无法得到。空字符串是用双引号括起来的字符串，且双引号中间没有空格（即""），这种字符串的长度为 0。在 Access 中，查找空值或空字符串的方法相似。

（1）用"数据表视图"打开表，单击要查找字段选择器，选中该列。
（2）单击"开始"选项卡下"查找"组中的"查找"按钮，打开"查找和替换"对话框。
（3）在"查找内容"文本框中输入"Null"。
（4）单击"匹配"文本框右侧的下拉按钮，从打开的列表中选择"整个字段"，确保"按格式搜索字段"复选框未被勾选，在"搜索"下拉列表中选择"全部""向上"或"向下"，如图 3.20 所示。

图 3.20 在"查找和替换"对话框中进行设置

（5）单击"查找下一个"按钮，找到后，记录选择器指针将指向相应的记录。

说明：如果要查找空字符串，只需将步骤（3）中的查找内容改为不包含空格的双引号（""）即可。

小提示

应注意区分空值与空字符串的含义。空值是缺值或还没有值（即可能存在但当前未知），允许使用 Null 值来说明一个字段里的信息目前还无法得到。空字符串是用双引号括起来的字符串，且双引号中间没有空格（即""），这种字符串的长度为 0。

常见问题

在使用通配符搜索一些特殊符号如星号（*）、问号（?）、井号（#）、左方括号（[）或连字号（-）时，如何表示？

在使用通配符搜索星号（*）、问号（?）、井号（#）、左方括号（[）或连字号（-）时，必须将搜索的符号放在方括号内。例如搜索问号，应在"查找内容"文本框中输入[?]符号。

真题精选

【例1】有关空值，下列叙述正确的是（　　）。
　A）Access 不支持空值　　　　　　　B）空值表示字段还没有确定值
　C）空值等同于数值 0　　　　　　　D）空值等同于空字符串

【答案】B

【解析】如果某条记录的某个字段尚未存储数据，则称该记录的这个字段的值为空值。空值表示该值还没有确定。空值与空字符串的含义不同。

【例2】若要在某表中"姓名"字段中查找以"李"开头的所有人名，在"查找内容"文本框中应输入的字符串是（　　）。
　A）李?　　　　B）李*　　　　C）李[]　　　　D）李#

【答案】B

【解析】"?"是通配任意单个字符，"*"是通配任意字符和字符串，"[ ]"是通配[ ]内的任意单个字符，"#"是通配任意单个数字字符。

考点9　筛选记录

1. 按选定内容筛选

按选定内容筛选是一种最简单的筛选方法,使用它可以很容易地找到包含某字段值的记录。

(1)用"数据表视图"打开表,单击要筛选的字段列任一行。

(2)单击"开始"选项卡下"查找"组中的"查找"按钮,在"查找内容"文本框中输入要查找的内容,然后单击"查找下一个"按钮。

(3)单击工具栏上的"排序和筛选"组中的"选择"按钮。

说明:使用这种筛选方法首先要在表中找到一个在筛选产生的记录中必须包含的值。如果这个值不容易找,最好不使用这种方法。

> **真考链接**
>
> 在选择题中,考查概率为30%;在操作题中,考查概率为17%。主要考查各种筛选方法的含义。

2. 按窗体筛选

按窗体筛选是一种快速的筛选方法,使用它不用浏览整个表中的记录,还可以同时对两个以上的字段值进行筛选。

(1)用"数据表视图"打开表,单击"开始"选项卡下"排序和筛选"组中的"高级"按钮,选择"按窗体筛选"命令,切换到"按窗体筛选"窗口。

(2)单击要筛选字段,并单击右侧的下拉按钮,然后从下拉列表中选择要筛选的值。

(3)单击"开始"选项卡下"排序和筛选"组中的"切换筛选"按钮进行筛选。

3. 按筛选目标筛选

按筛选目标筛选是一种较灵活的方法,是在"筛选目标"框中输入筛选条件来查找含有该指定值或表达式值的所有记录。

(1)用"数据表视图"打开表。

(2)将鼠标指针放在要筛选字段列的任一位置,然后单击鼠标右键,在弹出的快捷菜单中选择"文本筛选器"。

(3)选择符合条件的筛选类型,在弹出的对话框中输入条件,按"确定"键,这样便可获得所需的记录。

4. 高级筛选

使用高级筛选可进行复杂的筛选,挑选出符合多重条件的记录。

(1)打开数据表,单击"开始"选项卡下"排序和筛选"组中的"高级"按钮,然后从其下拉列表中选择"高级筛选/排序"命令,打开"筛选"窗口。

(2)单击设计网格中第一列"字段"行,并单击右侧的下拉按钮,从打开的列表中选择要筛选的字段,然后用同样的方法在第二列的"字段"行上选择另一筛选字段。

(3)在第一字段的条件单元格中输入第一筛选条件,在第二字段的条件单元格中输入第二筛选条件。

(4)单击"开始"选项卡下"排序和筛选"组中的"切换筛选"按钮进行筛选。

真题精选

一、选择题

不属于Access提供的数据筛选方式是(　　)。

A)高级筛选　　　　　　　　　　B)按窗体筛选

C)按数据表视图筛选　　　　　　D)按选定内容筛选

【答案】C

【解析】Access提供有4种筛选记录的方法,分别是按选定内容筛选、按窗体筛选、按筛选目标筛选以及高级筛选。

二、操作题

在考生文件夹下有一个数据库文件"samp1.accdb",里面已建立表对象"tStudent"。请按以下操作要求完成表的编辑。

(1)筛选"北京五中"的学生,并按学号排序。

(2)筛选"政治面貌"为"团员"的学生记录。

【操作步骤】(1) 打开samp1.accdb表设计视图,打开"tStudent"表,在表"设计视图"下进行图3.21所示的操作。

图 3.21　按学号排序

(2)在表"设计视图"下进行图 3.22 所示的操作。

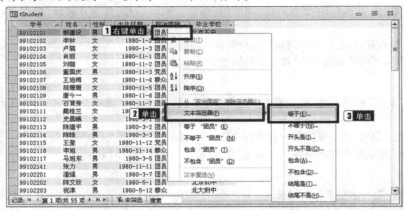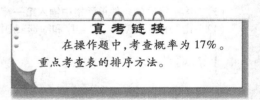

图 3.22　筛选学生记录

考点 10　排序记录

1. 排序规则

排序是根据当前表中的一个或多个字段的对值整个表中的所有记录重新排列。可按升序也可按降序排序。排序记录时,不同的字段类型,其排序规则有所不同,具体规则如下。

(1)英文按字母顺序排序,大、小写视为相同,升序时按 A 到 Z 排列,降序时按 Z 到 A 排列。

真考链接
在操作题中,考查概率为 17%。重点考查表的排序方法。

(2)中文按拼音字母的顺序排序,升序时按 A 到 Z 排列,降序时按 Z 到 A 排列。

(3)数字按数字的大小排序,升序时从小到大排列,降序时从大到小排列。

(4)日期和时间字段,按日期的先后顺序排序,升序时按从前向后的顺序排列,降序时按从后向前的顺序排列。

排序注意问题如下。

(1)对于文本型的字段,如果它的取值有数字,那么 Access 则将数字视为字符串。排序时是按照 ASCII 码值的大小排列,而不是按照数值本身的大小排列。如果希望按其数值大小排列,则应在较短的数字前面加零。如字符串"5""8""13"按升序排列,如果直接排列,则结果为"13""5""8",这是因为"1"的 ASCII 码值小于"5"的。要想实现所需要的升序顺序,则应将 3 个字符串改为"05""08""13"。

(2)按升序排列字段时,如果字段的值为空值,则将包含空值的记录排列在列表中的第一条。

(3)数据类型为备注、超链接或 OLE 对象的字段不能排序。

(4)排序后,排序次序将与表一起保存。

2. 按一个字段排序

(1)用"数据表视图"打开表,单击要排序的字段所在的列。

(2)单击"开始"选项卡下"排序和筛选"组中的"升序"按钮即可。

说明:进行上述操作后,就可以改变表中原有的排列次序,而变为新的次序。保存表时,将同时保存排序结果。

3. 按多个字段排序

按多个字段进行排序时,首先根据第一个字段按照指定的顺序排序,当第一个字段具有相同值时,再按照第二个字段排序,依次类推,直到全部指定的字段排好序为止。排序的方法有以下两种:使用数据表视图和使用筛选窗口。

使用数据表视图排序的操作步骤如下。

(1)用"数据表视图"打开表,选择用于排序的两个字段。

(2)单击"开始"选项卡下"排序和筛选"组中的"升序"按钮即可。

说明:使用"数据表视图"按两个字段排序虽然简单,但它只能使所有的字段都按同一种次序排序,而且这些字段必须相邻。如果希望两个字段按不同的次序排序,或者按两个不相邻的字段排序,就必须使用"筛选"窗口。

使用筛选窗口排序的操作步骤如下。

(1)用"数据表视图"打开表,单击"开始"选项卡下"排序和筛选"组中的"高级"按钮,然后从其下拉菜单中选择"高级筛选/排序"命令,打开"筛选"窗口。

(2)用鼠标单击设计网格中第一列字段行右侧的下拉按钮,从打开的列表中选择排序字段,然后用同样的方法在第二列的字段行上选择第二个排序字段。

(3)单击所排序字段的单元格,单击"排序"行右侧下拉按钮,从打开的列表中选择"升序",然后使用同样的方法可以设置第二个排序字段为"降序"。

(4)单击"开始"选项卡下"排序和筛选"组中的"切换筛选"按钮,这时就会出现排序结果。

小提示

不同数据类型的字段有不同的排列次序,读者应注意这一点。

常见问题

哪些类型的字段不能排序?

数据类型为备注、超链接或 OLE 对象的字段不能排序。

真题精选

在考生文件夹下有一个数据库文件"samp1.accdb",里面已建立表对象"tStudent"。请按以下操作要求完成表的编辑:先按"毕业学校"升序排列,再按"学号"降序排列。

【操作步骤】打开 samp1.accdb 表设计视图,打开"tStudent"表,在表"设计视图"下进行图 3.23 所示的操作。

 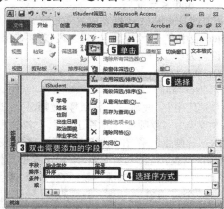

图 3.23 表的排序操作

3.4 综合自测

一、选择题

1. 下列关于货币数据类型的叙述中,错误的是( )。
   A) 货币型字段在数据表中占 8 个字节的存储空间
   B) 货币型字段可以与数字型数据混合计算,结果为货币型
   C) 向货币型字段输入数据时,系统自动将其设置为 4 位小数
   D) 向货币型字段输入数据时,不必输入人民币符号和千位分隔符

2. 若在数据库表的某个字段中存放演示文稿数据,则该字段的数据类型应是( )。
   A) 文本型　　　　B) 备注型　　　　C) 超链接型　　　　D) OLE 对象型

3. 在"成本表"中有字段:装修费、人工费、水电费和总成本。其中,总成本 = 装修费 + 人工费 + 水电费,在建表时应将字段"总成本"的数据类型定义为( )。
   A) 数字　　　　　B) 单精度　　　　C) 双精　　　　　D) 计算

4. 定位到同一字段最后一条记录中的组合键是( )。
   A) End　　　　　　　　　　　　　　　B) Ctrl + End
   C) Ctrl + ↓　　　　　　　　　　　　D) Ctrl + Home

5. Access 字段名不能包含的字符是( )。
   A) @　　　　　　B) !　　　　　　　C) %　　　　　　　D) &

6. 可以加快查询操作的属性是( )。
   A) 默认值　　　　B) 有效性规则　　C) 有效性文本　　D) 索引

7. 下列关于格式属性的叙述中,错误的是( )。
   A) 格式属性只影响字段数据的显示格式
   B) 不能设置自动编号型字段的格式属性
   C) 显示格式只在输入数据被保存后应用
   D) 可在需要控制数据的输入格式时选用

8. 已知该窗体对应的数据源中包含教工编号、参加工作时间、姓名、工资等字段,则下列选项中能够计算职工工龄的计算表达式是( )。
   A) = year(date()) – year([参加工作时间])　　B) = #year(date())# – #year(参加工作时间)#
   C) = #time(date())# – #time(参加工作时间)#　　D) = time(date()) – time([参加工作时间])

9. 如果字段"考查成绩"的取值范围为小写字母 a~e,则下列选项中,错误的有效性规则是( )。
   A) > = 'a' And < = 'e'　　　　　　　　B) [考查成绩] > = 'a' And [考查成绩] < = 'e'
   C) 考查成绩 > = 'a' And 考查成绩 < = 'e'　　D) 'a' < = [考查成绩] < = 'e'

10. 在 tStud 表中有一个"电话号码"字段,若要确保输入的电话号码格式为 ×××–××××××××,则应将该字段的"输入掩码"属性设置为( )。
    A) 000 – 00000000　　　　　　　　　　B) 999 – 99999999
    C) ### – ########　　　　　　　　　　D) ??? – ????????

11. 若在数据库中有"教师"表(教师号,教师名)、"学生"表(学号,学生名)和"课程"表(课程号,课程名) 3 个基本情况表。学校里一名教师可主讲多门课程,一名学生可选修多门课程,则主讲教师与学生之间形成了多对多的师生关系。为反映这种师生关系,在数据库中应增加新的表。下列关于新表的设计中,最合理的设计是( )。
    A) 增加两个表:学生 – 选课表(学号,课程号),教师 – 任课表(教师号,课程号)
    B) 增加一个表:学生 – 选课 – 教师表(学号,课程号,教师号)
    C) 增加一个表:学生 – 选课 – 教师表(学号,学生名,课程号,课程名,教师号,教师名)
    D) 增加两个表:学生 – 选课表(学号,课程号,课程名),教师 – 任课表(教师号,课程号,课程名)

12. 在 Access 数据库中已经建立"tStudent"表,若使"姓名"字段在数据表视图中显示时不能移动位置,应使用的方法是( )。
    A) 排序　　　　　B) 筛选　　　　　C) 隐藏　　　　　D) 冻结

13. 某数据表中有 5 条记录,其中"编号"为文本型字段,其值分别为 129、97、75、131、118。若按该字段对记录进行降序排序,则排序后的顺序应为(　　)。
　　A)75、97、118、129、131　　　　　　　　B)118、129、131、75、97
　　C)131、129、118、97、75　　　　　　　　D)97、75、131、129、118
14. 在"查找和替换"对话框的"查找内容"文本框中,设置"[ae]ffect"的含义是(　　)。
　　A)查找"aeffect"字符串　　　　　　　　B)查找"[ae]ffect"字符串
　　C)查找"affect"或"effect"的字符串　　　D)查找除"affect"和"effect"以外的字符串
15. 在"工资库"中,要直接显示所有姓"李"的记录,可用的方法是(　　)。
　　A)排序　　　　B)筛选　　　　C)隐藏　　　　D)冻结

二、操作题

1. 在考生文件夹下的"samp1.accdb"数据库文件中已建立好表对象"tStud"和"tScore"、宏对象"mTest"和窗体"fTest"。请按以下要求完成各种操作。
　　(1)分析并设置表"tScore"的主键。
　　(2)将学生"入校时间"字段的默认值设置为下一年度的 1 月 1 日(规定:本年度的年号必须用函数获取)。
　　(3)冻结表"tStud"中的"姓名"字段列。
　　(4)将窗体"fTest"的"标题"属性设置为"测试"。
　　(5)将窗体"fTest"中名为"bt2"的命令按钮的宽度设置为 2cm,与命令按钮"bt1"左边对齐。
　　(6)将宏"mTest"重命名并保存为自动执行的宏。

2. 在考生文件夹下,"samp1.accdb"数据库文件中已建立两个表对象(名为"员工表"和"部门表")。试按以下要求,按顺序完成表的各种操作。
　　(1)将"员工表"的行高设为 15。
　　(2)设置表对象"员工表"的年龄字段有效性规则:大于 17 且小于 65(不含 17 和 65)。同时设置相应有效性文本为"请输入有效年龄"。
　　(3)在表对象"员工表"的年龄和职务两字段之间新增一个字段,字段名称为"密码",数据类型为文本,字段大小为 6,同时,要求设置输入掩码使其以密码方式显示。
　　(4)查找年龄在平均年龄上下 1 岁(含)范围内的员工,其简历信息后追加"(平均)"文字标示信息。
　　(5)设置表对象"员工表"的聘用时间字段默认值:系统日期当年年当前月的 1 日。冻结表"员工表"的姓名字段。
　　(6)建立表对象"员工表"和"部门表"的表间关系,实施参照完整性。

3. 在考生文件夹下的"samp1.accdb"数据库文件中已建立两个表对象(名为"员工表"和"部门表")和一个窗体对象(名为"fTest")及一个宏对象(名为"mTest")。请按以下要求,按顺序完成表对象的各种操作。
　　(1)删除表对象"员工表"的照片字段。
　　(2)设置表对象"员工表"的年龄字段有效性规则:大于 16 且小于 65(不含 16 和 65)。同时设置相应有效性文本为"请输入合适年龄"。
　　(3)设置表对象"员工表"的聘用时间字段的默认值为系统当前日期。
　　(4)删除表对象"员工表"和"部门表"之间已建立的错误表间关系,重新建立正确关系。
　　(5)设置相关属性,实现窗体对象(名为"fTest")上的记录数据不允许添加的操作(即消除新记录行)。
　　(6)将宏对象(名为"mTest")重命名为可自动运行的宏。

第4章

查　询

选择题分析明细表

考点	考查概率	难易程度
查询的功能	20%	★
查询的条件	80%	★★★★
使用查询向导	10%	★
使用设计视图	40%	★★★
交叉表查询	10%	★
参数查询	20%	★★
操作查询	20%	★★
SQL 查询	80%	★★★★★

操作题分析明细表

考点	考查概率	难易程度
使用查询向导	100%	★★★★★
使用设计视图		
在查询中进行计算	63%	★★★★
交叉表查询	15%	★★
参数查询	43%	★★★
操作查询	76%	★★★★
SQL 查询	13%	★★

4.1 查询概述

考点 1　查询的功能

查询最主要的目的是根据指定的条件对表或者其他的查询进行检索，筛选出符合条件的记录，构成一个新的数据集合，从而便于对数据库表进行查看和分析。具体来说有以下几种功能。

1．选择字段

在查询中，可以只选择表中的部分字段。例如，建立一个查询，只显示"教师"表中每名教师的姓名、性别、工作时间和系别。利用此功能，可以选择一个表中的不同字段来生成所需的多个表或多个数据集。

> **真考链接**
> 在选择题中，考查概率为20%。
> 考生应理解查询的目的和功能。

2．选择记录

可以根据指定的条件查找所需的记录，并显示找到的记录。例如，建立一个查询，只显示"教师"表中1992年参加工作的男教师。

3．编辑记录

编辑记录包括添加记录、修改记录和删除记录等。在Access中，可以利用查询添加、修改和删除表中的记录。例如，将"计算机实用软件"不及格的学生从"学生"表中删除。

4．实现计算

查询不仅可以找到满足条件的记录，而且可以在建立查询的过程中进行各种统计计算，如计算每门课程的平均成绩。另外，还可以建立一个计算字段，利用计算字段保存计算的结果，如根据"教师"表中的"工作时间"字段计算每名教师的工龄。

5．建立新表

利用查询得到的结果可以建立一个新表。例如，将"计算机实用软件"成绩在90分以上的学生找出来并存放在一个新表中。

6．为窗体、报表或数据访问页提供数据

为了从一个或多个表中选择合适的数据显示在窗体、报表或数据访问页中，用户可以先建立一个查询，然后将该查询的结果作为数据源。每次打印报表或打开窗体、数据访问页时，该查询就会从它的基表中检索出符合条件的最新记录。

说明：查询对象不是数据的集合，而是操作的集合。查询的运行结果是一个数据集，也称为动态集。它很像一个表，但并没有存储在数据库中。创建查询后，只保存查询的操作，只有在运行查询时才会从查询数据源中抽取数据，并创建它；只要关闭查询，查询的动态集就会自动消失。

> **小提示**
> 查询对象不是数据的集合，而是操作的集合。查询的结果并不存储在数据库中。关闭了查询，结果就会自动消失。

> **常见问题**
> 查询具有哪些功能？
> 选择字段，选择记录，编辑记录，实现计算，建立新表，为窗体、报表或数据访问页提供数据。

> **真题精选**
>
> 【例1】下面对查询功能的叙述正确的是（　　）。
> 　　A）在查询中，选择查询可以只选择表中的部分字段，通过选择一个表中的不同字段生成同一个表
> 　　B）在查询中，编辑记录主要包括添加记录、修改记录、删除记录，以及导入、导出记录

C)在查询中,查询不仅可以找到满足条件的记录,而且可以在建立查询的过程中进行各种统计计算

D)以上说法均不对

【答案】C

【解析】选项 A 中后半句应是通过选择一个表中的不同字段生成所需的多个表,选项 B 中编辑记录不包含导入与导出记录,选项 C 正确。

【例2】查询功能的编辑记录主要包括(　　)。

①添加记录　②修改记录　③删除记录　④追加记录

A)①②③　　　　B)②③④　　　　C)③④①　　　　D)④①②

【答案】A

【解析】查询功能的编辑包括添加、修改和删除,追加不包含在编辑记录内。

考点 2　查询的条件

查询条件是运算符、常量、字段值、函数以及字段名和属性等的任意组合能够计算出一个结果。

1. 运算符

运算符是构成查询条件的基本元素。在 Access 中,关系运算符、逻辑运算符和特殊运算符等 3 种运算符及含义如表 4.1～表 4.3 所示。

> **真考链接**
> 在选择题中,考查概率为 80%。要求考生掌握查询条件的表示,特别是会使用运算符、函数和空值或空字符串。

表 4.1　　　　　　　　　　　　　　关系运算符及含义

关系运算符	说明	关系运算符	说明
=	等于	< >	不等于
<	小于	< =	小于等于
>	大于	> =	大于等于

表 4.2　　　　　　　　　　　　　　逻辑运算符及含义

逻辑运算符	说明
Not	当 Not 连接的表达式为真时,整个表达式为假
And	当 And 连接的表达式均为真时,整个表达式为真,否则为假
Or	当 Or 连接的表达式均为假时,整个表达式为假,否则为真

表 4.3　　　　　　　　　　　　　　特殊运算符及含义

特殊运算符	说明
In	用于指定一个字段值的列表,列表中的任意一个值都可与查询的字段相匹配
Between	用于指定一个字段值的范围,指定的范围之间用 And 连接
Like	用于指定查找文本字段的字符模式。在所定义的字符模式中,用"?"表示该位置可匹配任何一个字符;用"*"表示该位置可匹配任意多个字符;用"#"表示该位置可匹配一个数字;用方括号描述一个范围,用于可匹配的字符范围
Is Null	用于指定一个字段为空
Is Not Null	用于指定一个字段为非空

2. 函数

Access 提供有大量的内置函数,也称为标准函数或函数,如算术函数、字符函数、日期/时间函数和统计函数等。

3. 使用空值或空字符串作为查询条件

空值是用 Null 或空白来表示字段的值;空字符串是用双引号括起来的字符串,且双引号中间没有空格。使用示例如表 4.4 所示。

表4.4 使用空值或空字符串作为查询条件示例

字段名	条件	功能
姓名	Is Null	查询姓名为 Null(空值)的记录
姓名	Is Not Null	查询姓名有值(不是空值)的记录
联系电话	""	查询没有联系电话的记录

注意:在条件中字段名必须用方括号括起来,而且数据类型应与对应字段定义的类型相符合,否则会出现数据类型不匹配的错误。

4. 使用处理日期结果作为查询条件

使用处理日期结果作为查询条件,可以方便地限定查询的时间范围。示例如表4.5所示。

表4.5 使用处理日期结果作为查询条件示例

字段名	条件	功能
工作时间	Between #1992－01－01# And #1992－12－31#	查询1992年参加工作的记录
工作时间	Year([工作时间])=1992	查询1992年参加工作的记录
工作时间	<Date()－15	查询15天前参加工作的记录
工作时间	Between Date() And Date()－20	查询20天之内参加工作的记录
出生日期	Year([出生日期])=1980	查询1980年出生的记录
工作时间	Year([工作时间])=1999 And Month([工作时间])=4	查询1999年4月参加工作的记录

注意:日期常量要用英文状态下的"#"号括起来。

5. 使用字段的部分值作为查询条件

使用字段的部分值作为查询条件,可以方便地限定查询的范围。示例如表4.6所示。

表4.6 使用字段的部分值作为查询条件示例

字段名	条件	功能
课程名称	Like "计算机"	查询课程名称以"计算机"开头的记录
课程名称	Left([课程名称],1)="计算机"	查询课程名称以"计算机"开头的记录
课程名称	InStr([课程名称],"计算机")=1	查询课程名称以"计算机"开头的记录
课程名称	Like "*计算机*"	查询课程名称中包含"计算机"的记录
姓名	Not "王*"	查询不姓"王"的记录
姓名	Left([姓名],1)<>"王"	查询不姓"王"的记录

6. 使用文本值作为查询条件

使用文本值作为查询条件,可以方便地限定查询的文本范围。示例如表4.7所示。

表4.7 使用文本值作为查询条件示例

字段名	条件	功能
职称	"教授"	查询职称为"教授"的记录
职称	"教授" Or "副教授"	查询职称为"教授"或"副教授"的记录
职称	Right([职称],2)="教授"	查询职称为"教授"或"副教授"的记录
职称	InStr([职称],"教授")=1 Or InStr([职称],"教授")=2	查询职称为"教授"或"副教授"的记录

续表

字段名	条件	功能
姓名	In("李元","王朋")	查询姓名为"李元"或"王朋"的记录
	"李元" Or "王朋"	查询姓名为"李元"或"王朋"的记录
	Not "李元"	查询姓名不为"李元"的记录
	Left([姓名],1) = "王"	查询姓"王"的记录
	Like "王*"	
	InStr([姓名]),"王") = 1	
	Len([姓名]) <=2	查询姓名为两个字的记录
课程名称	Right([课程名称],2) = "基础"	查询课程名称最后两个字为"基础"的记录
学生编号	Mid([学生编号],5,2) = "03"	查询学生编号第5和第6个字符为03的记录
	InStr([学生编号],"03") = 5	

说明：查找职称为"教授"的记录，查询条件可以表示为"="教授"。但为了输入方便，Access 允许在条件中省去" = "，所以可直接表示为"教授"。输入时如果没有加双引号，Access 会自动加上双引号。

7. 使用数值作为查询条件

在创建查询时经常会使用数值作为查询条件，示例如表 4.8 所示。

表 4.8 　　　　　　　　　　　使用数值作为查询条件示例

字段名	条件	功能
成绩	<60	查询成绩小于60分的记录
成绩	Between 80 And 90	查询成绩在80～90分之间的记录
	>=80 And <=90	

小提示

在条件中字段名必须用方括号括起来，而且数据类型应与对应字段定义的类型相符合，否则会出现数据类型不匹配的错误。

日期常量要用英文状态下的"#"号括起来。

 真题精选

【例1】"A Or B"条件表达式表示的意思是(　　)。

　　A)表示查询表中的记录必须同时满足 Or 两端的条件 A 和 B，才能进入查询结果集

　　B)表示查询表中的记录只需满足 Or 两端的条件 A 和 B 中的一个，即可进入查询结果集

　　C)表示查询表中记录的数据介于 A、B 之间的记录才能进入查询结果集

　　D)表示查询表中的记录当满足由 Or 两端的条件 A 和 B 不相等时即进入查询结果集

【答案】B

【解析】Or 是"或"运算符，表示两端条件满足其一即可。

【例2】检索价格在 30 万～60 万元的产品，可以设置条件为(　　)。

　　A)" >30 Not <60"　　　　　　　　　　B)" >30 Or < 60"

　　C)" >30 And <60"　　　　　　　　　　D)" >30 Like <60"

【答案】C

【解析】查询"价格在 30 万～60 万元"要使用 And 语句来表示"与"。

【例3】在查询中要统计记录的个数，使用的函数是(　　)。

　　A)COUNT(列名)　B)SUM　　　　　C)COUNT(*)　　　　　D)AVG

【答案】C
【解析】在查询中要统计记录的个数使用的函数是Count( )。
【例4】关于条件表达式Like "[！香蕉,菠萝,土豆]",以下满足的是(　　)。
　　A)香蕉　　　　B)菠萝　　　　C)苹果　　　　D)土豆
【答案】C
【解析】表示非[ ]内的物品都满足条件。

4.2　创建选择查询

考点3　使用查询向导

根据指定条件,从一个或多个数据源中获取数据的查询称为选择查询。创建选择查询的方法有两种,一是使用"查询向导",二是使用查询"设计视图"。查询向导能够有效地指导操作者顺利地创建查询,详细地解释在创建查询的过程中需要做的选择,并能以图形方式显示结果。使用"查询向导"可以创建基于一个数据源的查询,也可以创建基于多个数据源的查询。

> **真考链接**
> 在选择题中,考查概率为10%;在操作题中,考查概率为100%。考生应会使用查询向导。

1. 创建基于一个数据源的查询

例:在考生文件夹下有一个数据库文件"samp2.accdb",其中存在已经设计好的表对象"tStud1",现要创建一个选择查询,查找并显示"编号""姓名""性别""年龄"和"团员否"等5个字段内容,并将查询命名为"qStud1"。

【操作步骤】(1)在数据库窗口中单击菜单栏"创建"选项卡下"查询"组中的"查询向导"按钮,在弹出的对话框中选择"简单查询向导",如图4.1所示。单击"确定"按钮,打开"简单查询向导"对话框。

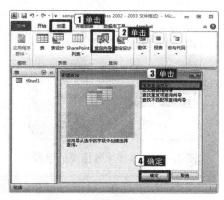

图4.1　查询向导

(2)在"简单查询向导"第1个对话框中,单击"表/查询"下拉列表框右侧的下拉按钮,然后从打开的列表中选择"tStud1"表。这时,"可用字段"框中显示"tStud1"表中包含的所有字段。双击"学号"字段,将该字段添加到"选定的字段"框中,然后使用同样的方法将"姓名""性别""出生日期"等字段添加到"选定的字段"框中,如图4.2所示。

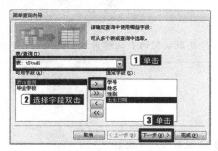

图4.2　选择要显示的字段

(3)单击"下一步"按钮,打开"简单查询向导"第2个对话框。在"请为查询指定标题"文本框中输入查询名称"qStud1",如图4.3所示。如果要修改查询设计,则可选中"修改查询设计"单选按钮。

图4.3 设置查询标题

(4)单击"完成"按钮,开始创建查询。

2. 创建基于多个数据源的查询

例:在考生文件夹下有一个数据库文件"samp2.accdb",其中存在已经设计好的表对象"tAttend""tEmployee"和"tWork",要求创建一个选择查询,查找并显示"姓名""项目名称"和"承担工作"等3个字段的内容,并将查询命名为"qT1"。

【操作步骤】(1)在数据库窗口中单击菜单栏"创建"选项卡下"查询"组中的"查询向导"按钮,在弹出的对话框中选择"简单查询向导",单击"确定"按钮,打开"简单查询向导"对话框。

(2)在"简单查询向导"第1个对话框中,单击"表/查询"下拉列表框右侧的下拉按钮,然后从打开的列表中选择"tEmployee"表。这时,"可用字段"框中显示"tEmployee"表中包含的所有字段。双击"姓名"字段,将该字段添加到"选定的字段"框中。再打开"tWork"和"tAttend"表,使用同样的方法将"项目名称"和"承担工作"字段添加到"选定的字段"框中。如图4.4所示。

(3)单击"下一步"按钮,打开"简单查询向导"第2个对话框。用户需要确定是建立"明细"查询,还是建立"汇总"查询。选中"明细"单选按钮,则查看详细的信息;选中"汇总"单选按钮,则对一组或全部记录进行各种统计。本例选中"明细"单选按钮。

(4)单击"下一步"按钮,在出现的对话框的"请为查询指定标题"文本框中输入"qT1"标题。

(5)单击"完成"按钮,即可创建查询。

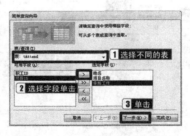

图4.4 选择多个数据源的字段

> **小提示**
> 当所建查询的数据源来自于多个表时,应建立表之间的关系。

> **常见问题**
> 什么是选择查询?
> 根据指定条件,从一个或多个数据源中获取数据的查询称为选择查询。

真题精选

一、选择题

在Access数据库中使用向导创建查询,其数据可以来自(　　)。

A)多个表　　　　B)一个表　　　　C)一个表的一部分　　　　D)表或查询

【答案】D
【解析】使用向导创建查询时,数据源可以来自表或查询。选项A、B、C均不完整。
二、操作题
在考生文件夹下有一个数据库文件"samp2.accdb",其中存在已经设计好的2个关联表对象"tGrade""tStudent",要求创建一个选择查询,查找并显示"姓名""政治面貌""课程名"和"成绩"等4个字段的内容,并将查询命名为"qT1"。
【操作步骤】打开"samp2.accdb"数据库,进入表"设计视图",创建选择查询的操作步骤如图4.5所示。

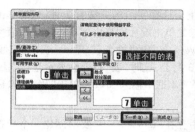 

图4.5 使用查询向导创建选择查询

考点4 使用设计视图

在Access中查询有5种视图:设计视图、数据表视图、SQL视图、数据透视表视图和数据透视图视图。

1. 查询设计视图的使用

说明:在"设计视图"中,既可以创建不带条件的查询,也可以创建带条件的查询,还可以对已建查询进行修改。

使用:打开"数据库"窗口,单击菜单栏"创建"选项卡下"查询"组中的"查询设计"按钮,打开查询"设计视图"窗口,如图4.6所示。

> **真考链接**
> 在选择题中,考查概率为40%;在操作题中,考查概率为100%。考生应会使用设计视图。

图4.6 查询"设计视图"窗口

查询"设计视图"窗口分为上下两部分:字段列表区显示所选表的所有字段;设计网格区中的每一列对应查询动态集中的一个字段,每一项对应字段的一个属性或要求。

2. 创建不带条件的查询

例:在考生文件夹下有一个数据库文件"samp2.accdb",其中存在已经设计好的表对象"tAttend""tEmployee"和"tWork",要求创建一个不带条件的查询,查找并显示"姓名""项目名称"和"承担工作"等3个字段的内容,并将查询命名为"qT1",如图4.7所示。

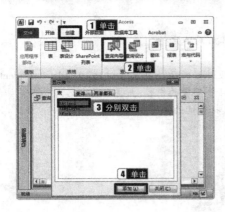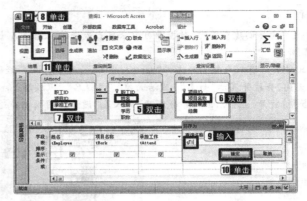

图 4.7 创建不带条件的查询

【操作步骤】(1)打开"数据库"窗口,单击菜单栏"创建"选项卡下"查询"组中的"查询设计"按钮,打开查询"设计视图",并显示一个"显示表"对话框。

(2)双击"tAttend"表,将"tAttend"表的字段列表添加到查询"设计视图"上半部分的字段列表区中。同样分别双击"tEmployee"和"tWork"两个表,也将它们的字段列表添加到查询"设计视图"的字段列表区中。添加完毕单击"关闭"按钮关闭"显示表"对话框。

(3)在表的字段列表中选择字段并放在设计网格的字段行上。选择字段的方法有3种,一是单击某字段,按住鼠标左键不放,将其拖到设计网格中的字段行上;二是双击选中的字段;三是单击设计网格中字段行上要放置字段的列,然后单击下拉按钮,并从下拉列表中选择所需的字段。这里分别双击"tEmployee"表中的"姓名""tWork"表中的"项目名称"和"tAttend"表中的"承担工作"等字段,将它们添加到"字段"行的第1列到第3列上,这时"表"行上会显示这些字段所在表的名称。

(4)单击"保存"按钮,打开"另存为"对话框,在"查询名称"文本框中输入"qT1",单击"确定"按钮。

3. 创建带条件的查询

例:在考生文件夹下有一个数据库文件"samp2.accdb",其中存在"tStudent"表,要求创建一个带条件的查询,查找年龄小于平均年龄的学生,并显示其"姓名"字段,然后将查询命名为"qT3"。

【操作步骤】(1)打开"数据库"窗口,单击菜单栏"创建"选项卡下"查询"组中的"查询设计"按钮,打开查询"设计视图"窗口,将"tStudent"表添加到"设计视图"上半部分的窗口中。

(2)查询结果没有要求显示"年龄"字段,但由于查询条件需要使用这个字段,因此在确定查询所需字段时必须选择该字段。分别双击"姓名"和"年龄"字段。

(3)按题目要求,"年龄"字段只作为查询条件,不显示其内容,因此应该取消"年龄"字段的显示。单击"年龄"字段"显示"行上的复选框,这时复选框变为未被选中状态。

(4)在"年龄"字段列的"条件"行中输入条件"<(SELECT AVG([年龄])from[tStudent])"。

(5)单击"保存"按钮,打开"另存为"对话框,在"查询名称"文本框中输入"qT3",然后单击"确定"按钮。

(6)单击"运行"按钮,如图 4.8 所示。切换到"数据表视图",显示查询结果。

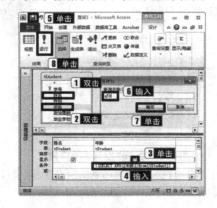

图 4.8 创建带条件的查询

小提示

在创建带条件的查询时,查询条件为两个字段,且要求两个字段值均等于条件给定值时,应将两个条件同时写在"条件"行上。若两个条件是"或"关系,应将其中的一个条件放在"或"行上。

常见问题

查询条件"Between #92-01-01# And #92-12-31#"还可以怎样表示?

"Between #92-01-01# And #92-12-31#"还可以写为"Year([工作时间])=1992"。

真题精选

一、选择题

【例1】下列不属于查询的3种视图的是( )。
    A)设计视图   B)模板视图
    C)数据表视图   D)SQL视图

【答案】B

【解析】查询的视图包括设计、数据表、SQL视图。

【例2】在查询设计视图中( )。
    A)可以添加数据库表,也可以添加查询   B)只能添加数据库表
    C)只能添加查询   D)以上两者都不能添加

【答案】A

【解析】需注意在查询设计视图中既可以添加数据库表,也可以添加查询。

二、操作题

在考生文件夹下有一个数据库文件"samp2.accdb",其中存在已经设计好的一个表对象"tTeacher"。请按以下要求完成设计。

(1)创建一个查询,查找并显示具有"研究生"学历的教师的"学历""姓名""性别"和"系别"等4个字段内容,并将查询命名为"qT2"。

(2)创建一个查询,查找并显示"年龄"小于等于38、"职称"为"副教授"或"教授"的教师的"编号""姓名""年龄""学历"和"职称"等5个字段内容,并将查询命名为"qT3"。

【操作步骤】(1)打开"数据库"窗口,单击菜单栏"创建"选项卡下"查询"组中的"查询设计"按钮,打开查询"设计视图"窗口,在该视图中创建查找具有研究生学历的教师记录的单条件查询,操作步骤如图4.9所示。

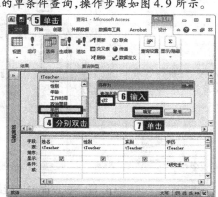

图4.9 用查询设计视图创建单条件查询

(2)在(1)步骤的查询设计视图中创建查找并显示"年龄"小于等于38、"职称"为"副教授"或"教授"的教师记录的多条件查询的操作步骤如图4.10所示。

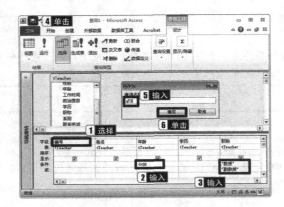

图 4.10　用查询设计视图创建多条件查询

考点 5　在查询中进行计算

1. 查询计算功能

在 Access 查询中，可以进行两种类型的计算：预定义计算和自定义计算。

预定义计算即"总计"计算，是系统提供的用于对查询中的记录组或全部记录进行的计算，它包括总计、平均值、计数、最大值、最小值、标准偏差或方差等。

自定义计算可以用一个或多个字段的值进行数值、日期和文本计算。例如，用某一个字段值乘上某一数值，用两个日期时间字段的值相减等。对于自定义计算，必须直接在设计网格中创建新的计算字段，创建方法是将表达式输入设计网格的空字段行中，表达式可以由多个计算组成。

> **真考链接**
>
> 在操作题中，考查概率为 63% 左右。考生应会使用查询的计算功能。

2. 在查询中进行计算

在创建查询时，可能更关心记录的统计结果，而不是表中的记录，这就需要创建能够进行统计计算的查询。使用查询"设计视图"中的"总计"行，可以对查询中全部记录或记录组计算一个或多个字段的统计值。

例：在考生文件夹下有一个数据库文件"samp2.accdb"，里面已经设计好表对象"tStud"，要求统计学生人数，并将该查询保存为"qT1"，操作过程如图 4.11 所示。

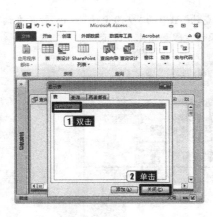

图 4.11　在查询中进行统计计算

【操作步骤】（1）打开查询"设计视图"，将"tStud"表添加到"设计视图"上半部分的窗口中。

（2）双击"tStud"表"学号"字段，将其添加到字段行。

（3）单击菜单栏"查询工具"|"设计"选项卡|"显示/隐藏"组中的"汇总"按钮，在设计网格中插入一个"总计"行，并自动将字段的"总计"行设置成"Group By"。

（4）单击"学号"字段的"总计"行，并单击其右侧的下拉按钮，从打开的下拉列表中选择"计数"。

（5）单击工具栏上的"保存"按钮，打开"另存为"对话框，在"查询名称"文本框中输入"qT1"，然后单击"确定"按钮。

(6)切换到"数据表视图",显示查询结果。

说明:也可以进行带有条件的查询计算,只要在相应字段的条件栏中输入相应的条件即可。

3. 在查询中进行分组统计

在查询中,如果需要对记录进行分类统计,可以使用分组统计功能。分组统计时,只需在"设计视图"中将用于分组字段的"总计"行设置成"分组"即可。

例:在考生文件夹下有一个数据库文件"samp2.accdb",里面保存了已经设计好的表对象"tStud",要求统计男女学生人数,并将该查询保存为"qT2",操作过程如图4.12所示。

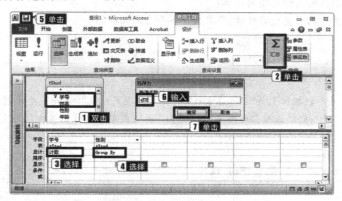

图4.12 在查询中进行分组统计

【操作步骤】(1)、(2)、(3)、(4)同"2.在查询中进行计算"中的步骤(1)、(2)、(3)、(4)。

(5)双击"tStud"表"性别"字段,将其添加到字段行,"总计"行默认为"Group By"。

(6)单击工具栏上的"保存"按钮,打开"另存为"对话框,在"查询名称"文本框中输入"qT2",然后单击"确定"按钮。

(7)切换到"数据表视图",显示查询结果。

4. 添加计算字段

在有些统计中,需要统计的字段并未出现在表中,或者统计后显示的字段可读性比较差,或者用于计算的数据值来源于多个字段,此时需要在设计网格中添加一个新字段。新字段的值是根据一个或多个表中的一个或多个字段并使用表达式计算得到,称为计算字段。

例:在考生文件夹下有一个数据库文件"samp2.accdb",里面已经设计好表对象"tStud",要求统计所属院系的学生人数,并将该查询保存为"qT3",操作过程如图4.13所示。

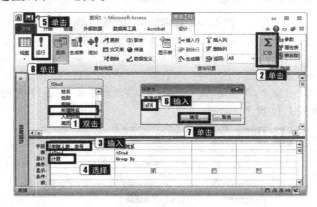

图4.13 添加计算字段

【操作步骤】(1)、(2)、(3)、(4)同"2.在查询中进行计算"中的步骤(1)、(2)、(3)、(4)。

(5)双击"tStud"表"所属院系"字段,将其添加到字段行,"总计"行默认为"Group By"。

(6)在"学号"字段前添加"学院人数:"字样。

(7)单击工具栏上的"保存"按钮,打开"另存为"对话框,在"查询名称"文本框中输入"qT3",然后单击"确定"按钮。

(8)切换到"数据表视图",显示查询结果。

小提示

新添字段所引用的字段应注明其所在数据源,且数据源和引用字段均应用方括号括起来,中间加"!"作为分隔符。

常见问题

在 Access 查询中,可以执行哪两种类型的计算?

在 Access 查询中,可以执行两种类型的计算:预定义计算和自定义计算。

真题精选

【例1】 在考生文件夹下有一个数据库文件"samp2.accdb",其中存在表对象"tScore",要求创建一个查询,查找学生的成绩信息,并显示"学号"和"平均成绩"两列内容。其中"平均成绩"一列数据由统计计算得到,然后将查询命名为"qT3"。

假设:所用表中无重名。

【操作步骤】 打开"samp2.accdb"数据库,在查询"设计视图"中添加表对象"tScore",查询学生成绩的操作步骤如图4.14所示。

 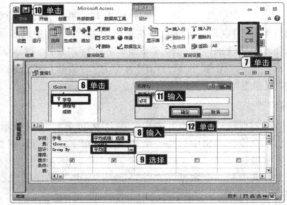

图 4.14 查询学生平均成绩

【例2】 在考生文件夹下有一个数据库文件"samp2.accdb",其中存在已经设计好的表对象"tLine",要求创建一个查询,用于显示"tLine"表的所有字段内容,然后添加一个计算字段"优惠后价格",计算公式:优惠后价格 = 费用 * (1 - 10%)。最后将查询命名为"qT3"。

【操作步骤】 打开"samp2.accdb"数据库,在查询"设计视图"中,添加表对象"tLine"的操作同图4.14所示;显示所有字段内容,添加计算字段的操作步骤如图4.15所示。

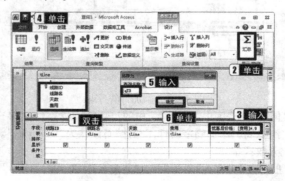

图 4.15 显示所有字段内容,添加计算字段

4.3 创建交叉表查询

考点6 交叉表查询

1. 认识交叉表查询

交叉表查询是对来源于某个表中的字段进行分组,一组列在交叉表左侧,另一组列在交叉表上部,并在交叉表行与列交叉处显示表中某个字段的各种计算。

说明:在创建交叉表查询时,需要指定 3 种字段:一是放在交叉表最左端的行标题,它将某一字段的相关数据放入指定的行中;二是放在交叉表最上面的列标题,它将某一字段的相关数据放入指定的列中;三是放在交叉表行与列交叉位置上的字段,需要为该字段指定一个总计项,如总计、平均值、计数等。在交叉表查询中,只能指定一个列字段和一个总计类型的字段。

> **真考链接**
>
> 在选择题中,考查概率为 10%;在操作题中,考查概率为 15%。考生应了解交叉表指定的 3 种字段,会使用交叉表查询方法。

2. 创建交叉表查询

创建交叉表查询的方法有两种:"交叉表查询向导"和查询"设计视图"。

(1) 使用"交叉表查询向导"

例:在考生文件夹下有一个数据库文件"samp2.accdb",里面已设计好一个表对象"tStock",要求创建一个交叉表查询,统计并显示每种产品不同规格的平均单价,显示时行标题为产品名称,列标题为规格,计算字段为单价,所建查询名为"qT4"。操作过程如图 4.16 所示。

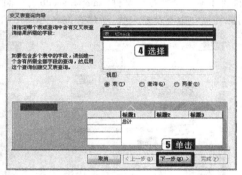
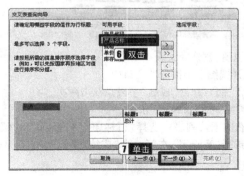
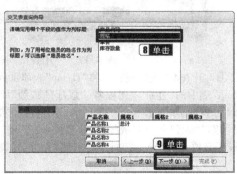

图 4.16 使用"交叉表查询向导"创建交叉表查询

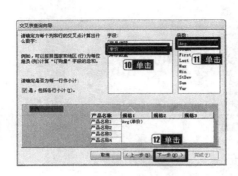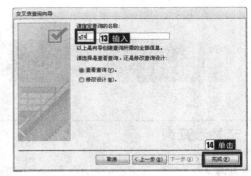

图 4.16 使用"交叉表查询向导"创建交叉表查询（续）

【操作步骤】①单击菜单栏"创建"选项卡下"查询"组中的"查询向导"按钮,在弹出的对话框中选择"交叉表查询向导",单击"确定"按钮,打开"交叉表查询向导"第一个对话框。

②交叉表查询的数据源可以是表,也可以是查询。选中"视图"选项组中的"表"单选按钮,这时在上面的列表框中会显示数据库中的表,从中选择"表:tStock"。

③单击"下一步"按钮,打开"交叉表查询向导"第二个对话框。在该对话框中,确定交叉表的行标题,行标题最多可以选择 3 个字段,这里选择"产品名称"字段。

④单击"下一步"按钮,打开"交叉表查询向导"第三个对话框。在该对话框中,确定交叉表的列标题,列标题只能选择一个字段,这里单击"规格"字段。

⑤单击"下一步"按钮,打开"交叉表查询向导"第四个对话框。在该对话框中,确定计算字段。这里单击"字段"框中的"单价"字段,然后在"函数"框中单击"Avg"。若不在交叉表的每行前面显示总计数,应撤销选中"是,包括各行小计"复选框。

⑥单击"下一步"按钮,打开"交叉表查询向导"最后一个对话框。输入查询名称,最后单击"完成"按钮。

注意:创建交叉表查询的数据源必须来自一个表或查询。如果数据源来自多个表,可以先建立一个查询,再以此查询作为数据源。

(2) 使用查询"设计视图"

例:在考生文件夹下有一个数据库文件"samp2.accdb",里面已经设计好一个表对象"tTemp",现在创建一个交叉表查询,要求能够显示各门课程男女生不及格人数,所建查询名为"qT3",操作过程如图 4.17 所示。

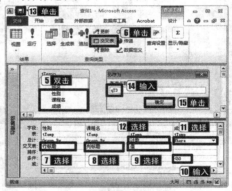

图 4.17 使用查询"设计视图"创建交叉表查询

【操作步骤】①打开查询"设计视图",将"tTemp"表添加到设计视图上半部分的窗口中。

②双击"tTemp"表中的"性别""课程名""成绩""成绩"字段。注意:此处"成绩"字段是双击两次。

③选择菜单栏"查询工具"下"设计"选项卡,单击"查询类型"组中的"交叉表"按钮。

④分别在"性别""课程名"和"成绩"等字段的"交叉表"行右侧下拉列表中选择"行标题""列标题"和"值"。在第二个"成绩"字段"条件"行输入"<60","总计"行右侧的下拉列表中选择"Where",在第一个"成绩"字段"总计"行右侧的下拉列表中选择"计数"。

⑤单击工具栏中的"保存"按钮,将查询保存为"qT3"。

说明:当所用数据源来自于几个表或查询时,使用"设计视图"更方便。如果"行标题"或"列标题"需要通过建立新字段得到,那么使用"设计视图"则是最好的选择。

"列标题"字段的值可能包含通常不允许在字段名出现的字符,例如小数,这时将在数据表中以下划线取代此字符。

小提示

当所用数据源来自于一个表或查询时,使用"交叉表查询向导"比较方便;当所用数据源来自于多个表或查询时,使用查询"设计视图"比较方便。

真题精选

一、选择题

创建一个交叉表查询,在"交叉表"行上有且只能有一个的是( )。

A) 行标题、列标题和值　　B) 列标题和值　　　　C) 行标题和值　　　　D) 行标题和列标题

【答案】B

【解析】在创建交叉表查询时,需要指定3种字段:一是放在交叉表最左端的行标题,它将某一字段的相关数据放入指定的行中;二是放在交叉表最上面的列字段,它将某一字段的相关数据放入指定的列中;三是放在交叉表行与列交叉位置上的字段,需要为该字段指定一个总计项,如总计、平均值、计数等。在交叉表查询中,只能指定一个列字段和一个总计类型的字段。

二、操作题

在考生文件夹下有一个数据库文件"samp2.accdb",其中存在已经设计好的2个关联表对象"tCourse""tScore",要求创建一个交叉表查询,要求选择学生的"学号"为行标题、"课程号"为列标题,统计学分小于3分的学生平均成绩,并将查询命名为"qT3"。

【操作步骤】打开数据库视图,在查询"设计视图"中创建学分小于3分的学生平均成绩的交叉表查询的操作步骤如图4.18所示。

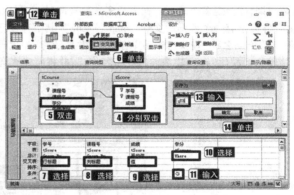

图4.18　创建学分小于3分的学生平均成绩的交叉表查询

4.4　创建参数查询

考点7　参数查询

利用对话框,提示用户输入参数,并检索符合所输参数的记录的查询方法称为参数查询。

1. 单参数查询

创建单参数查询,就是在字段中指定一个参数,在进行参数查询时,输入一个参数值。

例:在考生文件夹下有一个数据库文件"samp2.accdb",其中存在已经设计好的表对象"tStock",要求创建一个查询,按输入的产品代码查找其产

> **真考链接**
>
> 在选择题中,考查概率为20%;在操作题中,考查概率为43%。考生应掌握参数查询的含义,参数的表示及参数查询的操作。

品库存信息,并显示"产品代码""产品名称"和"库存数量"。当运行该查询时,应显示提示信息:"请输入产品代码:",并将所建查询命名为"qT3",操作过程如图 4.19 所示。

 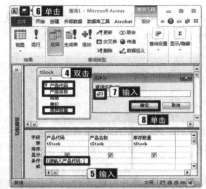

图 4.19　单参数查询

【操作步骤】(1)单击菜单栏"创建"选项卡下"查询"组中的"查询设计"按钮,在"显示表"对话框中双击表"tStock",然后关闭"显示表"对话框。

(2)分别双击"产品代码""产品名称"和"库存数量"字段。

(3)在"产品代码"字段的"条件"行输入"[请输入产品代码:]"。

(4)单击工具栏中的"保存"按钮,将查询保存为"qT3"。

说明:方括号中的参数即为查询运行时提示的文本,但不能与字段名完全相同。

2. 多参数查询

创建多参数查询,即指定多个参数。在进行多参数查询时,需要依次输入多个参数值。

例:在考生文件夹下有一个数据库文件"samp2.accdb",其中存在已经设计好的表对象"tStock",要求创建一个查询,按输入的"产品代码"和"产品名称"查找其产品库存信息,并显示"产品代码""产品名称"和"库存数量"。当运行该查询时,应显示提示信息:"请输入产品代码:"和"请输入产品名称:",并将所建查询命名为"qT3",操作过程如图 4.20 所示。

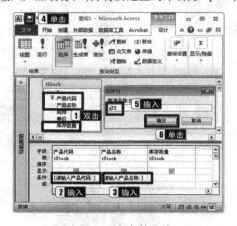

图 4.20　多参数查询

【操作步骤】步骤(1)、(2)、(4)同"1.单参数查询"的步骤(1)、(2)、(4)。

(3)在"产品代码"字段的"条件"行输入"[请输入产品代码:]",在"产品名称"字段的"条件"行输入"[请输入产品名称:]"。

> **小提示**
>
> 　若查询的数据源为查询,保存该查询时若执行"保存"命令,则原查询将被该参数查询内容所替换,因此应执行"另存为"命令。

真题精选

一、选择题

创建参数查询时,在查询"设计视图"准则行中应将参数提示文本放置在(　　)。

A)｜｜中　　　　　B)( )中　　　　　C)[ ]中　　　　　D)< >中

【答案】C

【解析】参数查询利用对话框提示用户输入参数,并检索符合所输入参数的记录或值,准则中规定将参数提示文本放在"[ ]"中。

二、操作题

在考生文件夹下有一个数据库文件"samp2.accdb",其中存在已经设计好的一个表对象"tBook",要求创建一个查询,按出版社名称和书名查找某出版社的图书信息,并显示图书的"书名""类别""作者名"和"出版社名称"等4个字段的内容。当运行该查询时,应显示参数提示信息:"请输入出版社名称:"和"请输入书名:",并将查询命名为"qT3"。

【操作步骤】打开"samp2.accdb"数据库视图,创建按出版社和书名查找图书信息的查询的操作步骤如图4.21所示。

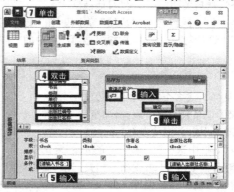

图4.21　创建按出版社名称和书名查找图书信息的查询

4.5　创建操作查询

考点8　操作查询

操作查询是指仅在一个操作中更改许多记录的查询。操作查询包括生成表查询、删除查询、更新查询和追加查询等。

1. 生成表查询

生成表查询是利用一个或多个表中的全部或部分数据建立新表。

例:在考生文件夹下有一个数据库文件"samp2.accdb",里面已经设计好表对象"tCourse""tGrade"和"tStudent",要求创建一个查询,运行该查询后生成一个新表,表名为"90分以上",表结构包括"姓名""课程名"和"成绩"等3个字段,表内容为90分以上(含90分)的所有学生记录。操作步骤如图4.22所示。

> **真考链接**
>
> 在选择题中,考查概率为20%;在操作题中,考查概率约为76%。考生应掌握操作查询的分类及各种查询的操作。

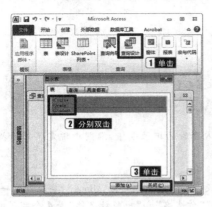
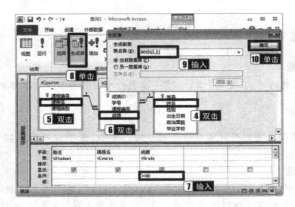

图 4.22　生成表查询

【操作步骤】(1)单击菜单栏"创建"选项卡下"查询"组中的"查询设计"按钮,在"显示表"对话框中双击表"tStudent" "tGrade"和"tCourse",然后关闭"显示表"对话框。

(2)分别双击"姓名""课程名"和"成绩"等字段,在"成绩"字段的"条件"行输入" >=90"。

(3)单击菜单栏"设计"选项卡,单击"查询类型"组中的"生成表"按钮,在弹出对话框中输入"90 分以上",单击"确定" 按钮。

2. 删除查询

删除查询用来从一个或多个表中删除记录。

说明:如果删除的记录来自多个表,需满足以下条件。

(1)在"关系"窗口中定义相关表之间的关系。

(2)在"关系"对话框中选中"实施参照完整性"复选框。

(3)在"关系"对话框中选中"级联删除相关记录"复选框。

例:在考生文件夹下有一个数据库文件"samp2.accdb",其中存在已经设计好的表对象"tTemp",要求创建一个查询,删除表对象"tTemp"中所有姓"李"的记录,并将查询命名为"qT4",操作过程如图 4.23 所示。

图 4.23　删除查询

【操作步骤】(1)单击菜单栏"创建"选项卡下"查询"组中的"查询设计"按钮,在"显示表"对话框中双击表"tTemp",然后关闭"显示表"对话框。

(2)单击菜单栏"设计"选项卡,单击"查询类型"组中的"删除"按钮。

(3)双击"姓名"字段添加到"字段"行,在"条件"行输入"Like"李*""。

(4)单击菜单栏"设计"选项卡下"结果"组中的"运行"按钮,在弹出的对话框中单击"是"按钮。

(5)将查询保存为"qT4",关闭"设计视图"。

注意:删除查询将永久删除指定表中的记录,并且无法恢复。

3. 更新查询

更新查询用来对一个或多个表中的一组记录全部进行更新。

例:在考生文件夹下有一个数据库文件"samp2.accdb",其中存在已经设计好的表对象"tBmp",要求创建一个查询,在表"tBmp"中所有"编号"字段值的前面增加"05"两个字符,并将查询命名为"qT3"。第 1~3 步的操作过程可参照图 4.23 中的左图,其后的操作过程如图 4.24 所示。

【操作步骤】(1)单击菜单栏"创建"选项卡下"查询"组中的"查询设计"按钮,在"显示表"对话框中双击表"tBmp",然后关闭"显示表"对话框。

(2)单击菜单栏"设计"选项卡,单击"查询类型"组中的"更新"按钮。

(3)双击"编号"字段,在"编号"字段的"更新到"行输入""05"+[编号]"。

(4)单击菜单栏"设计"选项卡,单击"结果"组中的"运行"按钮,在弹出的对话框中单击"是"按钮。

(5)单击工具栏中的"保存"按钮,将查询保存为"qT3"。关闭"设计视图"。

说明:更新查询还可以更新多个字段的值。

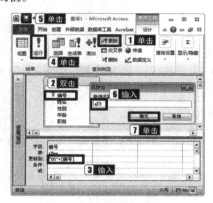

图 4.24　更新查询

4. 追加查询

追加查询用来将一个或多个表的数据追加到另一个表的尾部。

例:在考生文件夹下有一个数据库文件"samp2.accdb",里面已经设计好表对象"tStud""tTemp",要求创建一个查询,将表对象"tStud"中没有书法爱好的学生的"学号""姓名""年龄"3个字段内容追加到目标表"tTemp"的对应字段内,并将所建查询命名为"qT4"。打开设计视图、添加操作表的步骤可参照图4.23中的左图,建立追加查询的步骤如图4.25所示。

【操作步骤】(1)单击菜单栏"创建"选项卡下"查询"组中的"查询设计"按钮,在"显示表"对话框中双击表"tStud",然后关闭"显示表"对话框。

(2)单击菜单栏"设计"选项卡,单击"查询类型"组中的"追加"按钮,在弹出的对话框中输入"tTemp",单击"确定"按钮。

(3)分别双击"学号""姓名""年龄"和"简历"字段。

(4)在"简历"字段的"条件"行输入"Not Like"*书法*""。

(5)单击菜单栏"设计"选项卡,单击"结果"组中的"运行"按钮,在弹出的对话框中单击"是"按钮。

(6)单击工具栏中的"保存"按钮,将查询保存为"qT4"。关闭"设计视图"。

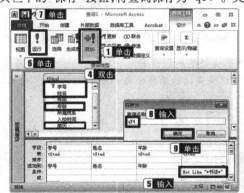

图 4.25　追加查询

> **小提示**
> 删除查询将永久删除指定表中的记录,并且无法恢复。更新查询还可以更新多个字段的值。

常见问题

操作查询包括哪几种查询？
操作查询包括生成表查询、删除查询、更新查询和追加查询。

真题精选

一、选择题

【例1】在一个操作中可以更改多条记录的查询是（　　）。
　　A）参数查询　　　B）操作查询　　　C）SQL查询　　　D）选择查询
【答案】B
【解析】见操作查询的定义。

【例2】下面查询不是操作查询的是（　　）。
　　A）删除查询　　　B）更新查询　　　C）参数查询　　　D）生成表查询
【答案】C
【解析】参数查询和操作查询并列，而操作查询有4种：生成表查询、删除查询、更新查询和追加查询。

二、操作题

在考生文件夹下有一个数据库文件"samp2.accdb"，里面已经设计好了表对象"tStud""tScore""tCourse"和"tTemp"。
(1)创建一个查询，将所有学生设置为非党员，所建查询名为"qT2"。
(2)创建一个查询，将有不及格成绩的学生的"姓名""性别""课程名"和"成绩"等信息追加到"tTemp"表的对应字段中，并确保"tTemp"表中男生记录在前、女生记录在后，所建查询名为"qT4"。

【操作步骤】(1)打开"samp2.accdb"查询设计视图，创建设置学生为非党员的更新查询操作步骤如图4.26所示。

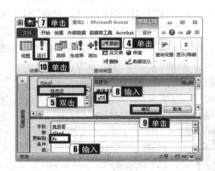

图4.26　设置学生为非党员的更新查询

(2)在"samp2.accdb"查询设计视图下，创建追加不及格学生记录查询的操作步骤如图4.27所示。

图4.27　创建追加不及格学生记录的查询

第4章 查询

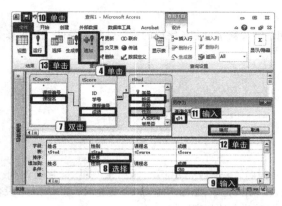

图 4.27　创建追加不及格学生记录的查询(续)

4.6　创建 SQL 查询

考点 9　SQL 查询

1. SQL 语言简介

SQL(Structured Query Language,结构化查询语言)是在数据库领域中应用最为广泛的数据库查询语言。1992 年 11 月公布了 SQL 的新标准,从而建立了 SQL 在数据库领域中的核心地位。SQL 的主要特点如下。

(1)SQL 是一种一体化语言,它包括了数据定义、数据查询、数据操纵和数据控制等方面的功能,可以完成数据库活动中的全部工作。

(2)SQL 是一种高度非过程化语言,它只需要描述"做什么",而不需要说明"怎么做"。

(3)SQL 是一种非常简单的语言,它所使用的语句很接近自然语言,易于学习和掌握。

(4)SQL 是一种共享语言,它全面支持客户机/服务器模式。

> **真考链接**
>
> 在选择题中,考查概率为 80%;在操作题中,考查概率为 13%。本知识点是非常重要的一个考查点,考生应掌握常用的几种 SQL 查询。

2. SQL 表达式

(1)CREATE 语句

建立数据库的主要操作之一是定义基本表。在 SQL 中,可以使用 CREATE TABLE 语句定义基本表。

语句格式:CREATE TABLE <表名>(<字段名 1> <数据类型 1>[字段级完整性约束条件 1] [,<字段名 2> <数据类型 2>[字段级完整性约束条件 2]][,…][,<字段名 n> <数据类型 n>[字段级完整性约束条件 n]])[,<表级完整性约束条件>]

说明如下。

< >:表示在实际的语句中要采用实际需要的内容进行替代。

[ ]:表示可以根据需要进行选择,也可以不选。

|:表示多个选项只能选择其中之一。

{ }:表示必选项。

该语句的功能是创建一个表结构。其中<表名>定义表的名称。<字段名>定义表中一个或多个字段的名称。<数据类型>是对应字段的数据类型。要求:每个字段必须定义字段名和数据类型。[字段级完整性约束条件]定义相关字段的约束条件,包括主键约束、数据唯一约束、空值约束和完整性约束等。

(2)ALTER 语句

ALTER TABLE 语句用于修改已建表的结构。

语句格式:ALTER TABLE <表名>[ADD <新字段名> <数据类型>[字段级完整性约束条件][DROP[<字段名>]

…][ALTER <字段名> <数据类型>]

其中,<表名>是指需要修改的表的名字,ADD子句用于增加新字段和该字段的完整性约束条件,DROP子句用于删除指定的字段,ALTER子句用于修改原有字段属性。

(3) DROP 语句

DROP TABLE 语句用于删除不需要的表。

语句格式:DROP TABLE <表名>

其中,<表名>是指要删除的表的名称。

(4) INSERT 语句

INSERT 语句用于将一条新记录插入到指定表中。

语句格式:INSERT INTO <表名>[(<字段名1>[,<字段名2>…])]VALUES(<常量1>[,<常量2>]…)

其中,INSERT INTO <表名>说明向由<表名>指定的表中插入记录,当插入的记录不完整时,可以用<字段名1>,<字段名2>…指定字段。VALUES(<常量1>[,<常量2>]…)给出具体的字段值。

(5) UPDATE 语句

UPDATE 语句用于实现数据的更新功能,能够对指定表所有的记录或满足条件的记录进行更新操作。

语句格式:UPDATE <表名> SET <字段名1> = <表达式1>[,<字段名2> = <表达式2>]…[WHERE <条件>]

其中,<表名>是指要更新数据的表的名称。<字段名> = <表达式>是用表达式的值替代对应字段的值,并且一次可以修改多个字段。一般使用 WHERE 子句来指定被更新记录字段值所满足的条件;如果不使用 WHERE 子句,则更新全部记录。

(6) DELETE 语句

DELETE 语句用于实现数据的删除功能,能够对指定表所有的记录或满足条件的记录进行删除操作。

语句格式:DELETE FROM <表名>[WHERE <条件>]

其中 FROM 子句指定从哪个表中删除数据,WHERE 子句指定被删除的记录所满足的条件,如果不使用 WHERE 子句,则删除该表中的全部记录。

(7) SELECT 语句

SELECT 语句是 SQL 中功能强大、使用灵活的语句之一,它能够实现数据的筛选、投影和连接功能,并能够完成筛选字段重命名、多数据源数据组合、分类汇总和排序等具体操作。

语句格式:SELECT[ALL|DISTINCT] *|<字段列表> FROM <表名1>[,<表名2>]…[WHERE <条件表达式>][GROUP BY <字段名>[HAVING <条件表达式>]][ORDER BY <字段名>[ASC|DESC]]

说明:该语句从指定的表中,创建一个由指定范围内、满足条件、按某字段分组、按某字段排序的指定字段组成的新记录集。其中,ALL 表示检索所有符合条件的记录,默认值为 ALL;DISTINCT 表示检索要去掉重复行的所有记录;* 表示检索结果为整个记录,即包括所有的字段;From 表示要检索的数据来自于哪个或哪些表,可以对单个或多个表进行检索;WHERE 子句说明检索条件,条件表达式可以是关系表达式,也可以是逻辑表达式;GROUP BY 子句用于对检索结果进行分组,可以利用它进行分组汇总;HAVING 必须跟随 GROUP BY 使用,它用来限定分组必须满足的条件;ORDER BY 子句用来对检索结果进行排序,如果排序时选择 ASC,表示检索结果按某一字段值升序排列,如果选择 DESC,表示检索结果按某一字段值降序排列。

3. SQL 特定查询

SQL 特定查询分为联合查询、传递查询、数据定义查询和子查询等4种。

联合查询是将两个或更多个表,或查询中的字段合并到查询结果的一个字段中。

传递查询是使用服务器能接受的命令直接将命令发送到 ODBC 数据库。

数据定义查询用于创建、删除或更改表,也可以在数据库表中创建索引。

子查询由另一个选择查询或操作查询之内的 SELECT 语句组成。可以在查询设计网格的"字段"行输入这些语句来定义新字段。

小提示

　　用 SELECT 语句可以查询来自多个表的数据源,例如:SELECT 学生.学生编号,课程.课程名称,选课成绩.成绩 FROM 学生,课程,选课成绩。

真题精选

【例1】下列 SQL 语句中,用于修改表结构的是( )。

　　A) ALTER　　　　B) CREATE　　　　C) UPDATE　　　　D) INSERT

【答案】A
【解析】SQL 语句中凡创建都用 CREATE,删除都用 DROP,修改都用 ALTER,再跟类型和名字,附加子句。
【例2】在 SELECT 语句中使用 ORDER BY 是为了指定(　　)。
　　　A)查询的表　　　　　　　　　　B)查询结果的顺序
　　　C)查询的条件　　　　　　　　　D)查询的字段
【答案】B
【解析】ORDER BY 子句可以根据一个列或者多个列来排序查询结果,在该子句中,既可以使用列名,也可以使用相应列号。

4.7　综合自测

一、选择题
1. 在 Access 数据库中使用向导创建查询,其数据可以来自(　　)。
　　A)多个表　　　　B)一个表　　　　C)一个表的一部分　　　　D)表或查询
2. 在已建"职工"表中有姓名、性别、出生日期等字段,查询并显示所有年龄在 50 岁以上职工的姓名、性别和年龄,正确的 SQL 命令是(　　)。
　　A)SELECT 姓名,性别,YEAR(DATE()) – YEAR([出生日期]) AS 年龄 FROM 职工
　　　　WHERE YEAR(Date()) – YEAR([出生日期])>50
　　B)SELECT 姓名,性别,YEAR(DATE()) – YEAR([出生日期]) 年龄 FROM 职工
　　　　WHERE YEAR(Date()) – YEAR([出生日期])>50
　　C)SELECT 姓名,性别,YEAR(DATE()) – YEAR([出生日期]) AS 年龄 FROM 职工
　　　　WHERE 年龄>50
　　D)SELECT 姓名,性别,YEAR(DATE()) – YEAR([出生日期]) 年龄 FROM 职工
　　　　WHERE 年龄>50
3. 建立一个基于"tEmp"表的查询,要查找"工作时间"(日期/时间型)在 1980 – 07 – 01 和 1980 – 09 – 01 之间的职工,正确的条件表达式是(　　)。
　　A)Between 1980 – 07 – 01 Or 1980 – 09 – 01
　　B)Between 1980 – 07 – 01 And 1980 – 09 – 01
　　C)Between #1980 – 07 – 01# Or #1980 – 09 – 01#
　　D)Between #1980 – 07 – 01# And #1980 – 09 – 01#
4. 在 Access 数据库中已经建立了"教师"表,若在查询设计视图"教师编号"字段的"条件"行中输入条件:Like "[! T00009,! T00008,T00007]",则查找出的结果为(　　)。
　　A)T00009　　　B)T00008　　　C)T00007　　　D)没有符合条件的记录
5. 内部 SQL 聚合函数"Sum"的功能是(　　)。
　　A)计算指定字段所有值的和　　　　B)计算指定字段所有值的平均值
　　C)计算指定字段所有值中的最小值　　D)计算指定字段排序第一个的值
6. 需要指定行标题和列标题的查询是(　　)。
　　A)交叉表查询　　B)参数查询　　C)操作查询　　D)标题查询
7. 若参数查询运行时要给出提示信息,则对应参数条件的提示信息的格式是(　　)。
　　A)(提示信息)　　　　　　　　　　B)<提示信息>
　　C){提示信息}　　　　　　　　　　D)[提示信息]
8. 如果在数据库中已有同名的表,要通过查询覆盖原来的表,应该使用的查询类型是(　　)。
　　A)删除　　　B)追加　　　C)生成表　　　D)更新
9. 要在"学生表"(学号,姓名,专业,班级)删除字段"专业"和"班级"的全部内容,应使用的查询是(　　)。
　　A)更新查询　　B)追加查询　　C)生成表查询　　D)删除查询
10. 如果要批量更改数据表中的某个值,可以使用的查询是(　　)。
　　A)参数查询　　B)更新查询　　C)追加查询　　D)选择查询

11. 如果要将"职工"表中年龄大于 60 岁的职工修改为"退休"状态,可使用的查询是( )。
    A)参数查询　　　　　B)更新查询　　　　　C)交叉表查询　　　　D)选择查询
12. 将表"学生名单2"的记录复制到表"学生名单1"中,且不删除表"学生名单1"中的记录,可使用的查询方式是( )。
    A)删除查询　　　　　B)生成表查询　　　　C)追加查询　　　　　D)交叉表查询
13. 若要对用 SELECT 语句所实现的查询结果进行排序,应包含子句是( )。
    A)TO　　　　　　　　B)INTO　　　　　　　C)GROUP BY　　　　　D)ORDER BY

二、操作题

考生文件夹下存在一个数据库文件"samp2.accdb",里面已经设计好 3 个关联表对象"tStud""tCourse"和"tScore"及一个临时表对象"tTemp"。试按以下要求完成设计。

(1)创建一个查询,查找并显示入校时间非空且年龄最大的男同学信息,输出其"学号""姓名"和"所属院系"3 个字段内容,所建查询命名为"qT1"。

(2)创建一个查询,查找姓名由 3 个或 3 个以上字符构成的学生信息,输出其"姓名"和"课程名"两个字段内容,所建查询命名为"qT2"。

(3)创建一个查询,行标题显示学生性别,列标题显示所属院系,统计出男女学生在各院系的平均年龄,所建查询命名为"qT3"。

(4)创建一个查询,将临时表对象"tTemp"中年龄为偶数的主管人员的"简历"字段清空,所建查询命名为"qT4"。

第5章 窗体

选择题分析明细表

考点	考查概率	难易程度
窗体	10%	★
窗体设计视图	10%	★
常用控件的功能	30%	★★★
窗体和控件的属性	55%	★★★

操作题分析明细表

考点	考查概率	难易程度
常用控件的使用	31%	★★★
窗体和控件的属性	85%	★★★★★

5.1 认识窗体

考点1　窗体

1. 窗体概述

窗体是应用程序和用户之间的接口,是创建数据库应用系统最基本的对象。窗体中的信息主要有两类:一类是设计者在设计窗体时附加的一些提示信息,如一些说明性的文字或图形元素,这些信息对数据表中的每一条记录都是相同的,不随记录而变化;另一类是所处理表或查询的记录,当记录变化时,这些信息也随之变化。

说明:利用控件,可以在窗体的信息和窗体的数据源之间建立链接。

> **真考链接**
> 在选择题中,考查概率为10%。考生应了解窗体的作用、内容及含义。

2. 窗体的作用

窗体的作用有以下几个方面。

(1)输入和编辑数据。可以为数据库中的数据表设计相应的窗体作为输入或编辑数据的界面,进行数据的输入和编辑。

(2)显示和打印数据。在窗体中可以显示或者打印来自一个或多个数据表或查询中的数据,可以显示警告或解释信息。

(3)控制应用程序流程。窗体能够与函数、过程相结合,编写宏或VBA代码完成各种复杂的控制功能。

3. 窗体的类型

Access提供有7种类型的窗体:纵栏式窗体、表格式窗体、数据表窗体、主/子窗体、图表窗体、数据透视表窗体和数据透视图窗体。

(1)纵栏式窗体

纵栏式窗体将窗体中的一条记录按列显示,每列的左侧显示字段名,右侧显示字段内容。

(2)表格式窗体

表格式窗体可以在一个窗体中显示多条记录。

(3)数据表窗体

数据表窗体与数据表的数据显示界面相同,主要用来作为一个窗体的子窗体。

(4)主/子窗体

窗体中的窗体称为子窗体,包含子窗体的窗体称为主窗体。主/子窗体通常用于显示多个表或查询中的数据,且这些数据具有一对多的关系。

主窗体只能显示为纵栏式窗体,子窗体可以显示为数据表窗体、表格式窗体等。当在主窗体中输入数据或添加记录时,会自动保存每一条记录到子窗体对应的表中。在子窗体中,可以创建二级子窗体,即子窗体内也可以包含子窗体。

(5)图表窗体

图表窗体是以图表方式显示表中数据,图表窗体的数据源可以是数据表或查询。

(6)数据透视表窗体

数据透视表窗体是Access为了以指定的数据表或查询为数据源产生一个Excel的分析表而建立的一种窗体形式。

(7)数据透视图窗体

数据透视图窗体用于显示数据表和窗体中的数据的图形分析窗体。

4. 窗体的视图

Access的窗体有5种视图:设计视图、窗体视图、数据表视图、数据透视表视图和数据透视图视图。

设计视图用于创建和修改窗体的窗口;窗体视图用于输入、修改或查看数据的窗口;数据表视图是以表格的形式显示表、窗体、查询中的数据;数据透视表视图使用Office数据透视表组件,易于进行交互式数据分析;数据透视图视图使用Office Chart组件,用以帮助用户创建动态的交互式图表。

小提示

在创建主/子窗体前要确定作为主窗体的数据源与作为子窗体的数据源之间存在着"一对多"的关系。

常见问题

窗体有哪些作用?
输入和编辑数据、显示和打印数据、控制应用程序流程。

真题精选

【例1】窗体是Access数据库中的一个对象,通过窗体用户可以完成(   )等功能。
①输入数据　②编辑数据　③存储数据　④以行、列形式显示数据　⑤显示和查询表中的数据　⑥导出数据
　　A)①②③　　　　　　B)①②④　　　　　　C)①②⑤　　　　　　D)①②⑥
【答案】C
【解析】窗体是Access数据库应用中一个非常重要的工具,用于显示表和查询中的数据,以及输入、编辑和修改数据。但没有包含③、④、⑥等3项功能。

【例2】窗体有3种视图,用于创建窗体或修改窗体的窗口是窗体的(   )。
　　A)设计视图　　　　　B)窗体视图　　　　　C)数据表视图　　　　D)透视表视图
【答案】A
【解析】"设计视图"是用于创建窗体或修改窗体的窗口;"窗体视图"是显示记录数据的窗口,主要用于添加或修改表中的数据;"数据表视图"是以行列格式显示表、查询或窗体数据的窗口;而"透视表视图"是没有的。

【例3】主/子窗口平常用来显示查询和多个表中的数据,这些数据之间的关系是(   )。
　　A)一对多　　　　　　B)多对一　　　　　　C)一对一　　　　　　D)多对多
【答案】A
【解析】主/子窗体通常用于显示多个表或查询中的数据,且这些数据具有一对多的关系。

【例4】在窗体类型中将窗体的一个显示记录按列分隔,每列的左边显示字段名,右边显示字段内容的是(   )。
　　A)表格式窗体　　　　B)数据表窗体　　　　C)纵栏式窗体　　　　D)主/子窗体
【答案】C
【解析】表格式窗体在一个窗体中显示多条记录的内容;数据表窗体在外观上跟数据表和查询数据的界面相同;而主/子窗体通常用于显示多个表或查询中的结果。

5.2　设 计 窗 体

考点2　窗体设计视图

1. 窗体设计视图的组成

窗体设计视图由5个节组成,分别为主体、窗体页眉、页面页眉、页面页脚和窗体页脚。

窗体页眉位于窗体顶部位置,一般用于设置窗体的标题、窗体使用说明或打开相关窗体及执行其他功能的命令按钮等。窗体页脚位于窗体底部,一般用于显示对所有记录都要显示的内容、使用命令的操作说明等信息,也可以设置命令按钮,以便进行必要的控制。页面页眉一般用来设置窗体在打印时的页头信息。页面页脚一般用于设置窗体在打印时的页脚信息。主

真考链接

在选择题中,考查概率为10%。考生需掌握窗体设计视图组成部分的功能,认识窗体工具箱中几种常用的控件的图标。

体节通常用来显示记录数据,可以在屏幕工作页面上只显示一条记录,也可以显示多条记录。默认情况下,窗体"设计视图"只显示主体节,其他4个节需要右键单击窗体任意处,在弹出的快捷菜单中选择"窗体页眉/页脚"命令和"页面页眉/页脚"命令,才能在窗体"设计视图"中显示出来。

2.控件的使用

控件是设计窗体最重要的工具,通过"控件"组中的工具可以向窗体添加各种控件,能够绑定控件和对象来构造一个窗体设计的可视化模型。控件是窗体中的对象,它在窗体中起着显示数据、进行操作以及修饰窗体的作用。

打开窗体视图的时,工具栏中就会出现"控件"工具组。

"控件"工具组中的控件有:选择对象、文本框、标签、按钮、选项卡控件、超链接、选项组、插入分页符、组合框、图表、直线、切换按钮、列表框、矩形、复选框、未绑定对象框、选项按钮、子窗体/报表、绑定对象框、图像、控件向导。

> **小提示**
> 窗体由多个部分组成,每个部分称为一个节,大部分的窗体只有主体节。

> **常见问题**
> 窗体设计视图由哪几部分组成?
> 窗体设计设计视图由5个节组成,分别为主体、窗体页眉、页面页眉、页面页脚和窗体页脚。

> **真题精选**

【例1】在窗体设计视图中,必须包含的部分是(　　)。

　　A)主体　　　　　　　　　　　　B)窗体页眉和页脚
　　C)页面页眉和页脚　　　　　　　D)以上3项都包括

【答案】A

【解析】窗体"设计视图"是设计窗体的窗口,它由5个节组成,分别是主体、窗体页眉、页面页眉、页面页脚和窗体页脚。默认情况下,窗体"设计视图"只显示主体节。

【例2】在窗体设计工具箱中,代表组合框的图标是(　　)。

　　A)　　　　B)　　　　C)　　　　D)

【答案】D

【解析】选项A为单选按钮,选项B为复选框,选项C为命令按钮,选项D为组合框。

考点3　常用控件的功能

控件是窗体上用于显示数据、进行操作、装饰窗体的对象。在窗体中添加的每一个对象都是控件。

控件分类:控件的类型分为绑定型、未绑定型与计算型等3种。绑定型控件主要用于显示、输入、更新数据库上的字段;未绑定型控件没有数据来源,可以用来显示信息;计算型控件用表达式作为数据源,表达式可以利用窗体或报表所引用的表或查询字段中的数据,也可以是窗体或报表上的其他控件中的数据。

> **真考链接**
> 在选择题中,考查概率为30%。考生应掌握窗体中常用的几种控件,知道它们的功能。

常用的控件有以下几类。

1.标签控件

标签主要用来在窗体或报表上显示说明性文本。

2.文本框控件

文本框主要用来输入或编辑数据,它是一种交互式控件。文本框分为3种类型:绑定型、未绑定型与计算型。绑定型文本框能够从表、查询或SQL语句中获得所需要的内容。未绑定型文本框并没有链接某一字段,一般用来显示提示信息或接收用户输入数据等。在计算型文本框中,可以显示表达式的结果,当表达式发生变化时,数据值就会被重新计算。

3. 复选框、切换按钮、选项按钮控件

复选框、切换按钮和选项按钮是作为单独的控件来显示表或查询中的"是"或"否"的值。当选中复选框或选项按钮时,设置为"是",如果不选则为"否"。对于切换按钮,如果按下切换按钮,其值为"是",否则其值为"否"。

4. 选项组控件

选项组由一组复选框、选项按钮或切换按钮等组成。只单击选项组中所需的值,就可以为字段选定数据值。在选项组中每次只能选择一个选项。

说明:如果选项组绑定了某个字段,是只有组框架本身绑定此字段,而不是组框架内的复选框、选项按钮或切换按钮。选项组可以设置为表达式或未绑定选项组,也可以在自定义对话框中使用未绑定选项组来接受用户的输入,然后根据输入的内容来进行相应的操作。

5. 列表框与组合框控件

在窗体上输入的数据总是取自某一个表或查询中记录的数据,或取自某固定内容的数据,可以使用组合框或列表框控件来完成。

6. 命令按钮控件

在窗体中可以使用命令按钮来进行某项操作或某些操作,如"确定""取消"按钮。在 Access 中可以创建 30 多种不同类型的命令按钮。

7. 选项卡控件

选项卡控件主要用于将多个不同格式的数据操作窗体封装在一个选项卡中,或者说,它是能够使一个选项卡包含多页数据操作窗体的窗体,而且在每页窗体中又可以包含若干个控件。当窗体中的内容较多无法在一页全部显示时,可以使用选项卡进行分页。操作时只需单击选项卡上的标签,就可以在多个页面间进行切换。

8. 图像控件

在窗体中显示图形时要使用图像控件。图像控件包括图片、图片类型、超链接地址、可见性、位置及大小等属性,设置时用户可以根据需要进行调整。

小提示

使用组合框,既可以进行选择,也可以输入数据。而使用列表框,用户只能从列表中选择,而不能输入,这也是组合框与列表框的区别。

常见问题

窗体上常用的控件有哪几种?

常用的窗体控件主要有:文本框、标签、选项组、复选框、切换按钮、组合框、列表框、命令按钮、图像控件等。

真题精选

【例1】 在窗体中,用来输入和编辑字段数据的交互式控件是(　　)。

　　A)文本框　　　　　B)列表框　　　　　C)复选框控件　　　D)标签

【答案】 A

【解析】 文本框主要用来输入或编辑数据,它是一种交互式控件。

【例2】 在 Access 中已建立了"学生"表,其中有可以存放简历的字段,在使用向导为该表创建窗体时,"简历"字段所使用的默认控件是(　　)。

　　A)非绑定型对象框　B)绑定型对象框　　C)图像框　　　　　D)列表框

【答案】 B

【解析】 绑定型对象框用于在窗体或报表上显示 OLE 对象,例如一系列的图片。

【例3】 显示与窗体关联的表或查询中字段值的控件类型是(　　)。

　　A)绑定型　　　　　B)计算型　　　　　C)关联型　　　　　D)未绑定型

【答案】 A

【解析】 绑定型控件针对的是保存在窗体或报表基础记录源字段中的对象。

考点 4　常用控件的使用

1. 添加标签控件

如果希望在窗体上显示该窗体的标题,可在窗体页眉处添加一个"标签"控件。

例:在考生文件夹下有一个数据库文件"samp3.accdb",里面已经设计了窗体对象"fEmp",现要设置窗体对象"fEmp"的标题为"信息输出"。操作过程如图 5.1 所示。

【操作步骤】(1)打开数据库视图,选择"窗体"对象,右键单击"fEmp",在弹出的快捷菜单中选择"设计视图",打开窗体设计视图。

(2)在窗体任意空白处单击鼠标右键,在弹出的快捷菜单中选择"窗体页眉/页脚"命令,这时在视图中会添加一个窗体页眉节。

(3)单击菜单栏"设计"选项卡下"控件"组中的"标签"按钮,在窗体页眉处单击要放置标签的位置,然后输入标签内容"信息输出"即可。

> **真考链接**
> 在操作题中,考查的基本操作概率约为 2%,简单应用概率为 4%,综合应用概率为 25%。考生应能熟练使用各种控件对窗体进行设计。

图 5.1　创建标签控件

2. 添加复选框、选项组控件

"选项组"控件提供了必要的选项,用户只需进行简单的选取即可完成参数设置。"选项组"中可以包含复选框、切换按钮或选项按钮等控件。

例:在考生文件夹下有一个数据库文件"samp3.accdb",其中存在已经设计好的窗体对象"fStaff"。在主体节添加一个选项组控件,将其命名为"opt",选项组标签显示内容为"爱好",名称为"bopt"。在选项组内放置两个复选框控件,命名为"opt1"和"opt2",复选框标签显示内容分别为"音乐"和"体育"。打开窗体的步骤参照图 5.1,添加控件的操作过程如图 5.2 所示。

【操作步骤】(1)打开数据库视图,选择"窗体"对象,右键单击"fStuff",在弹出的快捷菜单中选择"设计视图",打开窗体设计视图。

(2)单击菜单栏"设计"选项卡下"控件"组中的"选项组"控件,在窗体的主体节中要放置选项组控件的位置单击并拖曳,在弹出的"选项组向导"对话框中分别输入"音乐"和"体育",连续三次单击"下一步"按钮。

(3)在"选项组向导"对话框中勾选"复选框"选项,单击"下一步"按钮,然后单击"完成"按钮。

(4)用鼠标右键单击选项组标签,在弹出的快捷菜单中选择"属性"命令,打开属性表,在"名称"行输入"opt",关闭属性界面。

(5)用鼠标右键单击选项组标签,在弹出的快捷菜单中选择"属性"命令,打开属性表,在"名称"行输入"bopt",在"标题"行输入"爱好",关闭属性界面。

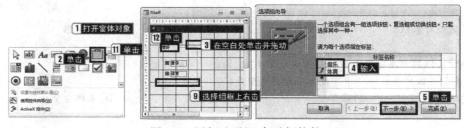

图 5.2　添加选项组、复选框控件

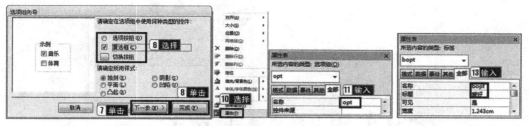

图 5.2 添加选项组、复选框控件(续)

3. 添加选项卡控件

例:在考生文件夹下有一个数据库文件"samp3.accdb",其中存在已经设计好的窗体对象"fStaff",在主体节添加一个选项卡控件,将其命名为"opt",选项卡标签 1 显示内容为"信息统计",选项卡标签 2 显示内容为"信息显示"。

打开窗体的步骤参照图 5.1,添加选项卡控件的操作过程如图 5.3 所示。

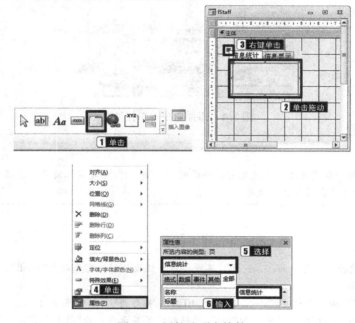

图 5.3 添加选项卡控件

【操作步骤】(1)打开数据库视图,选择"窗体"对象,右键单击"fStuff",在弹出的快捷菜单中选择"设计视图"命令,打开窗体设计视图。

(2)单击菜单栏"设计"选项卡下"控件"组中的"选项卡"控件,在窗体的主体节中单击要放置选项卡控件的位置,拖动鼠标定义选项卡控件的大小。选中选项卡控件并右键单击,在弹出的快捷菜单中选择"属性"命令,在打开的属性对话框中分别选择不同的选项卡标签,在"名称"行输入"信息统计"和"信息显示"。

4. 添加命令控件

在窗体中单击某个命令按钮可以使 Access 完成特定的操作。

例:在考生文件夹下有一个数据库文件"samp3.accdb",其中存在已经设计好的窗体对象"fTest",在窗体页脚节添加一个命令按钮,命名为"bBest",按钮标题为"测试"。打开窗体的步骤参照图 5.1,添加控件的操作过程如图 5.4 所示。

【操作步骤】(1)单击菜单栏"设计"选项卡下"控件"组中的"按钮"控件,单击窗体页脚节的适当位置,拖动鼠标添加一个命令按钮,在弹出的对话框中单击"取消"按钮。

(2)用鼠标右键单击刚添加的命令按钮控件,在弹出的快捷菜单中选择"属性"命令,在"名称"和"标题"行分别输入"bTest"和"测试"。

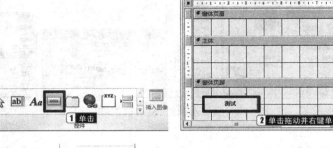
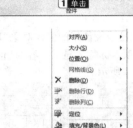

图 5.4 添加命令按钮控件

小提示

工具箱中其他的控件的创建方法同上述几种控件的创建方法一样,都是在工具箱中先选中,然后在窗体相应位置单击并拖动添加,最后通过属性对话框进行相应设置。

真题精选

在考生文件夹下有一个数据库文件"samp3.accdb",其中存在已经设计好的窗体对象"fStaff"。请按照以下要求进行窗体设计。

(1)在窗体的窗体页眉节添加一个标签控件,其名称为"bTitle",标题为"员工信息输出"。

(2)在主体节添加一个选项组控件,将其命名为"opt",选项组标签显示内容为"性别",名称为"bopt"。

(3)在选项组内放置两个单选按钮控件,单选按钮分别命名为"opt1"和"opt2",单选按钮标签显示内容分别为"男"和"女",名称分别为"bopt1"和"bopt2"。

(4)在窗体页脚节添加两个命令按钮控件,分别命名为"bOk"和"bQuit",按钮标题分别为"确定"和"退出"。

【操作步骤】(1)打开数据库视图,选择"窗体"对象,右键单击"fStaff",在弹出的快捷菜单中选择"设计视图"命令,打开窗体设计视图。添加标签控件并进行相应设置的步骤如图 5.5 所示。

图 5.5 添加标签控件并进行相应设置

(2)在窗体设计视图中添加选项组控件的操作步骤如图5.6所示。

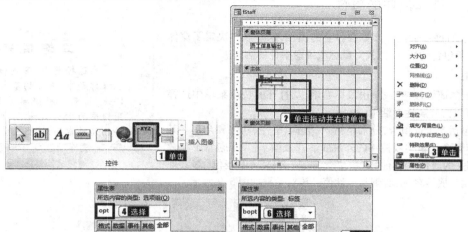

图5.6 添加选项组控件并进行相应设置

(3)在窗体设计视图中添加单选按钮控件的操作步骤如图5.7所示。

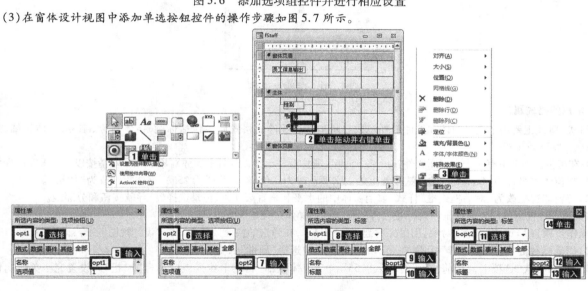

图5.7 添加单选按钮控件并进行相应设置

(4)在窗体设计视图的页脚区添加两个命令按钮控件的操作步骤如图5.8所示。

图5.8 添加两个命令按钮控件并进行相应设置

考点5　窗体和控件的属性

窗体及窗体中的每一个控件都具有各自的属性,这些属性决定了窗体及控件的外观、它所包含的数据,以及对鼠标或键盘事件的响应。

1. 属性对话框

通过工具栏上的属性按钮,或单击鼠标右键,从打开的快捷菜单中选择"属性"命令,都可以打开属性对话框。

属性对话框包括5个选项卡,分别是格式、数据、事件、其他和全部。其中,"格式"选项卡包含了窗体或控件的外观属性,"数据"选项卡包含了与数据源、数据操作相关的属性,"其他"选项卡包含了"名称""制表位"等其他属性。选项卡左侧是属性名称,右侧是属性值。该对话框如图5.9所示。

> **真考链接**
> 在选择题中,考查概率为55%;在操作题中,考查的基本操作概率为19%,简单应用概率为8%,综合应用概率为58%。考生应掌握常用控件的几种常用属性。

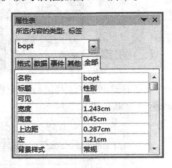

图5.9　属性对话框

2. 常用的格式属性

"格式"属性主要用于设置窗体和控件的外观或显示格式。控件的格式属性包括标题、字体名称、字号、字体粗细、前景色、背景色、特殊效果等。

例:在考生文件夹下有一个数据库文件"samp3.accdb",其中存在已经设计好的窗体对象"fEdit"。请按以下要求完成操作。

(1)将窗体中名称为"Lremark"的标签控件上的文字颜色改为红色(红色代码为255)、字体粗细改为"加粗"。

(2)将窗体边框改为"对话框边框"样式,取消窗体中的水平和垂直滚动条、记录选择器、导航按钮和分隔线。

在窗体设计视图的属性对话框中对标签控件的格式设置操作过程如图5.10所示。

【操作步骤】(1)选中"窗体"对象,用鼠标右键单击"fEdit",在弹出的快捷菜单中选择"设计视图"命令。

(2)用鼠标右键单击"Lremark"标签,在弹出的快捷菜单中选择"属性"命令。

(3)单击"格式"选项卡,在"前景色"行输入"255",在"字体粗细"行的下拉列表中选择"加粗"。设置完毕关闭属性对话框。

在窗体设计视图的属性对话框中设置窗体边框格式的操作过程如图5.11所示。

图5.10　设置标签控件的格式

图5.11　设置窗体格式

【操作步骤】(1)单击窗体属性对话框的"格式"选项卡,在"边框样式"行右侧下拉列表中选择"对话框边框"。

(2)在"滚动条"右侧的下拉列表中选择"两者均无",然后分别在"记录选择器""导航按钮"和"分隔线"右侧的下拉列表中选择"否"。

3. 常用的数据属性

"数据"属性决定了一个控件或窗体的数据来自于何处,以及操作数据的规则,而这些数据均为绑定在控件上的数据。控件的"数据"属性包括控件来源、输入掩码、有效性规则、有效性文本、默认值、是否有效、是否锁定等。

控件来源属性告诉系统如何检索或保存在窗体中要显示的数据。输入掩码、有效性规则、有效性文本、默认值同前所讲。是否有效属性用于决定鼠标是否能够单击该控件,是否锁定属性用于指定该控件是否允许在"窗体视图"中接受编辑控件中显示数据的操作。

窗体的数据属性包括记录源、排序依据、允许编辑、数据输入等。

窗体的"记录源"属性一般由本数据库中的一个数据表对象名或字段名表达式组成,指明该窗体的数据源。"数据输入"属性值需要在"是"或"否"两个选项中选取,取值如果为"是",则在窗体打开时只显示一条空记录,否则显示已有记录。

例:在考生文件夹下有一个数据库文件"samp3.accdb",其中存在已经设计好的表对象"tCollect"、查询对象"qT",同时还有以"tCollect"为数据源的窗体对象"fCollect"。要求将窗体"fCollect"的记录源改为查询对象"qT"。

【操作步骤】在窗体设计视图中,用鼠标右键单击"窗体选择器",在弹出的快捷菜单中选择"属性"命令。单击"数据"选项卡,在"记录源"行右侧的下拉列表中选中"qT",然后关闭属性对话框。操作过程如图5.12所示。

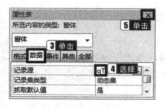

图5.12 窗体数据属性的设置

4. 常用的其他属性

"其他"属性表示了控件的附加特征。控件的"其他"属性包括名称、状态栏文字、自动重复、"Tab 键"索引、控件提示文本等。

窗体中的每一个对象都有一个名称,若在程序中指定或使用某一个对象,可以使用这个名称。这个名称是由"名称"属性来定义的,控件的名称必须是唯一的。控件的"名称"属性是非常重要的,在许多操作中都要用到。

例:在考生文件夹下有一个数据库文件"samp3.accdb",里面已经设计了窗体对象"fEmp",要求将"fEmp"窗体上名为"btnP"的命令按钮改名为"Tn"。

【操作步骤】在窗体设计视图中,打开"btnP"命令按钮的属性对话框,在"其他"选项卡中的"名称"行中将名字改为"Tn",然后关闭属性对话框。操作过程如图5.13所示。

图5.13 修改控件对象的名称

5. 事件属性

"事件"属性主要用于设置控件被操作时发生的事件,如单击、双击控件时发生的事件。

例:在考生文件夹下有一个数据库文件"samp3.accdb",其中存在已经设计好的窗体对象"fTest"和宏对象"m1",要求设置窗体中命令按钮 bOk 的单击事件属性为给定的宏对象"m1"。

【操作步骤】在窗体设计视图中,打开"bOk"命令按钮的属性对话框,在"事件"选项卡的"单击"项的右侧下拉列表中选择宏对象"m1",然后关闭属性对话框。操作过程如图5.14所示。

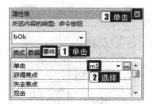

图5.14 设置控件的事件属性

小提示

控件属性中的名称与标题是不一样的。名称是该控件的名字,该名字是不显示在窗体中的。而标题是控件的标签,即控件在窗体中显示的内容。

常见问题

窗体的"数据输入"属性值的"是"与"否"如何显示记录?

"数据输入"属性值需要在"是"或"否"两个选项中选取,取值如果为"是",则在窗体打开时只显示一条空记录,否则显示已有记录。

真题精选

在考生文件夹下有一个数据库文件"samp3.accdb",里面已经设计好窗体对象"fQuery",请对该窗体进行如下设置。

(1)使名称为"rRim"的矩形控件距主体节上边 0.4cm、左边 0.4cm,矩形宽度为 16.6cm、高度为 1.2cm,"特殊效果"为"凿痕"。

(2)将窗体中"退出"命令按钮上显示的文字颜色改为"深红"(深红代码为 128),字体粗细改为"加粗"。

(3)将窗体边框改为"对话框边框"样式,取消窗体中的水平和垂直滚动条,以及记录选择器、导航按钮和分隔线。

【操作步骤】(1)在窗体设计视图中,打开"rRim"矩形控件的属性对话框,在该对话框中,设置矩形控件格式的操作过程如图 5.15 所示。

图 5.15 矩形控件的格式设置

(2)在窗体设计视图中,打开"退出"命令控件的属性对话框。在该对话框中,设置命令控件格式的操作过程如图 5.16 所示。

图 5.16 命令控件的属性设置

(3)在窗体设计视图中,打开窗体属性对话框。在该对话框中,设置窗体格式的操作过程如图 5.17 所示。

图 5.17 窗体属性的设置

5.3 综合自测

一、选择题

1. 在 Access 2010 中,窗体最多可包含有(　　)。
   A)3 个区域　　　　B)4 个区域　　　　C)5 个区域　　　　D)6 个区域
2. 主窗体和子窗体通常用于显示多个表或查询中的数据,这些表或查询中的数据一般应该具有的关系是(　　)。
   A)一对一　　　　B)一对多　　　　C)多对多　　　　D)关联
3. 在教师信息输入窗体中,为职称字段提供"教授""副教授""讲师"等选项供用户直接选择,最合适的控件是(　　)。
   A)标签　　　　B)复选框　　　　C)文本框　　　　D)组合框
4. 若要使某命令按钮获得焦点,可使用的方法是(　　)。
   A)LostFocus　　　　B)SetFocus　　　　C)Point　　　　D)Value
5. Access 中,没有数据来源的控件类型是(　　)。
   A)结合型　　　　B)非结合型　　　　C)计算型　　　　D)其余三项均不是
6. 能接受用户输入数据的窗体控件是(　　)。
   A)列表框　　　　B)图像　　　　C)标签　　　　D)文本框
7. 在 Access 中有雇员表,其中有存照片的字段,在使用向导为该表创建窗体时,"照片"字段所使用的默认控件是(　　)。
   A)图像框　　　　B)绑定对象框　　　　C)非绑定对象框　　　　D)列表框
8. 不能用来作为表或查询中"是/否"值输出的控件是(　　)。
   A)复选框　　　　B)切换按钮　　　　C)选项按钮　　　　D)命令按钮
9. 下列关于列表框和组合框的叙述中,正确的是(　　)。
   A)列表框只能选择定义好的选项;组合框即可以选择选项,也可以输入新值
   B)组合框只能选择定义好的选项;列表框即可以选择选项,也可以输入新值
   C)列表框和组合框在功能上完全相同,只是在窗体显示时外观不同
   D)列表框和组合框在功能上完全相同,只是系统提供的控件属性不同
10. 在设计"学生基本信息"输入窗体时,学生表"民族"字段的输入是由"民族代码库"中事先保存的"民族名称"确定的,则选择"民族"字段对应的控件类型应该是(　　)。
    A)组合框或列表框控件　　　　　　　　B)复选框控件
    C)切换按钮控件　　　　　　　　　　　D)文本框控件
11. 在 Access 中为窗体上的控件设置 Tab 键的顺序,应选择"属性"对话框的(　　)。
    A)"格式"选项卡　　　　　　　　　　　B)"数据"选项卡
    C)"事件"选项卡　　　　　　　　　　　D)"其他"选项卡
12. 如果要改变窗体或报表的标题,需要设置的属性是(　　)。
    A)Name　　　　B)Caption　　　　C)BackColor　　　　D)BorderStyle
13. 下列事件中,不属于窗体事件的是(　　)。
    A)打开　　　　B)关闭　　　　C)加载　　　　D)取消
14. 在设计计算控件中,"控件来源"表达式前要加上的运算符是(　　)。
    A)=　　　　B)!　　　　C),　　　　D)Like

二、操作题

1. 考生文件夹下存在一个数据库文件"samp3.accdb",里面已经设计好表对象"tStudent"和"tGrade",同时还设计出窗体对象"fGrade"和"fStudent"。请在此基础上按照以下要求补充"fStudent"窗体的设计。
   (1)将"fStudent"窗体标题改为"团员信息显示",边框改为"对话框边框"样式,取消窗体中的水平和垂直滚动条。
   (2)将名称为"标签15"的标签控件名称改为"tStud",标题改为"团员成绩"。
   (3)在"fStudent"窗体加载事件中,代码设置相关属性完成团员信息输出。
   (4)在"fStudent"窗体打开事件中,代码设置"子对象"控件的源对象属性为"fGrade"窗体,并取消其"导航按钮"。
   (5)单击"fStudent"窗体的"退出"命令按钮(名称为bQuit),应关闭窗体。系统已提供了部分 VBA 代码,请按照 VBA 代码中的指示将代码补充完整。

注意：不允许修改窗体对象"fGrade"和"fStudent"中未涉及的控件；不允许修改表对象"tStudent"和"tGrade"的属性。

程序代码只允许在"*****Add*****"与"*****Add*****"之间的空行内补充一条代码语句，不允许增删和修改其他位置已存在的语句。

2. 考生文件夹下存在一个数据库文件"samp3.accdb"，里面已经设计了表对象"tEmp"、窗体对象"fEmp"、宏对象"mEmp"和报表对象"rEmp"。同时，给出窗体对象"fEmp"的"加载"事件和"预览"及"打印"两个命令按钮的单击事件代码，试按以下功能要求补充设计。

(1) 将窗体"fEmp"上标签"bTitle"以特殊效果"阴影"显示。

(2) 已知窗体"fEmp"的3个命令按钮中，按钮"bt1"和"bt3"的大小一致、且左对齐。现要求在不更改"bt1"和"bt3"大小位置的基础上，调整按钮"bt2"的大小和位置，使其大小与"bt1"和"bt3"相同，水平方向左对齐"bt1"和"bt3"，竖直方向在"bt1"和"bt3"之间的位置。

(3) 设置系统相关属性，实现窗体对象"fEmp"打开时以重叠窗口形式显示；设置报表对象"rEmp"的记录源属性为表对象"tEmp"。

(4) 在窗体"fEmp"的"加载"事件中设置标签"bTitle"以红色文本显示；单击"预览"按钮（名为"bt1"）或"打印"按钮（名为"bt2"），事件过程传递参数调用同一个用户自定义代码(mdPnt)过程，实现报表预览或打印输出；单击"退出"按钮（名为"bt3"），调用设计好的宏"mEmp"来关闭窗体。

注意：不允许修改数据库中的表对象"tEmp"和宏对象"mEmp"；不允许修改窗体对象"fEmp"和报表对象"rEmp"中未涉及的控件和属性。程序代码只允许在"*****Add*****"与"*****Add*****"之间的空行内补充一行语句，完成设计，不允许增删和修改其他位置已存在的语句。

第6章

报 表

选择题分析明细表

考点	考查概率	难易程度
报表的基本概念	30%	★★★
报表设计区	20%	★
报表的创建及控件的添加	20%	★
记录分组与排序	20%	★
报表计算	20%	★

操作题分析明细表

考点	考查概率	难易程度
报表的创建及控件的添加	30%	★★★
记录分组与排序	23%	★★★
报表计算	11%	★★
报表属性	39%	★★★

6.1 报表的基本概念与组成

考点1 报表的基本概念

1. 报表

报表是 Access 提供的一种对象。报表对象用于将数据库中的数据以格式化的形式显示和打印输出。

报表的3种视图为"设计视图""打印预览"视图和"版面预览"视图。其中"设计视图"用于创建和编辑报表的结构,"打印预览"视图用于查看报表的页面数据输出形态,"版面预览"视图用于查看报表的版面设置。

2. 报表的数据来源

报表的数据来源与窗体相同,可以是已有的数据表、查询或者是新建的SQL语句,但报表只能查看数据,而不能通过报表修改或输入数据。

3. 报表的功能

报表的功能包括可以以格式化形式输出数据;可以对数据分组,进行汇总;可以包含子报表及图表数据;可以输出标签、发票、订单和信封等多种样式的报表;可以进行计数、求平均、求和等统计计算;可以嵌入图像或图片来丰富数据显示。

4. 报表的组成

报表由下面几部分组成。

（1）报表页眉:在报表的开始处,用来显示报表的大标题、图形或说明性文字,每份报表只有一个报表页眉。

（2）页面页眉:显示报表中的字段名称或对记录的分组名称,报表的每一页有一个页面页眉,以保证当数据较多报表需要分页的时候,在报表的每页上面都有一个表头。

（3）主体:打印表或查询中的记录数据,是报表显示数据的主要区域。

（4）页面页脚:打印在每页的底部,用来显示本页的汇总说明,报表的每一页有一个页面页脚。

（5）报表页脚:用来显示整份报表的汇总信息或者是说明信息,在所有数据都被输出后,只输出在报表的结束处。

> **真考链接**
>
> 在选择题中,考查概率为30%。报表的数据来源为常考的一个知识点,考生应掌握报表各组成部分区域的显示内容。

小提示

在设计报表时可以添加表头和注脚,可以对报表中的控件设置格式,如字体、字号、颜色、背景等,也可以使用剪贴画、图片等对报表进行修饰。这些功能与窗体相似。

常见问题

报表由哪几部分组成?

报表由5部分组成:报表页眉、页面页眉、主体、页面页脚、报表页脚。

真题精选

【例1】下面关于报表对数据处理的叙述正确的选项是（　　）。
A）报表只能输入数据　　　　　　　　B）报表只能输出数据
C）报表可以输入和输出数据　　　　　D）报表不能输入和输出数据

【答案】B

【解析】报表主要用于对数据库中的数据进行分组、计算、汇总和打印输出。

【例2】用来查看报表页面数据输出形态的视图是(　　)。
　　A)"设计视图"　　　　　　　　　　　B)"打印预览"视图
　　C)"报表预览"视图　　　　　　　　　D)"版面预览"视图
【答案】B
【解析】3种报表视图分别为"设计视图""打印预览"和"版面预览",没有"报表预览"。"打印预览"用于查看报表的页面数据输出形态。

【例3】下列关于报表功能的叙述不正确的是(　　)。
　　A)可以呈现各种格式的数据　　　　B)可以分组组织数据,进行汇总
　　C)可以包含子报表与图表数据　　　D)可以进行计数、求平均、求和等统计计算
【答案】A
【解析】报表可以呈现格式化的数据,而不是各种格式的数据。

【例4】为了在报表的每一页底部显示页码号,应该设置(　　)。
　　A)报表页眉　　　B)页面页眉　　　C)页面页脚　　　D)报表页脚
【答案】C
【解析】因为页面页脚打印在每页的底部,用来显示本页的汇总说明,报表的每一页有一个页面页脚,一般包含页码或控制项的合计内容。

考点2　报表设计区

在报表设计的时候可以根据数据进行分组,形成更小的一些区段,在报表的"设计视图"中这些区段称为"节"。在报表设计区,一般分为如下几个节。

真考链接
在选择题中,考查概率为20%。
报表设计区各节的功能为常考的一个知识点,考生应掌握。

1. 报表页眉节
报表页眉节中的全部内容都只能输出在报表的开始处。在报表页眉中,一般是以大号字体将该份报表的标题放在报表顶端的一个标签控件中。可以在报表中通过设置控件格式属性改变显示效果,也可以在报表页眉中输出任何内容。

2. 页面页眉节
页面页眉节中的文字或控件一般输出在每页的顶端,通常用来显示数据的列标题。一般来说,报表的标题放在报表页眉中,该标题输出时仅在第一页的开始位置出现。如果将标题移动到页面页眉中,则在每一页上都将输出显示该标题。

3. 组页眉节
根据需要,在报表设计5个基本节区域的基础上,还可以使用"排序与分组"属性设置"组页眉/组页脚"区域,以实现报表的分组输出和分组统计。其中组页眉节内主要安排文本框或其他类型控件,以输出分组字段等数据信息。
说明:可以建立多层次的组页眉及组页脚,但一般为3~6层。

4. 主体节
主体节用来定义报表中最主要的数据输出内容和格式,将针对每条记录进行处理,各字段数据均要通过文本框或其他控件(主要是复选框和绑定对象框)绑定显示,可以包含通过计算得到的字段数据。
根据主体节内字段数据的显示位置,报表又划分为以下4种类型。

(1)纵栏式报表
纵栏式报表(也称为窗体报表)一般是在一页的主体节内以垂直方式显示一条或多条记录。这种报表可以安排显示一条记录的区域,也可同时显示"一对多"关系的多方的多条记录的区域,甚至包括合计。

(2)表格式报表
表格式报表是以整齐的行、列形式显示记录数据,通常一行显示一条记录,一页显示多行记录。
说明:表格式报表与纵栏式报表不同,字段标题信息不能安排在每页的主体节,而是要安排在页面页眉节。可以在表格式报表中设置分组字段、显示分组统计数据。

(3)图表报表
图表报表是指包含图表显示的报表类型。在报表中使用图表可以更直观地表示数据之间的关系。

(4)标签报表
标签报表是一种特殊类型的报表,它以标签形式显示报表。

在上述各种类型报表的设计过程中,根据需要可以在报表页中显示页码、报表输出日期,甚至用直线或方框等来分隔数据,而且与窗体设计一样,也可以设置颜色和阴影等外观属性。

5. 组页脚节

组页脚节内主要安排文本框或其他类型控件显示分组统计数据。组页眉和组页脚可以根据需要单独设置使用。

6. 页面页脚节

页面页脚节一般包含有页码或控制项的合计内容,数据显示安排在文本框和其他一些类型的控件中。

7. 报表页脚节

该节一般是在所有的主体和组页脚输出完成后才会出现在报表的最后面。通过在报表页脚区域安排文本框或其他一些控件,可以输出整个报表的计算汇总或其他的统计信息。

> **小提示**
> 报表设计区中的节与报表的组成部分相似,只是在主体区又进行了细分。

> **常见问题**
> 根据主体节内字段数据的显示位置,报表可划分为哪几种类型?
> 根据主体节内字段数据的显示位置,报表可划分为如下4种类型:纵栏式报表、表格式报表、图表报表、标签报表。

> **真题精选**
>
> 【例1】在设计报表时,如果要统计报表中某个字段的全部数据,计算表达式应放在( )。
> A) 主体 B) 页面页眉/页面页脚
> C) 报表页眉/报表页脚 D) 组页眉/组页脚
> 【答案】C
> 【解析】在组页眉/组页脚内或报表页眉/报表页脚内添加计算字段对记录的若干字段求和或进行统计计算,这种形式的统计计算一般是对报表字段列的纵向记录数据进行统计,而且要使用Access提供的内置统计函数完成相应的计算操作。
>
> 【例2】用于实现报表的分组统计数据的操作区间是( )。
> A) 报表的主体区域 B) 页面页眉或页面页脚区域
> C) 报表页眉或报表页脚区域 D) 组页眉或组页脚区域
> 【答案】D
> 【解析】组页脚节内主要安排文本框或其他类型控件显示分组统计数据。

6.2 创建报表

考点3 报表的创建及控件的添加

1. 报表的创建方式

Access提供有3种创建报表的方式:使用"自动报表"功能、使用向导功能、使用"设计视图"手工创建。一般可以先使用"自动报表"或向导功能快速创建出报表结构,再在"设计视图"中手工修饰。

2. 使用"自动报表"功能创建报表

"自动报表"是一种快速创建报表的方法,设计时先选择表或查询作为

> **真考链接**
> 在选择题中,考查概率为20%;在操作题中,考查概率为30%。在设计视图中创建报表,添加报表的各种控件是考查的重点,考生应掌握。

报表的记录源,然后选择报表类型,最后会自动生成报表输出记录源所有字段的全部记录。

例:在考生文件夹下有一个数据库文件"samp3.accdb",其中存在已经设计好的表对象"tEmployee"和"tGroup"及查询对象"qEmployee",要求用"自动报表"功能创建以"qEmployee"为数据源的报表对象"rEmployee"。创建报表的操作过程如图6.1所示。

【操作步骤】(1)在"数据库"窗体选择"对象"栏中的"查询"选中"qEmployee"。

(2)单击菜单栏"创建"选项卡下"报表"组中的"报表"按钮。

(3)单击菜单栏中的"保存"命令,输入报表名,保存创建的报表。

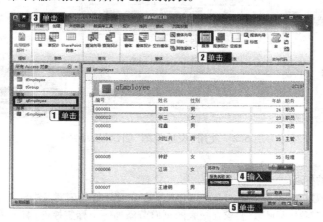

图6.1 使用"自动报表"功能创建报表

说明:使用这种方法创建的报表比较简单,只有主体区,没有报表页眉、页脚和页面页眉、页脚区。

3. 使用"设计视图"创建报表

可以使用"设计视图"创建新的报表,也可以对原有的报表进行修改、美化。

例:在考生文件夹下有一个数据库文件"samp3.accdb",其中存在设计好的表对象"tStud",要求以该表为数据源,使用"设计视图"创建一报表,显示该表的编号、姓名、性别、年龄等字段,并显示标题"学生信息",然后将报表保存为"bTtud"。创建报表的操作过程如图6.2所示。

【操作步骤】(1)在数据库窗口中单击菜单栏"创建"选项卡下"报表"组中的"报表设计"按钮。

(2)用鼠标右键单击窗口左上角的报表选择器,在弹出的快捷菜单中选择"属性"命令,打开属性表对话框。在该对话框中单击"数据"选项卡,设置"记录源"属性为"tStud"。

(3)在报表任意空白处单击鼠标右键,在弹出的快捷菜单中选择"报表页眉/页脚"命令,这时在视图中会添加报表页眉/页脚,在报表页眉中添加一个标签控件,输入标题"学生信息"。

(4)单击菜单栏"设计"选项卡下"工具"组中的"添加现有字段"按钮,在弹出的"字段列表"对话框中双击"编号""姓名""性别""年龄",拖动标签至合适位置。

(5)单击菜单栏上"保存"按钮保存所建的报表,输入名称为"bTtud"。

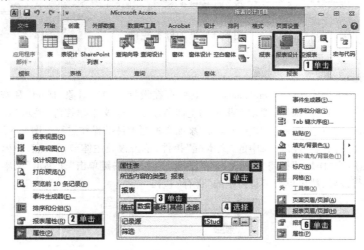

图6.2 使用"设计视图"创建报表

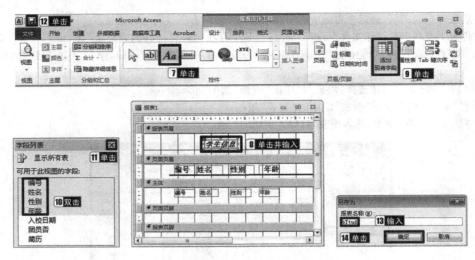

图 6.2　使用"设计视图"创建报表(续)

4. 添加标签控件

常用标签控件来显示报表的标题。

例：在考生文件夹下有一个数据库文件"samp3.accdb"，其中存在设计好的表对象"tStud"和查询对象"qStud"，同时还设计出以"qStud"为数据源的报表对象"rStud"。要求在报表的页眉节添加一个标签控件，名称为"bTitle"，标题为"1997年入学学生信息表"。添加标签控件的操作过程如图 6.3 所示。

【操作步骤】(1)选中"报表"对象，在设计视图中打开报表"rStud"，选择"设计"选项卡下"控件"组中的"标签"按钮，单击报表页眉处，然后输入"1997年入学学生信息表"。

(2)选中并用鼠标右键单击添加的标签，选择"属性"命令，在弹出的对话框中按题目要求命名，然后关闭对话框。

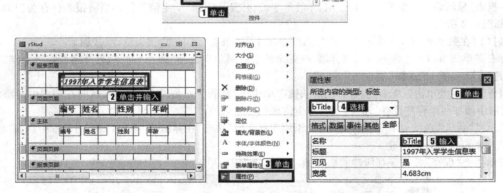

图 6.3　添加标签控件

5. 添加文本框控件

文本框控件常用来显示记录。

例：在考生文件夹下有一个数据库文件"samp3.accdb"，其中存在设计好的表对象"tStud"和查询对象"qStud"，同时还设计出以"qStud"为数据源的报表对象"rStud"。要求在报表的主体节添加一个文本框控件，显示"姓名"字段值，将该控件放置在距上边 0.1cm、距左边 3.2cm 的位置，并命名为"tName"。添加文本框控件的操作过程如图 6.4 所示。

【操作步骤】选择"设计"选项卡下"控件"组中的"文本框"控件，单击报表主体节任一点，弹出"Text"和"未绑定"两个文本框。选中"Text"文本框，然后按 Delete 键将"Text"文本框删除。用鼠标右键单击"未绑定"文本框，选择"属性"命令，在弹出的对话框中按题目要求进行设置，然后单击工具栏中的"保存"按钮。

图 6.4　添加文本框控件

第6章 报表

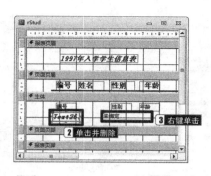

图6.4 添加文本框控件(续)

> **小提示**
> 用自动创建报表方法创建的报表比较简单,只有主体节,没有报表页眉节、页面页脚节和页面页眉节、报表页脚节。

> **常见问题**
> 在Access中有哪几种创建报表的方法?
> Access提供有3种创建报表的方式:使用"自动报表"功能、使用向导功能和使用"设计视图"手工创建。

真题精选

一、选择题

【例1】使用( )创建报表时会提示用户输入相关的数据源、字段和报表版面格式等信息( )。
　　　A)"自动报表"　　　B)"报表向导"　　　C)"图标向导"　　　D)"标签向导"
【答案】B
【解析】使用"报表向导"创建报表的时候会提示用户输入相关的信息。其他3个选项在创建的时候都不会提示,而需要自己选择。

【例2】要改变窗体上文本框控件的数据源,应设置的属性是( )。
　　　A)记录源　　　B)控件来源　　　C)默认值　　　D)筛选查阅
【答案】B
【解析】在窗体属性对话框中,"控件来源"属性用于设置文本框的数据源。

二、操作题

在考生文件夹下有一个数据库文件"samp3.accdb",其中存在已经设计好的表对象"tEmployee"和查询对象"qEmployee",同时还设计出以"qEmployee"为数据源的报表对象"rEmployee"。请在此基础上按照以下要求补充报表设计。

(1)在报表的报表页眉节添加一个标签控件,标题为"职员基本信息表",并将其命名为"bTitle"。
(2)将报表主体节中名为"tDate"的文本框显示内容设置为"聘用时间"字段值。

【操作步骤】(1)打开数据库文件"samp3.accdb",在报表"rEmployee"的设计视图中添加标签控件的操作过程如图6.5所示。

图6.5 添加标签控件并命名

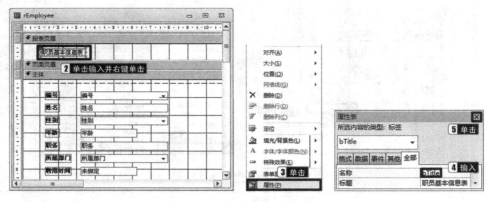

图 6.5 添加标签控件并命名(续)

(2)在报表"rEmployee"的设计视图中设置文本框控件数据源的操作过程如图 6.6 所示。

图 6.6 设置文本框控件数据源

6.3 报表排序和分组

考点 4　记录分组与排序

1. 记录分组

分组是指报表设计时按选定的某个(或几个)字段值是否相等而将记录划分成组的过程。操作时,先要选定分组字段,然后将字段值相等的记录归为同一组,将字段值不等的记录归为不同组。通过分组可以实现同组数据的汇总和输出。

在一个报表中最多可以对 10 个字段或表达式进行分组。

例:在考生文件夹下有一个数据库文件"samp3.accdb",里面已经设计了表对象"tEmp"和报表对象"rEmp",要求将报表记录数据按照姓氏分组。记录分组的操作过程如图 6.7 所示。

真考链接

在选择题中,考查概率为 20%;在操作题中,考查概率为 23%。考生应掌握记录分组与排序的原则,能够熟练进行记录的排序与分组操作。

【操作步骤】(1)选中"报表"对象,用鼠标右键单击"rEmp",在弹出的快捷菜单中选择"设计视图"命令。

(2)单击菜单栏"设计"选项卡下"分组和汇总"组中的"分组和排序"按钮,在下方出现的"分组、排序和汇总"界面中单击"添加组",在弹出的列表框中选择"姓名"。

第6章 报表

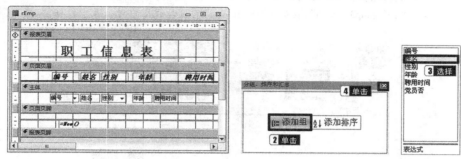

图6.7 对记录进行分组

2. 记录排序

在一个报表中最多可以安排10个字段或字段表达式进行排序。但在"报表向导"中，最多只能设置4个字段，且排序依据还只能是字段，而不能是表达式。

例：在考生文件夹下有一个数据库文件"samp3.accdb"，其中存在已经设计好的表对象"tEmp"和报表对象"rEmp"。要求设置报表"rEmp"按照"性别"字段降序(先"女"后"男")排列输出。记录排序的操作过程如图6.8所示。

【操作步骤】(1)选中"报表"对象，用鼠标右键单击报表"rEmp"，选择"设计视图"命令。

(2)单击菜单栏"设计"选项卡下"分组和汇总"组中的"分组和排序"按钮，在下方出现的"分组、排序和汇总"界面中单击"添加排序"，在弹出的列表框中选择"性别"，在"排序次序"下拉列表中选择"降序"。

图6.8 对记录进行排序

常见问题

在一个报表中最多可以进行多少个字段的排序？

在一个报表中最多可以安排10个字段或字段表达式进行排序。但在"报表向导"中，最多只能设置4个字段，且排序依据还只能是字段，而不能是表达式。

真题精选

一、选择题

在报表中将大量数据按不同的类型分别集中在一起，称为（   ）。

A) 排序   B) 合计   C) 分组   D) 数据筛选

【答案】C

【解析】分组是指报表设计时按选定的某个(几个)字段值是否相等而将记录划分成组的过程。操作时,先要选定分组字段,然后将字段值相等的记录归为同一组,将字段值不等的记录归为不同组。

二、操作题

在考生文件夹下有一个数据库文件"samp3.accdb",里面已经设计了表对象"tEmp"和"tTemp"、报表对象"rEmp"。要求将报表中的数据按"年龄"分组升序排列,年龄相同则按"所属部门"升序排列。

【操作步骤】打开数据库文件"samp3.accdb",在报表"rEmployee"的设计视图中对报表中数据按"年龄"分组升序排列的操作过程如图 6.9 所示。

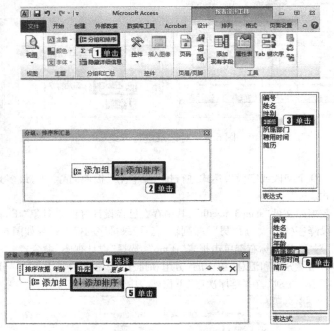

图 6.9 按年龄字段分组升序排列

6.4 使用计算控件

考点 5 报表计算

1.报表添加计算控件

计算控件的控件来源是计算表达式,当表达式的值发生变化时,会重新计算结果并输出。文本框是最常用的计算控件。

注意:计算控件的控件来源必须是等号"="开头的计算表达式。

例:在考生文件夹下有一个数据库文件"samp3.accdb",其中存在已经设计好的表对象"tBand"和"tLine",同时还有以"tBand"和"tLine"为数据源的报表对象"rBand"。在报表的报表页脚节添加一个计算控件,要求依据"团队ID"来计算并显示团队的个数。计算控件放置在"团队数:"标签的右侧,计算控件名称为"bCount"。添加计算控件的操作过程如图 6.10 所示。

真考链接

在选择题中,考查概率为 20%;在操作题中,考查概率为 11%。考生应能够用计算控件对报表进行计算与汇总,并掌握常用函数的使用方法。

【操作步骤】(1)进入"设计视图",单击"设计"选项卡下"控件"组中的"文本框"控件,单击报表页脚节,生成"Text"和"未绑定"文本框。选中"Text",按"Delete"键将它删除。

(2)用鼠标右键单击"未绑定"文本框,选择"属性"命令,在弹出的属性对话框"名称"行输入"bCount",在"控件来源"行输入"=Count([团队ID])",然后关闭属性对话框。

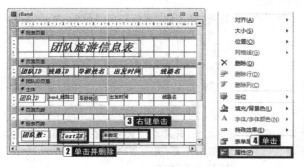

图 6.10 添加计算控件

2. 报表统计计算

在报表设计中,可以根据需要进行各种类型统计计算并输出显示,操作方法就是将计算控件的"控件来源"设置为需要进行统计计算的表达式。操作方式有以下两种。

(1)在主体节内添加计算控件

在主体节内添加计算控件对记录的若干个字段求和或计算平均值时,只要设置计算控件的"控件来源"为相应字段的运算表达式即可。

(2)在组页眉/组页脚节内或报表页眉/报表页脚节内添加计算字段

在组页眉/组页脚节内或报表页眉/报表页脚节内添加计算字段对记录的若干个字段求和或进行统计计算,这种形式的统计计算一般是对报表字段列的纵向记录数据进行统计,而且要使用 Access 提供的内置统计函数才能完成相应的计算操作。

说明:如果是进行分组统计并输出,则统计计算控件应该布置在"组页眉/组页脚"节内的相应位置,然后使用统计函数设置"控件来源"即可。

3. 报表常用函数

报表常用函数有以下几种,如表 6.1 所示。

表 6.1　　　　　　　　　　　　　　　报表常用函数

函数	功能
Avg	在指定的范围内,计算指定字段的平均值
Count	计算指定范围内记录个数
First	返回指定范围内多条记录中的第一条记录指定的字段值
Last	返回指定范围内多条记录中的最后一条记录指定的字段值
Max	返回指定范围内多条记录中的最大值
Min	返回指定范围内多条记录中的最小值
Sum	计算指定范围内的多条记录指定字段值的和
Date	当前日期
Now	当前日期和时间
Time	当前时间
Year	当前年

小提示

计算控件的控件来源必须是等号"="开头的计算表达式。

常见问题

在进行分组统计时,计算控件应布置在报表的什么位置?

在进行分组统计并输出时,统计计算控件应该布置在"组页眉/组页脚"节内相应的位置,然后使用统计函数设置控件源即可。

真题精选

一、选择题

【例1】在进行报表设计时,如果要统计报表中某个字段的全部数据,计算表达式应放在(   )。

A)主体   B)页面页眉/页面页脚
C)报表页眉/报表页脚   D)组页眉/组页脚

【答案】C

【解析】在组页眉/组页脚内或报表页眉/报表页脚内添加计算字段对记录的若干个字段求和或进行统计计算,这种形式的统计计算一般是对报表字段列的纵向记录数据进行统计,而且要使用 Access 提供的内置统计函数才能完成相应的计算操作。

【例2】要在报表上显示格式为"7/总 10 页"的页码,则计算控件的控件源应设置为(   )。

A)[Page]/总[Pages]   B)=[Page]/总[Pages]
C)[Page]&"/总"&[Pages]   D)=[Page]&"/总"&[Pages]

【答案】D

【解析】注意:计算控件的控件来源必须是" = "开头的计算表达式。

【例3】在报表设计中,用来绑定控件显示字段数据的最常用的计算控件是(   )。

A)标签   B)文本框   C)列表框   D)选项按钮

【答案】B

【解析】文本框控件是最常用的计算控件,可以通过绑定来显示字段数据。

二、操作题

在考生文件夹下有一个数据库文件"samp3.accdb",其中存在已经设计好的表对象"tEmp"和报表对象"rEmp",要求将报表页面页脚区内名为"tPage"的文本框控件设置为按"第 N 页/共 M 页"形式的页码显示。

【操作步骤】打开数据库文件"samp3.accdb",在报表"rEmp"的"设计视图"中设置文本框控件的操作过程如图 6.11 所示。

图 6.11 设置文本框控件的显示内容为页码

6.5 设计复杂的报表

考点6 报表属性

1. 报表属性

报表中几个常用的属性如下。

记录源：将报表与某一数据表或查询绑定起来（为报表设置基表或查询记录源）。

筛选：指定条件，使报表只输出符合条件的记录子集。

允许筛选：可选择"是"或"否"，确定筛选条件是否生效。

排序依据：指定报表中记录的排序条件。相当于 SQL 命令中的 Order By 子句。

记录锁定：可以设定在生成报表的所有页之前，禁止其他用户修改报表所需要的数据。

页面页眉：控制页标题是否出现在所有的页上。

页面页脚：控制页脚注是否出现在所有的页上。

打开：在"事件"选项卡中，可以指定宏的名称，在"打印"或"打印预览"报表时会挂靠该宏。也可以选择"表达式生成器"或"代码生成器"完成相关的代码设计。

关闭：在"事件"选项卡中，可以指定宏的名称，在"打印"或"打印预览"完毕后会执行该宏。也可以选择"表达式生成器"或"代码生成器"完成相关的代码设计。

> **真考链接**
> 在操作题中，考查概率为39%。要求考生能灵活使用报表属性设计出精美、丰富的报表。

2. 节属性

常用的几个节属性如下。

强制分页：把这个属性值设置成"是"，可以强制分页。

新行或新页：设定这个属性可以强制在多列报表的每一列的顶部显示两次标题信息。

保持同页：设成"是"，一节内的所有行保存在同一页中；设成"否"，跨页边界编排。

可见性：把这个属性设置为"是"，则可看见区域。

可以扩大：设置为"是"，表示可以让节区域扩展，以容纳长的文本。

可以缩小：设置为"是"，表示可以让节区域缩小，以容纳较少的文本。

格式化：当打开格式化区域时，先执行该属性所设置的宏、表达式或代码模块。

打印：在"打印"或"打印预览"这个节区域时执行该属性设置的宏、表达式或代码。

真题精选

在考生文件夹下有一个数据库文件"samp3.accdb"，里面已经设计好表对象"tBorrow""tReader"和"tBook"，以及报表对象"rReader"。

（1）在报表"rReader"的报表页眉节内添加一个标签控件，其名称为"bTitle"，标题显示为"读者借阅情况浏览"，字体名称为"黑体"，字体大小为"22"，并将其安排在距上边 0.5cm、距左侧 2cm 的位置。

（2）设计报表"rReader"的主体节为"tSex"文本框控件，设置数据来源显示性别信息，并要求按"借书日期"字段升序显示，"借书日期"的显示格式为"长日期"。

【操作步骤】（1）打开数据库文件"samp3.accdb"，在报表"rReader"的设计视图中设置标签控件属性的操作过程如图 6.12 所示。

图 6.12 设置标签控件名称与格式

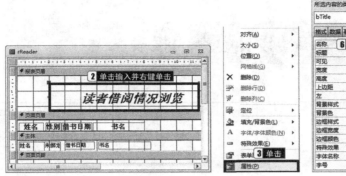

图 6.12 设置标签控件名称与格式(续)

(2)在报表"rReader"的"设计视图"中,设置文本框控件的属性的操作过程如图 6.13 所示。

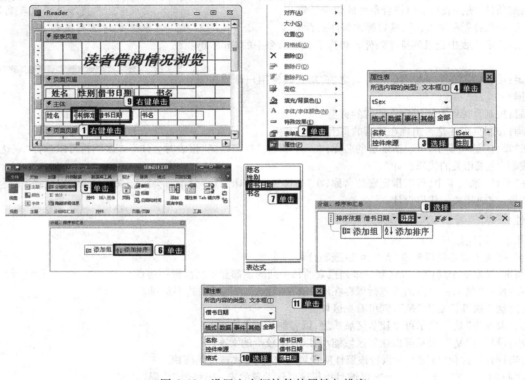

图 6.13 设置文本框控件的属性与排序

6.6 综合自测

一、选择题

1. 下列关于报表的叙述中,正确的是(　　)。
   A)报表只能输入数据　　　　　　　　　　B)报表只能输出数据
   C)报表可以输入和输出数据　　　　　　　D)报表不能输入和输出数据
2. 报表的作用不包括(　　)。
   A)分组数据　　　　B)汇总数据　　　　C)格式化数据　　　　D)输入数据
3. 报表的数据源不能是(　　)。
   A)表　　　　　　　B)查询　　　　　　C)SQL 语句　　　　　D)窗体

4. 在报表中要添加标签控件,应使用(　　)。
   A)工具栏　　　　　　　B)属性表　　　　　　　C)工具箱　　　　　　　D)字段列表
5. 在报表的视图中,能够预览显示结果,并且又能够对控件进行调整的视图是(　　)。
   A)设计视图　　　　　　B)报表视图　　　　　　C)布局视图　　　　　　D)打印视图
6. Access 中对报表进行操作的视图有(　　)。
   A)报表视图、打印预览、透视报表和布局视图
   B)工具视图、布局视图、透视报表和设计视图
   C)打印预览、工具报表、布局视图和设计视图
   D)报表视图、打印预览、布局视图和设计视图
7. 要指定在报表每一页的底部都输出的内容,需要设置(　　)。
   A)报表页脚　　　　　　B)页面页脚　　　　　　C)组页脚　　　　　　　D)页面页眉
8. 下列叙述中,正确的是(　　)。
   A)在窗体和报表中均不能设置组页脚
   B)在窗体和报表中均可以根据需要设置组页脚
   C)在窗体中可以设置组页脚,在报表中不能设置组页脚
   D)在窗体中不能设置组页脚,在报表中可以设置组页脚
9. 在报表设计时可以绑定控件显示数据的是(　　)。
   A)文本框　　　　　　　B)标签　　　　　　　　C)命令按钮　　　　　　D)图像
10. 使用报表设计视图创建一个分组统计报表的操作包括:
    ① 指定报表的数据来源
    ② 计算汇总信息
    ③ 创建一个空白报表
    ④ 设置报表排序和分组信息
    ⑤ 添加或删除各种控件
    正确的操作步骤为(　　)。
    A)③②④⑤①　　　　　B)③①⑤④②　　　　　C)③①②④⑤　　　　　D)①③⑤④②
11. 要在报表的文本框控件中同时显示出当前日期和时间,则应将文本框的控件来源属性设置为(　　)。
    A)NOW( )　　　　　　B)YEAR( )　　　　　　C)TIME( )　　　　　　D)DATE( )
12. 在报表设计过程中,不适合添加的控件是(　　)。
    A)标签控件　　　　　　B)图形控件　　　　　　C)文本框控件　　　　　D)选项组控件
13. 在报表中,要计算"数学"字段的平均分,应将控件的"控件来源"属性设置为(　　)。
    A)= Avg([数学])　　　B)Avg(数学)　　　　　C)= Avg[数学]　　　　D)= Avg(数学)
14. 报表的一个文本框控件来源属性为"IIf(([Page] Mod 2 =0),"页" & [Page]," ")",下列说法中,正确的是(　　)。
    A)显示奇数页码　　　　　　　　　　　　　　　B)显示偶数页码
    C)显示当前页码　　　　　　　　　　　　　　　D)显示全部页码
15. 要使打印的报表每页显示 3 列记录,在设置时应选择(　　)。
    A)工具箱　　　　　　　B)页面设置　　　　　　C)属性表　　　　　　　D)字段列表

二、操作题

1. 考生文件夹下存在一个数据库文件"samp3.accdb",里面已经设计好表对象"tTeacher"、窗体对象"fTest",报表对象"rTeacher"和宏对象"m1"。根据此基础上按照以下要求补充窗体设计和报表设计。

   (1)将报表对象 rTeacher 的报表主体节中名为"性别"的文本框显示内容设置为"性别"字段值,并将文本框名称更名为"tSex"。

   (2)在报表对象 rTeacher 的报表页脚节位置添加一个计算控件,计算并显示教师的平均年龄。计算控件放置在距上边 0.3 厘米、距左侧 3.6 厘米,命名为"tAvg"。

   要求:平均年龄保留整数。

   (3)设置"fTest"窗体。打开窗体时,窗体标题显示内容为" ＊ ＊月 ＊ ＊日####"样例,请按照VBA代码中的指示将代码补充完整。

   注意:①显示标题中,月和日均为本年度当月和当日,"####"为标签控件"bTitle"的内容;
   　　　②显示内容中间及前后不允许出现空格;

③如果月或日小于10,按实际位数显示。

要求:本年度当月和当日的时间必须使用函数获取。

(4)设置窗体对象fTest上名为"btest"的命令按钮的单击事件属性为给定的宏对象m1。

注意:不允许修改数据库中的表对象"tTeacher"和宏对象"m1";不允许修改窗体对象"fTest"和报表对象"rTeacher"中未涉及的控件和属性。只允许在程序"＊＊＊＊＊＊＊Add＊＊＊＊＊＊＊"与"＊＊＊＊＊＊＊Add＊＊＊＊＊＊"之间的空行内补充一行语句来完成设计,不允许增删和修改其他位置已存在的语句。

2.考生文件夹下存在一个数据库文件"samp3.accdb",里面已经设计好表对象"tBand"和"tLine",同时还设计出以"tBand"和"tLine"为数据源的报表对象"rBand"。试在此基础上按照以下要求补充报表设计。

(1)在报表的报表页眉节位置添加一个标签控件,其名称为"bTitle",标题显示为"旅游线路信息表",字体名称为"宋体",字体大小为"22",字体粗细为"加粗",倾斜字体为"是"。

(2)预览报表时,报表标题显示为"＊＊月####",请按照VBA代码中的指示将代码补充完整。

注意:①显示标题中的月为本年度当月,"####"为标签控件"bTitle"的内容;

②如果月份小于10,按实际位数显示。

要求:本年度当月的时间必须使用函数获取。

(3)在"导游姓名"字段标题对应的报表主体区位置添加一个控件,显示出"导游姓名"字段值,并命名为"tName"。

(4)在报表适当位置添加一个文本框控件,计算并显示每个导游带团的平均费用,文本框控件名称为tAvg。

注意:报表适当位置是指报表页脚、页面页脚或组页脚。

要求:不允许改动数据库文件中的表对象"tBand"和"tLine",同时也不允许修改报表对象"rBand"中已有的控件和属性。只允许在程序"＊＊＊＊＊＊＊Add＊＊＊＊＊＊＊"与"＊＊＊＊＊＊＊Add＊＊＊＊＊＊"之间的空行内补充一行语句来完成设计,不允许增删和修改其他位置已存在的语句。

第7章

宏

选择题分析明细表

考点	考查概率	难易程度
宏的基本概念	45%	★★
创建不同类型的宏	30%	★★★
事件及宏触发	80%	★★★★

操作题分析明细表

考点	考查概率	难易程度
创建不同类型的宏	13%	★★

7.1 宏的功能

考点1　宏的基本概念

1. 宏的基本概念

宏是由一个或多个操作组成的集合,其中的每个操作都能自动执行,并实现特定的功能。通过宏能够自动执行重复任务,使用户更方便快捷地操纵 Access 数据库系统。在 Access 中,可以在宏中定义各种操作,如打开或关闭窗体、显示与隐藏工具栏等。通过直接执行宏,或者使用包含宏的用户界面,可以完成许多复杂的操作,而无需编写程序。

2. 宏的分类

在 Access 中宏可以分为:操作序列宏、宏组和含有条件操作的条件宏。

> **真考链接**
> 在选择题中,考查概率为45%。考生应掌握宏的基本概念,对宏概述的理解是考查的一个重点。

> **小提示**
> 宏可以是包含操作序列的一个宏,也可以是一个宏组。宏中包含的每个操作也有名称,都是系统提供的、由用户选择的操作命令,名称不能更改。一个宏中的多个操作命令在运行时按先后次序顺序执行。如果设计了条件宏,则操作会根据对应设置的条件决定能否执行。

> **常见问题**
> 在 Access 中宏可以分为哪几类?
> 在 Access 中宏可以分为:操作序列宏、宏组和含有条件操作的条件宏。

> **真题精选**
> 以下关于宏的说法不正确的是(　　)。
> A) 宏能够一次完成多个操作　　　　　　　　B) 每一个宏命令都是由动作名和操作参数组成的
> C) 宏可以是很多宏命令组成在一起的宏　　　D) 宏是用编程的方法来实现的
> 【答案】D
> 【解析】在 Access 数据库中,通过直接执行宏或者使用包含宏的用户界面来实现宏的功能,不需要编程。

7.2 建立宏

考点2　创建不同类型的宏

建立宏的过程主要有指定宏名、添加操作、设置参数及提供注释说明信息等。建立完宏之后,可以选择多种方式运行、调试宏。

1. 创建操作序列宏

创建操作序列宏的操作步骤如下。

(1)单击菜单栏"创建"选项卡下"宏与代码"组中的"宏"按钮。

(2)将鼠标指针定位在"添加新操作"行右侧的下拉按钮上,单击显示操作列表,从中选择要使用的操作。

(3)单击"保存"按钮,命名并保存设计好的宏。

创建操作序列宏的对话框如图7.1所示。

> **真考链接**
>
> 在选择题中,考查概率为30%;在操作题中,考查概率为13%。考生要掌握AutoExec宏的运行,掌握宏条件表达式及条件的含义。几个常用的宏命令也是考查的重点,是经常考查的一个知识点。

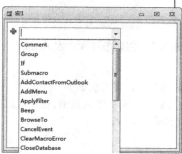

图7.1 创建操作序列宏的对话框

2. 创建宏组

将相关的几个宏组织在一起,就构成了一个宏组。

创建宏组的操作步骤如下。

(1)单击菜单栏"创建"选项卡下"宏与代码"组中的"宏"按钮。

(2)将鼠标指针定位在"添加新操作"行右侧的下拉按钮上,单击显示操作列表,从中选择要使用的宏操作。

(3)重复步骤(2),添加其他的宏操作。

(4)单击"保存"按钮,命名并保存设计好的宏组。

创建宏组的对话框如图7.2所示。

图7.2 创建宏组的对话框

3. 创建条件操作宏

如果希望只是满足指定条件时才执行宏的一个或多个操作,则要使用条件进行控制。

创建条件操作宏的步骤如下。

(1)单击菜单栏"创建"选项卡下"宏与代码"组中的"宏"按钮。

(2)将鼠标指针定位在"添加新操作"行右侧的下拉按钮上,单击显示操作列表,从中选择要使用的宏操作。宏操作的具体设置,可通过"当条件="文本框设置相关操作参数。"当条件="文本框是逻辑表达式,返回值只能是"真"或"假"。运行时将根据条件结果的"真"或"假",决定是否进行对应的操作。

(3)将所需的条件表达式输入到"宏"窗体的"当条件="文本框中。

注意:在输入条件表达式时,可能会引用窗体报表上的控件值。引用语法格式如下。

Forms![窗体名]![控件名]或[Forms]![窗体名]![控件名]

Reports![报表名]![控件名]或[Reports]![报表名]![控件名]

(4)单击"保存"按钮,命名并保存设计好的条件操作宏。

创建条件操作宏的窗口如图 7.3 所示。

图 7.3　创建条件操作宏的对话框

4. 设置宏操作参数

在"宏"设计视图中可以设置与操作相关的参数。设置方法如下。

（1）选择、添加或展开某个操作后，可以在参数文本框中输入数值，也可以从列表中选择。

（2）可以用前面加等号"＝"的表达式来设置操作参数。

5. 常用的宏命令

下面是几个常用的宏命令。

Close：关闭指定的 Access 对象。如果没有指定窗口或对象，则关闭活动窗口或当前对象。

RunMacro：运行一个宏。

OpenForm：在窗体视图、窗体设计视图、打印预览或数据表视图中打开一个窗体，并通过选择窗体的数据输入与窗体方式，限制窗体所显示的记录。

OpenReport：在设计视图或打印预览中打开报表或立即打印报表，也可以限制需要在报表中打印的记录。

OpenTable：在数据表视图、设计视图或打印预览中打开表，也可以选择表的数据输入方式。

Maximize：活动窗口最大化。

Minimize：活动窗口最小化。

Quit：退出 Access。

6. 宏的运行

宏有多种运行方式。可以直接运行某个宏，可以运行宏组里的宏，还可以通过响应窗体、报表及其上控件的事件来运行宏。

（1）直接运行宏

使用下列方法之一即可直接运行宏。

- 从"宏"设计窗体中运行宏，单击菜单栏"设计"选项卡下"工具"组中的"运行"按钮。
- 单击"宏"对象，然后双击相应的宏名。
- 从"数据库工具"选项卡上单击"宏"组中的"运行宏"命令，再选择或输入要运行的宏。
- 使用 Docmd 对象的 RunMacro 方法，在 VBA 代码中运行宏。

（2）运行宏组中的宏

使用下列方法之一即可运行宏组中的宏。

- 将宏指定为窗体或报表的事件属性设置，或指定为 RunMacro 操作的宏名参数。引用宏的格式为宏组名：宏名。
- 从"数据库工具"选项卡中的"宏"组中单击"运行宏"命令，再选择或输入要运行的宏组里的宏。
- 使用 Docmd 对象的 RunMacro 方法，从 VBA 代码过程中运行宏。

（3）通过响应窗体、报表或控件的事件运行宏或事件过程

操作步骤如下。

①在"设计视图"中打开窗体或报表。

②设置窗体、报表或控件的有关事件属性为宏的名称或事件过程。

③在打开窗体、报表后，如果发生相应事件，则会自动运行设置的宏或事件过程。

> **小提示**
>
> 运行宏是按宏名进行调用。命名为 AutoExec 的宏在打开该数据库时会自动运行。要想取消自动运行，打开数据库时按住 Shift 键即可。

常见问题

宏有哪几种运行方式?

宏有多种运行方式。可以直接运行某个宏,可以运行宏组里的宏,还可以通过响应窗体、报表及其上控件的事件来运行宏。

真题精选

一、选择题

【例1】 OpenForm 的功能是用来打开(　　)。

　　A)表　　　　　　　　B)窗体　　　　　　　　C)报表　　　　　　　　D)查询

【答案】 B

【解析】 OpenForm 用于在"窗体视图"、窗体设计视图、打印预览或"数据表视图"中打开一个窗体,并通过选择窗体的数据输入与窗体方式,限制窗体所显示的记录。

【例2】 在有关条件宏的说法中,错误的是(　　)。

　　A)条件为"真"时,进行该行中对应的宏操作

　　B)宏在遇到条件内有省略号时,终止操作

　　C)宏的条件内为省略号,表示该行的操作条件与其上一行的条件相同

　　D)如果条件为"假",将跳过该行中对应的宏操作

【答案】 B

【解析】 在宏的操作序列中,当几个操作条件式相同时,只需要写出一个表达式,其他的可以用省略号代替。

【例3】 运行宏,不能修改的是(　　)。

　　A)宏本身　　　　　　B)窗体　　　　　　　　C)表　　　　　　　　D)数据库

【答案】 A

【解析】 在运行宏时,宏本身是不能被修改的。

【例4】 用于执行指定的外部应用程序的宏命令是(　　)。

　　A)RunSQL　　　　　B)RunApp　　　　　　C)Requery　　　　　D)Quit

【答案】 B

【解析】 RunSQL 用于执行指定的 SQL 语句,Requery 用于实施指定控件重新查询,Quit 用于退出 Access。

【例5】 在设计条件宏时,对于连续重复的条件,要替代重复条件时可以使用(　　)符号。

　　A)...　　　　　　　　B)=　　　　　　　　　C),　　　　　　　　　D);

【答案】 A

【解析】 ...可以代替重复条件式。

二、操作题

在考生文件夹下的"samp1.accdb"数据库文件中已建立表对象"tStud"和"tScore"、宏对象"mTest",要求将宏"mTest"重命名,并保存为自动执行。

【操作步骤】 打开"samp1.accdb"数据库设计视图,在此视图下重命名宏的操作过程如图7.4所示。

图7.4　重命名宏为自动运行宏

7.3 通过事件触发宏

考点3　事件及宏触发

1. 事件的概念

事件(Event)是在数据库中进行的一种特殊操作,是对象所能辨识和检测的动作。当此动作发生在某一个对象上时,其对应的事件便会被触发。例如,单击鼠标、打开窗体或者打印报表等。

打开或关闭窗体,在窗体之间移动,或者对窗体中的数据进行处理时,将发生与窗体相关的事件。由于窗体的事件比较多,因此在打开窗体时,将按照下列顺序发生相应的事件。

打开(Open)→加载(Load)→调整大小(Resize)→激活(Activate)→成为当前(Current)。

如果窗体中没有活动的控件,在窗体的"激活"事件发生之后仍会发生窗体的"获得焦点"(GotFocus)事件,但是该事件将在"成为当前"事件之前发生。

在关闭窗体时,将按照下列顺序发生相应的事件。

卸载(Unload)→停用(Deactivate)→关闭(Close)。

如果窗体中没有活动的控件,在窗体的"卸载"事件发生之后仍会发生窗体的"失去焦点"(LostFocus)事件,但是该事件将在"停用"事件之前发生。

引发事件不仅仅是用户的操作,程序代码或操作系统都有可能引发事件。

真考链接

在选择题中,考查概率为80%。本知识点是非常重要的一个考点,考生应掌握事件的概念及事件的触发。几个常用的事件宏命令更是考查的重点,考生应熟练掌握。

2. 通过事件触发宏的命令

宏运行的前提是有触发宏的事件发生。

MsgBox(prompt[,buttons][,title][,helpfile][,context]),prompt是必选的,buttons是可选的。显示包含警告、提示信息或其他信息的消息框。

OpenQuery:在数据表视图、设计视图或打印预览中打开选择查询或交叉表查询。

CencelEvent:中止一个事件。

Enter:进入,发生在控件实际接收焦点之前。此事件在GotFocus事件之前发生。

GotFocus:获得焦点,当一个控件、一个没有激活的控件或有效控件的窗体接收焦点时发生。

LostFocus:失去焦点,当窗体或控件失去焦点时发生。

Exit:退出,正好在焦点从一个控件移动到同一窗体上的另一个控件之前发生。此事件发生在LostFocus事件之前。

小提示

在打开窗体时,将按照下列顺序发生相应的事件。

打开(Open)→加载(Load)→调整大小(Resize)→激活(Activate)→成为当前(Current)。

在关闭窗体时,将按照下列顺序发生相应的事件。

卸载(Unload)→停用(Deactivate)→关闭(Close)。

真题精选

一、选择题

【例1】在MsgBox(prompt,buttons,title,helpfile,context)函数调用形式中必须提供参数为(　　)。

　　A)prompt　　　　　　B)buttons　　　　　　C)title　　　　　　D)context

【答案】A

【解析】消息框用于在对话框中显示信息,等待用户单击按钮,并返回一个整型值告诉用户单击哪一个按钮。其使用格式如下:MsgBox(prompt[,buttons][,title][,helpfile][,context]),prompt 是必需的;buttons 是可选的。

【例2】发生在控件接收焦点前的事件是(　　)。

　　A)Enter　　　　　　　B)GotFocus　　　　　　C)Exit　　　　　　　D)LostFocus

【答案】A

【解析】Enter 是发生在控件接收焦点之前的事件。

二、操作题

设置命令按钮"bTest"的单击事件属性为给定的宏对象"m1"。

【操作步骤】进入"设计视图",并设置单击事件属性。如图7.5所示。

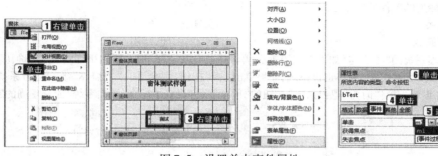

图7.5　设置单击事件属性

7.4　综合自测

一、选择题

1. Access 中将一个或多个操作构成集合,每个操作能实现特定的功能,则称该操作集合为(　　)。

　　A)窗体　　　　　　　B)报表　　　　　　　C)查询　　　　　　　D)宏

2. 以下关于宏的叙述中,错误的是(　　)。

　　A)宏是 Access 的数据库对象之一　　　　　　B)可以将宏对象转换为 VBA 程序

　　C)不能在 VBA 程序中调用宏　　　　　　　　D)宏比 VBA 程序更安全

3. 要在一个窗体的某个按钮的单击事件上添加动作,可以创建的宏是(　　)。

　　A)只能是独立宏　　　　　　　　　　　　　　B)只能是嵌入宏

　　C)独立宏或数据宏　　　　　　　　　　　　　D)独立宏或嵌入宏

4. 打开选择查询或交叉表查询的宏操作命令是(　　)。

　　A)OpenReport　　　　B)OpenTable　　　　C)OpenForm　　　　D)OpenQuery

5. 打开一个报表应使用的宏操作命令是(　　)。

　　A)OpenReport　　　　B)OpenTable　　　　C)OpenForm　　　　D)OpenQuery

6. 运行 Visual Basic 的函数过程,应使用的宏操作命令是(　　)。

　　A)RunCommand　　　B)RunApp　　　　　　C)RunCode　　　　　D)RunVBA

7. 下列关于自动宏的叙述中,正确的是(　　)。

　　A)打开数据库时不需要执行自动宏,需同时按住 Alt 键

　　B)打开数据库时不需要执行自动宏,需同时按住 Shift 键

　　C)若设置了自动宏,则打开数据库时必须执行自动宏

　　D)打开数据库时只有满足事先设定的条件才执行自动宏

8. 有宏组 M1,依次包含 Macro1 和 Macro2 两个子宏,以下叙述中错误的是(　　)。

　　A)创建宏组的目的是方便对宏的管理

　　B)可以用 RunMacro 宏操作调用子宏

　　C)调用 M1 中 Macro1 的正确形式是 M1.Macro1

　　D)如果调用 M1 则顺序执行 Macro1 和 Macro2 两个子宏

9.在宏的参数中,要引用窗体 F1 上的 Text1 文本框的值,应该使用的表达式是(　　)。
　　A)[Forms]![F1]![Text1]　　　　　　　　B)Text1
　　C)[F1].[Text1]　　　　　　　　　　　　D)[Forms]_[F1]_[Text1]
10.打开窗体时,触发事件的顺序是(　　)。
　　A)打开,加载,调整大小,激活,成为当前
　　B)加载,打开,调整大小,激活,成为当前
　　C)打开,加载,激活,调整大小,成为当前
　　D)加载,打开,成为当前,调整大小,激活
11.关闭窗体时所触发的事件的顺序是(　　)。
　　A)卸载,停用,关闭　　　　　　　　　　B)关闭,停用,卸载
　　C)停用,关闭,卸载　　　　　　　　　　D)卸载,关闭,停用
12.某学生成绩管理系统的"主窗体"如下图左侧所示,单击"退出系统"按钮会弹出下图右侧"请确认"提示框。如果继续单击"是"按钮,才会关闭主窗体退出系统,如果单击"否"按钮,则会返回"主窗体"继续运行系统。为了达到这样的运行效果,在设计主窗体时为"退出系统"按钮的"单击"事件设置了一个"退出系统"宏。正确的宏设计是(　　)。

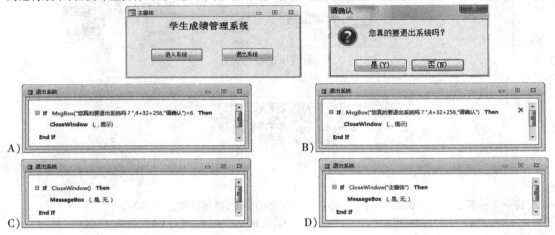

二、操作题

1.考生文件夹下存在一个数据库文件"samp3.accdb",里面已经设计好表对象"产品""供应商"、查询对象"按供应商查询",窗体对象"characterS"和宏对象"打开产品表""运行查询""关闭窗口"。试按以下要求完成设计。
创建一个名为"menu"的窗体,要求如下。
(1)对窗体进行如下设置:在距窗体左边 1cm、距上边 0.6cm 处依次水平放置三个命令按钮"显示产品表"(名为"bt1")、"查询"(名为"bt2")和"退出"(名为"bt3"),命令按钮的宽度均为 2cm,高度为 1.5cm,每个命令按钮相隔 1cm。
(2)设置窗体标题为"主菜单"。
(3)当单击"显示产品表"命令按钮时,运行宏"打开产品表",就可以浏览"产品"表;当单击"查询"命令按钮时,运行宏"运行查询",即可启动查询"按供应商查询";当单击"退出"命令按钮时,运行宏"关闭窗口",关闭"menu"窗体。
2.窗体"characterS"中有两个文本框,名称分别为"bTxt1"和"bTxt2",还有一个命令按钮,名称为"bC"。窗体功能为:单击"bC"按钮将"bTxt1"文本框中已输入的字符串反向显示在"bTxt2"文本框中。请按照 VBA 代码中的指示将代码补充完整。
注意:不允许修改数据库中的表对象"产品""供应商"、查询对象"按供应商查询"和宏对象"打开产品表""运行查询""关闭窗口";不允许修改窗体对象"characterS"中未涉及的控件和属性。程序代码只允许在"＊＊＊＊＊＊Add＊＊＊＊＊＊"与"＊＊＊＊＊＊Add＊＊＊＊＊＊"之间的空行内补充一行语句,完成设计,不允许增删和修改其他位置已存在的语句。

第8章

模块与VBA编程基础

选择题分析明细表

考点	考查概率	难易程度
模块的概念及创建	20%	★★
Visual Basic 编程环境	20%	★
数据类型和数据库对象	20%	★★★
变量与常量	45%	★★
常用标准函数	100%	★★★★
VBA 程序结构	100%	★★★★★★
过程定义、调用	80%	★★★★★
VBA 错误处理的语句结构	20%	★
VBA 程序的调试	10%	★

操作题分析明细表

考点	考查概率	难易程度
变量与常量	51%	★★★★
常用标准函数	13%	★★
VBA 程序结构	4%	★
窗体属性及含义	13%	★★
控件属性及含义	4%	★

8.1 模　　块

考点1　模块的概念及创建

1. 模块的基本概念

模块是 Access 系统中的一个重要对象,它以 VBA 为基础编写,以函数过程或子过程为单元的集合方式存储。它是装着 VBA 代码的容器。

2. 模块的分类

模块分为类模块和标准模块两种类型。

类模块：窗体模块和报表模块都属于类模块,它们从属于各自的窗体或报表。但这两个模块都具有局限性,其作用范围局限在所属窗体或报表内部,而生命周期则是伴随着窗体或报表的打开而开始、关闭而结束。

标准模块：一般用于存放供其他 Access 数据库对象使用的公共过程。在系统中可以通过创建新的模块而进入其代码设计环境。标准模块中的公共变量和公共过程具有全局特性,其作用范围在整个应用程序里,生命周期是伴随着应用程序的运行而开始、关闭而结束。

> **真考链接**
> 在选择题中,考查概率为20%。考生应理解模块的基本概念及在模块中加入过程的方法,这是考查的重点。

3. 在模块中加入过程

一个模块包含一个声明区域,且可以包含一个或者多个子过程(以 Sub 开头)或函数过程(以 Function 开头)。模块的声明区域是用来声明模块使用的变量等项目。

(1) Sub 过程

Sub 过程又称为子过程,进行一系列操作,无返回值。其定义格式如下。

Sub 过程名

［程序代码］

End Sub

说明：可以引用过程名来调用该子过程。此外,VBA 提供有一个关键字 Call,可显式调用一个子过程。在过程名之前加上 Call 是一个很好的程序设计习惯。

(2) Function 过程

Function 过程又称为函数过程,进行一系列操作,有返回值。其定义格式如下。

Function 过程名 As(返回值)类型

［程序代码］

End Funciton

说明：函数过程不能使用 Call 来调用执行,需要直接引用函数过程名,并由接在函数过程名之后的括号来辨别。

4. 在模块中执行宏

在模块的过程定义中,使用 Docmd 对象的 RunMacro 方法,可以执行设计好的宏。其调用格式如下。

Docmd. RunMacro MacroName［,RepeatCount］［,RepeatExpression］

其中,MacroName 表示当前数据库中宏的有效名称；RepeatCount 为可选项,用于计算宏运行次数的整数值；RepeatExpression 为可选项,为数值表达式,在每一次运行宏时进行计算,结果为 False 时停止运行宏。

> **小提示**
> 可以引用过程名来调用子过程。此外,VBA 提供有一个关键字 Call,可显式调用一个子过程。函数过程不能使用 Call 来调用执行,需要直接引用函数过程名,并由接在函数过程名之后的括号来辨别。

常见问题

在模块的过程定义中,可以使用什么方法来执行设计好的宏?
在模块的过程定义中,使用Docmd对象的RunMacro方法,可以执行设计好的宏。

真题精选

【例1】Sub过程和Function过程最根本的不同是( )。
A)Sub过程的过程名不能返回值,而Function过程能通过过程名返回值
B)Function过程可以有参数,Sub过程不能有参数
C)两种过程参数的传递方式不同
D)Sub过程可以使用Call语句或直接使用过程名,而Function过程则不能

【答案】A
【解析】Sub过程又称为子过程,进行一系列操作,无返回值。Function过程又称为函数过程,进行一系列操作,有返回值。

【例2】在下列关于宏和模块的叙述中,正确的是( )。
A)模块是能够被程序调用的函数
B)通过定义宏可以选择或更新数据
C)宏或模块都不能是窗体或报表上的事件代码
D)宏可以是独立的数据库对象,可以提供独立的操作动作

【答案】B
【解析】在选项A中,模块是能够被程序调用的过程,而不是函数;在选项C中,宏可以是窗体或报表上的事件代码;在选项D中,宏并不能单独执行,必须有一个触发器,而这个触发器通常是由窗体、页及其上面的控件的各种事件来担任的。例如,在窗体上单击一个按钮,这个单击过程就可以触发一个宏的操作。

【例3】在VBA中,下列关于过程的描述中正确的是( )。
A)过程的定义可以嵌套,但过程的调用不能嵌套
B)过程的定义不可以嵌套,但过程的调用可以嵌套
C)过程的定义和过程的调用均可以嵌套
D)过程的定义和过程的调用均不能嵌套

【答案】B
【解析】在VBA中过程定义不可以嵌套,但过程的调用可以嵌套。

8.2 VBA程序设计基础

考点2 Visual Basic编程环境

Visual Basic编辑器(VBE,Visual Basic Editor)是编辑VBA代码时使用的界面,提供有完整的开发和调试工具。

图8.1是Access数据库的VBE窗口,主要由标准工具栏、工程窗口、代码窗口和属性窗口等组成。

> **真考链接**
> 在选择题中,考查概率为20%。主要考查对VB环境中各种窗口功能的掌握。

1.标准工具栏

VBE窗口中的工具栏如图8.2所示。工具栏中的主要功能按钮如表8.1所示。

图 8.1　VBE 窗口

图 8.2　VBE 标准工具栏

表 8.1　标准工具栏主要按钮功能说明

按钮	名称	功能
	Access 视图	切换 Access 数据库窗口
	插入模块	用于插入新模块
	运行子过程/用户窗体	运行模块程序
	中断运行	中断正在运行的程序
	终止运行/重新设置	结束正在运行的程序，重新进入模块设计状态
	设计模式	打开或关闭设计模式
	工程项目管理器	打开工程项目管理器窗口
	属性窗体	打开属性窗体
	对象浏览	打开对象浏览器窗口
	行列	代码窗口中光标所在的行号和列号

2. 工程窗口

工程窗口又称工程资源管理器。在其中的列表框中列出了应用程序的所有模块文件。

3. 代码窗口

代码窗口由对象列表框、事件列表框和代码编辑区 3 个部分构成。

在代码窗口中可以输入和编辑 VBA 代码。实际操作时，可以打开多个代码窗口查看各个模块的代码，且代码窗口之间可以进行复制和粘贴。

4. 属性窗口

属性窗口中列出了所选对象的各个属性，分"按字母序"和"按分类序"两种查看形式，可以直接在属性窗口中编辑对象的属性，这种方法称为对象属性的一种"静态"设置方法。此外，还可以在代码窗口中用 VBA 代码编辑对象的属性，这属于对象属性的"动态"设置方法。

5. 立即窗口

立即窗口是用来进行快速的表达式计算、简单方法的操作及进行程序测试的工作窗口。在代码窗口中编写代码时，要在立即窗口输出变量或表达式的值，可以使用 Debug.Print 语句。

6. 程序语句的书写原则

（1）通常将一个语句写在一行。语句较长，一行写不下时，可以用续行符（_）将语句连续地写在下一行。

（2）可以使用冒号（:）将几个语句分隔写在一行中。

（3）当输入一行语句并按下回车键后，如果该行代码以红色文本显示，则表明该行语句存在错误，应更正。

（4）一个好的程序一般都有注释语句。在 VBA 程序中，注释可以通过以下两种方式实现。

①使用 Rem 语句，格式为：Rem 注释语句。

② 使用重音符号"'",格式:'注释语句。

> **小提示**
> 要在立即窗口输出变量或表达式的值,可以使用 Debug.Print 语句。

考点3 数据类型和数据库对象

1.标准数据类型

在使用 VB 代码中的字节、整数、长整数、自动编号、单精度和双精度数等的常量和变量与 Access 的其他对象进行交换时,必须符合数据表、查询、窗体和报表中相应的字段属性。

布尔型数据(Boolean):布尔型数据只有两个值:True 和 False。布尔型数据转换为其他类型数据时,True 转换为 -1,False 转换为 0;其他类型数据转换为布尔型数据时,0 转换为 False,其他值转换为 True。

日期型数据(Date):任何可以识别的文本日期都可以赋给日期变量。"时间/日期"类型数据必须前后用"#"号封住,例如#2003/11/12#。

变体类型数据(Variant):变体类型是一种特殊的数据类型,除了定长字符串类型及用户定义类型外,可以包含其他任何类型的数据。变体类型还可以包含 Empty、Error、Nothing 和 Null 等特殊值。使用时,可以用 VarType 和 TypeName 两个函数来检查 Variant 中的数据。常用标准数据类型如表 8.2 所示。

> **真考链接**
> 在选择题中,考查概率为 20%。本知识点是非常重要的一个考点,VBA 编程中的各种数据类型的表示与定义是考查的重点,考生应熟练掌握。

表 8.2   常用标准数据类型

数据类型	类型标识	符号	字段类型	取值范围
整型	Integer	%	字节/整数/是/否	-32768 ~ 32767
长整型	Long	&	长整数/自动编号	-2147483648 ~ 2147483647
单精度	Single	!	单精度数	负数 -3.402823E38 ~ -1.401298E-45 正数 1.401298E-45 ~ 3.402823E38
双精度	Double	#	双精度数	负数 -1.79769313486232E308 ~ -4.94065645841247E-324 正数 4.94065645841247E-324 ~ 1.79769313486232E308
货币	Currency	@	货币	-922337203685477.5808 ~ 922337203685477.5807
字符串	String	$	文本	0 ~ 65500 字符
布尔型	Boolean		逻辑值	True 或 False
日期型	Date		日期/时间	100 年 1 月 1 日 ~ 9999 年 12 月 31 日
变体类型	Variant	无	任何	January 1/10000(日期) 数字和双精度相同,文本和字符串相同

2.用户定义数据类型

应用过程可以建立包含一个或多个 VBA 标准数据类型的数据类型,这就是用户定义数据类型。它不仅包含 VBA 的标准数据类型,还可以包含前面已经说明的其他用户定义数据类型。

用户定义数据类型可以在 Type...End Type 关键字间定义,定义格式如下:

Type [数据类型名]
<域名> As <数据类型>
<域名> As <数据类型>
...
End Type

例:定义一个学生信息数据类型

Type NewStudent
txtNo As String *7 '学号,7 位定长字符串
txtName As String '姓名,变长字符串

txtSex As String * 1 ′性别,1 位定长字符串
txtAge As Integer ′年龄,整型
End Type

用户定义数据类型的取值,可以指明变量名及分量名,两者之间用句号分隔,如操作上述定义变量的分量:

Dim NewStud as NewStudent

NewStud. txtNo = "980306"

NewStud. txtName = "冯伟"

NewStud. txtSex = "女"

NewStud. txtAge = "20"

说明:可以用关键字 With 简化程序中重复的部分。例如,上例可以表示为如下形式:

With NewStud

. txtNo = "980306"

. txtName = "冯伟"

. txtSex = "女"

. txtAge = "20"

End With

3. VBA 数据类型

数据库、表、查询、窗体和报表等,也有对应的 VBA 对象数据类型,这些对象数据类型由引用的对象库所定义。常用的 VBA 对象数据类型如表 8.3 所示。

表 8.3　　　　　　　　　　　　　　VBA 对象数据类型

对象数据类型	对象库	对应的数据库对象类型
数据库,Database	DAO 3.6	使用 DAO 时用 Jet 数据库引擎打开的数据库
连接,Connection	ADO 2.1	ADO 取代了 DAO 的数据库连接对象
窗体,Form	Access 9.0	窗体,包括子窗体
报表,Report	Access 9.0	报表,包括子报表
控件,Control	Access 9.0	窗体和报表上的控件
查询,QueryDef	DAO 3.6	查询
表,TableDef	DAO 3.6	数据表
命令,Command	ADO 2.1	ADO 取代 DAO. QueryDef 对象
结果集,DAO. Recordset	DAO 3.6	表的虚拟表示或 DAO 创建的查询结果
结果集,ADO. Recordset	ADO 2.1	ADO 取代 DAO. Recordset 对象

> **小提示**
>
> 布尔型数据(Boolean):布尔型数据只有两个值:True 和 False。布尔型数据转换为其他类型数据时,True 转换为 -1,False 转换为 0;其他类型数据转换为布尔型数据时,0 转换为 False,其他值转换为 True。

常见问题

用户定义数据类型的格式如何？
用户定义数据类型可以在 Type…End Type 关键字间定义，定义格式如下：
Type［数据类型名］
　＜域名＞ As ＜数据类型＞
　＜域名＞ As ＜数据类型＞
　…
End Type

考点4　变量与常量

1. 变量

变量是指程序运行时值会发生变化的数据。

（1）变量的命名

变量的命名同字段命名一样，变量命名不能包含有空格，或除了下划线字符(_)外的任何其他的标点符号，其长度不得超过255个字符。此外，变量命名不能使用VBA的关键字。VBA的变量命名通常采用大写与小写字母相结合的方式，以使其更具可读性。注意：在VBA中变量命名对大小写不"敏感"，即"NewVar"和"newvar"代表的是同一个变量。

真考链接

在选择题中，考查概率为45%；在操作题中，考查概率为51%。考生应熟练掌握变量与常量及数组的定义，变量的作用域。本知识点是经常考的一个考点。

（2）变量的声明

变量声明就是定义变量名称及类型，使系统为变量分配存储空间。VBA声明变量有两种方法：显式声明和隐含声明。

显式声明：变量先定义后使用。定义变量最常用的方法是使用 Dim…［As ＜VarType＞］结构，其中在 As 之后指明数据类型，或在变量名之后附加类型说明字符来指明变量的数据类型。

例：Dim NewVar_1 As Integer　′定义 Newvar_1 为整型变量
Dim Newvar_2 %　′定义 Newvar_2 为整型变量

隐含声明：没有直接定义而通过一个值指定给变量名，或在 Dim 定义中省略了 As ＜VarType＞ 短语的变量，或当在变量名之后没有附加类型说明字符来指明隐含变量的数据类型时，默认为 Variant 数据类型。

例：Dim m, n　′m、n 为 Variant 类型变量
NewVar = 432　′NewVar 为 Variant 类型变量，值是432

（3）强制声明

默认情况下，VBA 允许在代码中使用未声明的变量，如果在模块设计窗口的顶部"通用声明"区域中加入语句：
Option Explicit
则强制要求所有的变量必须定义才能使用。

（4）变量的作用域

在 VBA 中，变量定义的位置和方式不同，则它存在的时间和起作用的范围也有所不同，这就是变量的作用域与生命周期。变量的作用域有以下3个层次。

局部范围：变量定义在模块的过程内部，过程代码执行时才可见。在子过程或函数过程中已定义的或直接使用的变量作用范围都是局部的。在子过程或函数内部使用 Dim、Static …As 关键字定义的变量就是局部范围的。

模块范围：变量定义在模块的所有过程之外的起始位置，运行时在模块所包含的所有子过程和函数过程中可见。在模块的通用说明区，用 Dim、Static、Private…As 关键字定义的变量作用域都是模块范围。

全局范围：变量定义在标准模块的所有过程之外的起始位置，运行时在所有类模块和标准模块的所有子过程与函数过程中可见。在标准模块的变量定义区域，用 Public…As 关键字定义的变量就属于全局的范围。

注意：变量还有一个特性，称为持续时间或生命周期。变量的持续时间是从变量定义语句所在的过程第一次运行，到程序代码执行完毕并将控制权交回调用它的过程为止的时间。每次子过程或函数过程被调用时，以 Dim…As 语句说明的局部变量会被设定为默认值，数值数据类型为0，字符串变量则为空字符串("")。这些局部变量，有着与子过程或函数过程等长的持续时间。要在过程的运行时保留局部变量的值，可以用 Static 关键字代替 Dim 定义静态变量。静态(Static)变量的持续时间是整个模块执行的时间，但它的有效作用范围是由其定义位置决定的。

(5) 数据库对象变量

Access 建立的数据库对象及其属性,均可被看成是 VBA 程序代码中的变量及其指定的值来加以引用。如窗体与报表对象的引用格式为:

Forms！窗体名称！控件名称[.属性名称]或 Reports！报表名称！控件名称[.属性名称]

关键字 Forms 或 Reports 分别表示窗体或报表对象集合。叹号"！"分隔开对象名称与控件名称。"属性名称"部分默认,则为控件基本属性。

(6) 数组

数组是在有规则的结构中包含一种数据类型的一组数据,也称为数组元素变量。数组变量由变量名和数组下标组成,通常用 Dim 语句来定义数组,定义格式为:

Dim 数组名([下标下限 to]下标上限)

默认情况下,下标下限为 0,数组元素从"数组名(0)"到"数组名(下标上限)";如果使用 to 选项,可以安排非 0 下限。

例:Dim NewArray(10) As Integer 定义 11 个整型数构成的数组,数组元素为 NewArray(0) 至 NewArray(10)

Dim NewArray(1 to 10) As Integer 定义 10 个整型数构成的数组,数组元素为 NewArray(1) 至 NewArray(10)

VBA 也支持多维数组,可以在数组下标中加入多个数值,并以逗号分开,由此来建立多维数组,最多可以定义 60 维。

例:Dim NewArray(4,4,4) As Integer,表示有 4×4×4=64 个整型元素。

2．常量

常量是在程序中可以直接引用的实际值,其值在程序运行中不变。不同的数据类型,常量的表现形式也不同。在 VBA 中有 3 种常量:直接常量、符号常量和系统常量。

(1) 符号常量

在 VBA 编程过程中,对于一些使用频度较多的常量,可以用符号常量的形式来表示。符号常量使用关键字 Const 来定义,格式如下:

Const 符号常量名称 = 常量值

例:Const PI = 3.14159 定义了一个符号常量 PI。

若是在模块的声明区中定义符号常量,则可建立一个所有模块都可使用的全局符号常量。一般是在 Const 之前加上 Global 或 Public 关键字。

例:Global Const PI = 3.14159

这一符号常量会涵盖全局或模块级的范围。

注意:符号常量定义时不需要为常量指明数据类型,VBA 会自动按存储效率最高的方式来确定其数据类型。符号常量一般要求大写命名,以便与变量区分。

(2) 系统常量

Access 系统内部包含有若干个启动时就建立的系统常量,有 True、False、Yes、No、On、Off 和 Null 等。用户不能将这些内部常量的名字作为用户自定义常量或变量的名字。

小提示

在 VBA 中变量命名对大小写不"敏感",即"NewVar"和"newvar"代表的是同一个变量。

常见问题

窗体与报表对象的引用格式是怎样的?

窗体与报表对象的引用格式为:

Forms！窗体名称！控件名称[.属性名称]或 Reports！报表名称！控件名称[.属性名称]

真题精选

在"fEmp"窗体上单击"输出"命令按钮(名为"btnP"),实现以下功能:计算 Fibonacci 数列第 19 项的值,将结果显示在窗体上名为"tDate"的文本框内,并输出到外部文件保存;单击"打开表"命令按钮(名为"btnQ"),调用宏对象"mEmp"以打开数据表"tEmp"。

Fibonacci 数列:

F1 = 1 n = 1

F2 = 1 n = 2
Fn = Fn – 1 + Fn – 2 n > = 3

【操作步骤】进入 VBE 窗口,根据题目要求定义变量,如图 8.3 所示。

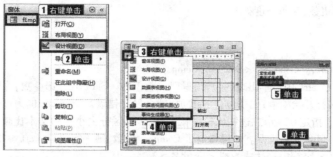

图 8.3　定义变量

考点 5　　常用标准函数

1. 标准函数的使用

标准函数一般用于表达式中,有的能和语句一样使用。其使用形式如下。

函数名(<参数 1 > < ,参数 2 >[,参数 3][,参数 4][,参数 5]…)

其中,函数名必不可少,函数的参数放在函数名之后的圆括号中。参数可以是常量、变量或表达式,可以是一个或多个,少数函数为无参函数。每个函数被调用时,都会返回一个值。注意:函数的参数和返回值都有特定的数据类型对应。

真考链接

在选择题中,考查概率为 100%;在操作题中,考查概率为 13%。本知识点是非常重要的一个考查点,考生应熟记常用的几种标准函数。

2. 算术函数

算术函数完成数学计算功能,主要包括以下几个算术函数。

绝对值函数:Abs(<表达式 >)

返回数值表达式的绝对值,如 Abs(– 3) = 3。

向下取整函数:Int(<数值表达式 >)

返回数值表达式的向下取整的结果,参数为负值时返回小于等于参数值的第一个负数。

取整函数:Fix(<数值表达式 >)

返回数值表达式的整数部分,参数为负值时返回大于等于参数值的第一个负数。

说明:Int 和 Fix 函数参数为正值时,结果相同;当参数为负值时,结果可能不同。Int 函数返回小于等于参数值的第一个负数,而 Fix 函数返回大于等于参数值的第一个负数。

四舍五入函数:Round(<数值表达式 >[, <表达式 >])

按照指定的小数位数进行四舍五入运算。[, <表达式 >]是进行四舍五入运算小数点右边应保留的位数。

开平方函数:Sqr(<数值表达式>)

计算数值表达式的平方根。

产生随机数函数:Rnd(<数值表达式>)

产生一个[0~1)之间的随机数,为单精度类型。

3. 字符串函数

常用的字符串函数如下。

字符串检索函数:InStr([Start,]<Str1>,<Str2>[,Compare])

检索子字符串 Str2 在字符串 Str1 中最早出现的位置,返回一整型数。Start 为可选参数,为数值表达式,设置检索的起始位置。如果省略,则从第一个字符开始检索;如果包含 Null 值,就会发生错误。Compare 也为可选参数,指定字符串比较的方法。值可以为 1、2 和 0(默认)。指定 0 表示二进制比较,指定 1 表示不区分大小写的文本比较,指定 2 表示基于数据库中包含信息的比较。如果值为 Null,则会发生错误。如果指定了 Compare 参数,则一定要有 Start 参数。

字符串长度检测函数:Len(<字符串表达式>或<变量名>)

返回字符串所含字符数。注意:定长字符串,其长度是定义时的长度,和字符串的实际值无关。

字符串截取函数如下。

Left(<字符串表达式>,<N>):从字符串左边起截取 N 个字符。

Right(<字符串表达式>,<N>):从字符串右边起截取 N 个字符。

Mid(<字符串表达式>,<N1>,[N2]):从字符串左边第 N1 个字符起截取 N2 个字符。

注意:对于 Left 函数和 Right 函数,如果 N 值为 0,则返回零长度字符串;如果大于等于字符串的字符数,则返回整个字符串。对于 Mid 函数,如果 N1 值大于字符串的字符数,则返回零长度字符串;如果省略 N2,则返回字符串中左边起 N1 个字符开始的所有字符。

生成空格字符函数:Space(<数值表达式>)

返回数值表达式的值指定的空格字符数。

大小写转换函数如下。

Ucase(<字符串表达式>):将字符串中的小写字母转换成大写字母。

Lcase(<字符串表达式>):将字符串中的大写字母转换成小写字母。

删除空格函数如下。

LTrim(<字符串表达式>):删除字符串的开始空格。

RTrim(<字符串表达式>):删除字符串的尾部空格。

Trim(<字符串表达式>):删除字符串的开始和尾部空格。

4. 类型转换函数

字符串转换成字符代码函数:Asc(<字符串表达式>)

返回字符串首字符的 ASCII 码值。

字符代码转换字符函数:Chr(<字符代码>)

返回与字符代码相关的字符。

数字转换成字符串函数:Str(<数值表达式>)

字符串转换成数字函数:Val(<字符串表达式>)

将数字字符串转换成数值型数字。

字符串转换日期函数:Date Value(<字符串表达式>)

将字符串转换为日期值。

5. 日期/时间函数

(1)返回系统时间函数

Date():返回当前系统日期

Time():返回当前系统时间

Now():返回当前系统日期和时间

例如:D = Date()'返回系统日期,如 2019/8/18

T = Time()'返回系统时间,如 8:45:00

DT = Now()'返回系统日期和时间,如 2020/1/13 8:45:00

(2)返回包含指定年月日的日期函数

DateSerial(表达式1,表达式2,表达式3):返回表达式 1 值为年、表达式 2 值为月、表达式 3 值为日而组成的日期值。

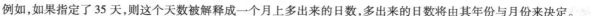

例如,如果指定了35天,则这个天数被解释成一个月上多出来的日数,多出来的日数将由其年份与月份来决定。
D = DateSerial(2008,2,29) '返回#2009 - 3 - 1#
D = DateSerial(2008 - 1,8 - 2,0) '返回#2007 - 5 - 31#

6. 运算符和表达式

(1)运算符

算术运算符:用于算术运算,主要有乘幂(∧)、乘法(*)、除法(/)、整数除法(\)、求模运算(Mod)、加法(+)及减法(-)等7种运算符。

注意:对于整数除法(\)运算,如果操作数有小数部分,系统会舍去后再运算,如果结果有小数也要舍去。对于求模运算(Mod),如果操作数是小数,系统会四舍五入变成整数后再运算;如果被除数是负数,余数也是负数;反之,如果被除数是正数,余数则为正数。

关系运算符:用来表示两个或者多个值或表达式之间的大小关系,有相等(=)、不等(<>)、小于(<)、大于(>)、小于等于(<=)和大于相等(>=)等6个运算符。

逻辑运算符:用于逻辑运算,包括:与(And)、或(Or)和非(Not)等3个运算符。

连接运算符:字符串连接运算符具有连接字符串的功能。有"&"和"+"两个运算符。"&"用来强制两个表达式作字符串连接;"+"运算符是当两个表达式均为字符串数据时,才将两个字符串连接成一个新字符串。

(2)表达式

将常量与变量用上述运算符连接在一起构成的式子就是表达式。

当一个表达式由多个运算符连接在一起时,运算进行的先后顺序是由运算符的优先级决定的。

运算符的优先级顺序:算术运算符 > 连接运算符 > 比较运算符 > 逻辑运算符。

所有的比较运算符的优先级相同,也就是说,按从左到右的顺序处理。括号优先级最高。

小提示

对于整数除法(\)运算,如果操作数有小数部分,系统会舍去后再运算,如果结果有小数也要舍去。对于求模运算(Mod),如果操作数是小数,系统会四舍五入变成整数后再运算;如果被除数是负数,余数也是负数;反之,如果被除数是正数,余数则为正数。

 真题精选

一、选择题

【例1】以下程序运行后,消息框的输出结果是( )。
```
a = sqr(3)
b = sqr(2)
c = a > b
MsgBox c + 2
```
A)-1   B)1   C)2   D)出错

【答案】B

【解析】本题中 a > b 返回 True,即 c = True,而在算术表达式中,True 作为 -1 来处理,故消息框中输出的结果为1。

【例2】表达式 Fix(-3.25) 和 Fix(3.75) 的结果分别是( )。
A)-3,3   B)-4,3   C)-3,4   D)-4,4

【答案】A

【解析】取整函数 Fix(<数值表达式>):返回数值表达式的整数部分。

【例3】从字符串 s 中的第2个字符开始获得4个字符的子字符串函数是( )。
A)Mid $(s,2,4)   B)Left $(s,2,4)   C)Rigth $(s,4)   D)Left $(s,4)

【答案】A

【解析】Left(<字符表达式>,<N>):从字符串左边起截取 N 个字符。Right(<字符表达式>,<N>):从字符串右边起截取 N 个字符。Mid(<字符表达式>,<N1>,[N2]):从字符串左边第 N1 个字符起截取 N2 个字符。根据题意,从字符串 s 左边第2个字符开始获得4个字符的子字符串函数为 Mid(s,2,4),故答案为 A。

二、操作题

【例1】窗体加载时设置窗体标题属性为系统当前日期。

【操作步骤】进入 VBE 窗口,设置系统日期,如图 8.4 所示。

图 8.4　设置系统日期

【例 2】设置"工作时间"字段的有效性规则:只能输入上一年度 5 月 1 日以前(含)的日期。

【操作步骤】进入"设计视图",并设置有效性规则,如图 8.5 所示。

图 8.5　设置有效性规则

8.3　VBA 流程控制语句

考点 6　VBA 程序结构

1. 赋值语句

一个语句就是能够完成某项操作的一条命令。赋值语句是为变量指定一个值或表达式,通常以等号(＝)连接。使用格式如下。

［Let］变量名 = 值或表达式

在这里,Let 为可选项。

例:Dim txtAge As Integer

txtAge = 12

首先定义一个变量 txtAge,然后对其赋值 12。

> **真考链接**
>
> 在选择题中,考查概率为 100%;在操作题中,考查概率为 4%。本知识点是非常重要也是必考的一个考点,考生应熟练掌握程序的三大控制语句。

2. 条件语句

条件语句是根据表达式的值来选择程序运行语句。主要有以下一些结构。

(1) If – Then 语句(单分支结构)

语句结构：If ＜条件表达式1＞ Then ＜条件表达式1为真时要执行的语句＞

或者

   If ＜条件表达式1＞ Then ＜条件表达式1为真时要执行的语句序列＞
   End If

其功能是先计算表达式,当表达式的值为 True 时,则执行语句序列。

(2) If – Then – Else 语句(双分支结构)

语句结构：If ＜条件表达式1＞ Then ＜条件表达式1为真时要执行的语句＞
   Else ＜条件表达式1为假时要执行的语句＞
   End If

或者

   If ＜条件表达式1＞ Then
   ＜条件表达式1为真时要执行的语句序列＞
   Else
   ＜条件表达式1为假时要执行的语句序列＞
   End If

(3) If – Then – ElseIf 语句(多分支结构)

语句结构：If ＜条件表达式1＞ Then ＜条件表达式1为真时要执行的语句序列1＞
   ElseIf ＜条件表达式2＞ Then ＜如果条件表达式1为假,并且条件表达式2为真时要执行的语句序列2＞
   …
   [Else
   ＜语句序列 n＞]
   End If

(4) Select Case – End Select 语句

说明：当条件选项较多时,使用 If – End If 控制结构可能会使程序变得很复杂,因为要使用 If – End If 控制结构就必须依靠多重嵌套,而在 VBA 中对条件结构的嵌套数目和深度是有限制的。使用 Select Case – End Select 语句结构就可以方便地解决这类问题。

语句结构：Select Case 表达式
   Case 表达式1
   表达式的值与表达式1的值相等时执行的语句序列
   [Case 表达式2 To 表达式3]
   [表达式的值介于表达式2的值和表达式3的值之间时执行的语句序列]
   [Case Is 关系运算符 表达式4]
   [表达式的值与表达式4的值之间满足关系运算为真时执行的语句序列]
   [Case Else]
   [上面的情况均不符合时执行的语句序列]
   End Select

Select Case 结构运行时,首先计算"表达式"的值,它可以是字符串或者数值变量或表达式。然后会依次计算测试每个 Case 表达式的值,直到值匹配成功,程序会转入相应的 Case 结构内执行语句。Case 表达式可以是下列4种格式之一。

格式一：单一数值或一行并列的数值,用来与"表达式"的值相比较。成员间以逗号隔开。

格式二：由关键字 To 分隔开的两个数值或表达式之间的范围。前一个值必须比后一个值要小,否则没有符合条件的情况。字符串的比较是从它们的第一个字符的 ASCII 码值开始比较的,直到分出大小为止。

格式三：关键字 Is 接关系运算符,如 ＜＞、＜、＜=、=、＞=或＞,后面再接变量或精确的值。

格式四：关键字 Case Else 之后的表达式,是在前面的 Case 条件都不满足时执行的。

Case 语句是依次测试的,并执行第一个符合 Case 条件的相关的程序代码,即使再有其他符合条件的分支也不会再执行。如果没有找到符合的,且有 Case Else 语句的话,就会执行接在该语句之后的程序代码,然后程序从 End Select 终止语句的下一行程序代码继续执行下去。

(5) 条件函数

VBA 还提供有3个函数来完成相应的选择操作。

IIf 函数:IIf(条件式,表达式1,表达式2)

该函数是根据"条件式"的值来决定函数返回值。"条件式"值为"真",函数返回"表达式1"的值;"条件式"为"假",函数返回"表达式2"的值。

例:将 a 和 b 中值大的变量存放在变量 Max 中。

Max = IIf（a > b,a,b）

Switch 函数:Switch(条件式1,表达式1[,条件式2,表达式2[,条件式n,表达式n]])

该函数是分别根据"条件式1""条件式2",直至"条件式n"的值来决定函数返回值。条件式是由左至右进行计算判断的,而表达式则会在第一个相关的条件式为真时作为函数返回值返回。如果其中有部分不成对,则会产生一个运行错误。

例:根据变量 x 的值来为变量 y 赋值。

y = Switch（x > 0,1,x = 0,0,x < 0, − 1）

Choose 函数:Choose(索引式,选项1[,选项2,…[,选项n]])

该函数是根据"索引式"的值来返回选项列表中的某个值。"索引式"值为1,函数返回"选项1"值;"索引式"值为2,函数返回"选项2"值;依次类推。在这里,只有在"索引式"的值介于1和列出的选项数目之间,函数才返回其后的选项值;当"索引式"的值小于1或大于列出的选项数目时,函数则返回无效值(Null)。

例:根据变量 x 的值来为变量 y 赋值。

y = Choose（x,5,m + 1,n）

3. 循环语句

循环语句用来实现重复执行一行或几行程序代码。VBA 支持以下循环语句结构:For-Next、Do While-Loop、Do Until-Loop、Do-Loop Until 和 While-Wend。

（1）For-Next 语句

For-Next 语句能够重复执行程序代码区域特定次数。该语句的语法格式如下。

For 循环变量 = 初值 To 终值 [Step 步长]

  循环体

  [条件语句序列

    Exit For

  结束条件语句序列]

Next [循环变量]

执行步骤:1)循环变量取初值。

2)循环变量与终值比较,确定循环是否进行。

①步长 > 0 时,若循环变量值 < = 终值,循环继续,执行步骤3);若循环变量值 > 终值,循环结束,退出循环。

②步长 = 0 时,若循环变量值 < = 终值,死循环;若循环变量值 > 终值,一次也不执行循环。

③步长 < 0 时,若循环变量值 > = 终值,循环继续,执行步骤3);若循环变量值 < 终值,循环结束,退出循环。

3)执行循环体。

4)循环变量值增加步长(循环变量 = 循环变量 + 步长),程序跳转到步骤2)。

（2）Do While-Loop 语句

Do While-Loop 该语句的语法格式如下。

Do While <条件式>

  循环体

  [条件语句序列

    Exit Do

  结束条件语句序列]

Loop

这个循环结构是在条件式结果为真时,执行循环体,并持续到条件式结果为假或执行到选择性 Exit Do 语句而退出循环。

（3）Do Until-Loop 语句

与 Do While-Loop 结构相对应,条件式值为假时,重复执行循环,直到条件式值为真,结束循环。该语句的语法格式如下。

Do Until <条件式>

  循环体

  [条件语句序列

    Exit Do

  结束条件语句序列]

Loop
(4) Do-Loop Until

Do-Loop Until 语句的语法格式如下。

Do
　　循环体
[条件语句序列
　　Exit Do
结束条件语句序列]
　　Loop Until 条件式

(5) While-Wend 语句

While-Wend 循环与 Do While-Loop 结构类似,但不能在 While-Wend 循环中使用 Exit Do 语句。该语句的语法格式如下。

While 条件式
　　循环体
Wend

小提示

Case 语句是依次测试的,并执行第一个符合 Case 条件的相关的程序代码,即使再有其他符合条件的分支也不会再执行。如果没有找到符合的,且有 Case Else 语句的话,就会执行接在该语句之后的程序代码,然后程序从 End Select 终止语句的下一行程序代码继续执行下去。

常见问题

Do Until-Loop 语句与 Do While-Loop 语句有什么不同?

Do Until-Loop 语句是条件式值为假时,重复执行循环,直到条件式值为真,结束循环。而 Do While-Loop 语句是条件式值为真时,重复执行循环,直到条件式值为假。

真题精选

【例1】执行下面的程序段后,x 的值为(　　)。

```
x = 5
For I = 1 To 20 Step 2
x = x + I\5
Next I
```

　　A)21　　　　　　　B)22　　　　　　　C)23　　　　　　　D)24

【答案】A

【解析】循环第 1 次,I = 1,所以 I\5 = 0;
　　　　循环第 2 次,I = 3,所以 I\5 = 0;
　　　　循环第 3 次,I = 5,所以 I\5 = 1;
　　　　循环第 4 次,I = 7,所以 I\5 = 1;
　　　　循环第 5 次,I = 9,所以 I\5 = 1;
　　　　循环第 6 次,I = 11,所以 I\5 = 2;
　　　　循环第 7 次,I = 13,所以 I\5 = 2;
　　　　循环第 8 次,I = 15,所以 I\5 = 3;
　　　　循环第 9 次,I = 17,所以 I\5 = 3;
　　　　循环第 10 次,I = 19,所以 I\5 = 3;
　　　　循环结束后,x = 5 + 1 + 1 + 1 + 2 + 2 + 3 + 3 + 3,所以 x = 21。

【例2】有如下 VBA 程序段:

```
sum = 0
n = 0
```

```
For i = 1 To 5
x = n / i
n = n + 1
Sum = Sum + x
Next i
```
以上 For 循环计算 sum,最终结果是(　　)。

A)1 + 1/1 + 2/3 + 3/4 + 4/5　　　　　　　B)1/2 + 1/3 + 1/4 + 1/5

C)1/2 + 2/3 + 3/4 + 4/5　　　　　　　　D)1/2 + 1/3 + 1/4 + 1/5

【答案】C

【解析】本题考查 For 循环语句:n = 0,i = 1 时,Sum = 0;执行循环 n = n + 1,i = 2,Sum = 1/2,依次 i 加 1 直到 i = 5。

当 i = 1 时,x = 0,n = 1,Sum = 0;

当 i = 2 时,x = 1/2,n = 2,Sum = 1/2;

当 i = 3 时,x = 2/3,n = 3,Sum = 1/2 + 2/3;

……

当 i = 5 时,x = 4/5,n = 5,Sum = 1/2 + 2/3 + 3/4 + 4/5。

【例3】在窗体中有一个命令按钮 run1,对应的事件代码如下:

```
Private Sub run1-Enter()
Dim num As Integer
Dim m As Interger
Dim n As Integer
Dim i As Integer
For i = 1 To 10
num = InputBox("请输入数据:","输入",1)
If Int(num/2) = num/2 Then
m = m + 1
Else
n = n + 1
End If
Next i
MsgBox("运行结果:m = "& Str(m) &",n = "& Str(n))
End Sub
```

运行以上事件所完成的功能是(　　)。

A)对输入的 10 个数据统计有几个是整数,有几个是非整数

B)对输入的 10 个数据求各自的余数,然后再进行累加

C)对输入的 10 个数据求累加和

D)对输入的 10 个数据统计有几个是奇数,有几个是偶数

【答案】D

【解析】从题目要求来看 For 为循环语句,InputBox 设置输入数据框,If 语句是计算输入值为奇数还是偶数,依次输入 10 次数值,当输入值为偶数时 m 自动加 1,当输入值为奇数时 n 自动加 1。

8.4　过程调用和参数传递

考点7　过程定义、调用

1. 子过程的定义和调用

可以用 Sub 语句声明一个新的子过程、接受的参数和子过程代码。定义格式如下:

```
[Public|Private][Static] Sub 子过程名([<形参>])
    [<子过程语句>]
        [Exit Sub]
    [<子过程语句>]
End Sub
```

说明:使用 Public 关键字可以使这个过程适用于所有模块中的所有其他过程,用 Private 关键字可以使该子过程只适用于同一模块中的其他过程。

子过程的调用形式有两种:

Call 子过程名([<实参>])或 子过程名[<实参>]

真考链接

在选择题中,考查概率为80%。本知识点是非常重要的一个考点,考生应熟知参数传递单向与双向作用。

2. 函数过程的定义和调用

可以使用 Function 语句定义一个新函数过程、接受的参数、返回的变量类型及运行该函数过程的代码。定义格式如下:

```
[Public|Private][Static] Function 函数过程名([<形参>])[As 数据类型]
    [<函数过程语句>]
    [函数过程名 = <表达式>]
    [Exit Funtion]
    [<函数过程语句>]
    [函数过程名 = <表达式>]
End Function
```

说明:使用 Public 关键字可以使这个函数适用于所有模块中的所有其他过程,使用 Private 关键字可以使该函数只适用于同一模块中的其他过程。当把一个函数过程说明为模块对象中的私有函数过程时,就不能从查询、宏或另一个模块中的函数过程调用这个函数过程。可以在函数过程名末尾使用一个类型声明字符或使用 As 子句来声明被这个函数过程返回的变量数据类型,否则 VBA 将自动赋给该函数过程一个最合适的数据类型。

函数过程的调用形式只有一种:函数过程名([<实参>])。

可以同时将该函数过程的返回值作为赋值成分赋予某个变量,格式:变量 = 函数过程名([<实参>])。

3. 参数传递

在过程定义时可以设置一个或多个形参,多个形参之间用逗号分隔。形参的完整定义格式如下:

[Optional][ByVal|ByRef][ParamArray] varname[( )][As type][= defaultvalue]

各项含义如下。

Varname:必选项,形参名称。遵循标准的变量命名约定。

Type:可选项,传递给该过程的参数的数据类型。

Optional:可选项,表示参数不是必须的。如果使用了 ParamArray,则任何参数都不能使用 Optional。

ByVal:可选项,表示该参数按值传递。

ByRef:可选项,表示该参数按地址传递。ByRef 是 VBA 的默认选项。

ParamArray:可选项,只用于形参的最后一个参数,指明最后这个参数是一个 Variant 元素的 Optional 数组。使用 ParamArray 关键字可以提供任意数目的参数。但 ParamArray 关键字不能与 ByVal、ByRef 或 Optional 一起使用。

Defaultvalue:可选项,任何常数或常数表达式。只对 Optional 参数合法。如果类型为 Object,则显式的默认值只能是 Nothing。

含参数的过程被调用时,主调过程中的调用式必须提供相应的实参(实际参数简称),并通过实参向形参传递的方式完成过程操作。

注意:(1)实参可以是常量、变量或表达式。

(2)实参数目和类型应该与形参数目和类型相匹配。除非形参定义含 Optional 和 ParamArray 选项,参数、类型可能不很一致。

(3)传值调用(ByVal 选项)的"单向"作用形式与传址调用(ByRef 选项)的"双向"作用形式。常量与表达式在传递时,形参即便是传址(ByRef 项)说明,实际传递的也只是常量或表达式的值,在这种情况下,过程参数"传址调用"的"双向"作用形式就不起作用。但实参是变量、形参是传址(ByRef 项)说明时,可以将实参变量的地址传递给形参,这时过程参数"传址调用"的"双向"作用形式就会产生影响。

> **小提示**
>
> 使用 Public 关键字可以使这个过程或函数适用于所有模块中的所有其他过程,使用 Private 关键字可以使该子过程或函数只适用于同一模块中的其他过程。

  常见问题

参数传递过程中传值与传址是如何实现的?
传值调用 ByVal 声明,传址调用 ByRef 声明。

  真题精选

【例1】运行下面的程序:
```
Private Sub Form-Click()
Dim x,y,z As Integer
x = 5
y = 7
z = 0
Call P1(x,y,z)
Print Str(z)
End Sub
Sub P1(ByVal a As Integer, ByVal b As Integer, c As integer)
c = a + b
End Sub
```
运行后的输出结果为(　　)。

A)0　　　　　　　　B)12　　　　　　　　C)Str(z)　　　　　　　　D)显示错误信息

【答案】B

【解析】在本题中,用 Call 过程名的方法调用过程 P1。在 P1 中,将参数 c 的值改为 12。因为参数 c 是按地址传送(默认为按地址传送,即 ByRef),故 z 的值变为 12 了,所以输出值为 12。

【例2】假定有以下两个过程:
```
Sub S1(ByVal x As Integer, ByVal y As Integer)
Dim t As Integer
t = x
x = y
y = t
End Sub
Sub S2(x As Integer, y As Integer)
Dim t As Integer
t = x
x = y
y = t
End Sub
```
以下说法中正确的是(　　)。

A)用过程 S1 可以实现交换两个变量的值的操作,S2 不能实现
B)用过程 S2 可以实现交换两个变量的值的操作,S1 不能实现
C)用过程 S1 和 S2 都可以实现交换两个变量的值的操作
D)用过程 S1 和 S2 都不能实现交换两个变量的值的操作

【答案】B

【解析】在过程定义时,如果形式参数被说明为传值(ByVal 项),则过程调用只是相应位置实参的值"单向"传送给形参处

理,而被调用过程内部对形参的任何操作引起的形参值的变化均不会反馈、影响实参的值。在这个过程中,数据的传递具有单向性,故称为"传值调用"的"单向"作用形式。反之,如果形式参数被说明为传址(ByRef项),则过程调用是将相应位置实参的地址传送给形参处理,而被调用过程内部对形参的任何操作引起的形参值的变化又会反向影响实参的值。在这个过程中,数据的传递具有双向性,故称为"传址调用"的"双向"作用形式。在过程定义时,如果未做参数说明,则默认为传址调用。所以,本题过程S1采用的是传值的方式,当然无法实现交换两个变量的值的操作;过程S2形式参数未说明,则默认采用的是传址方式,可以实现两个变量的值的交换操作。

【例3】若要在子过程Procl调用后返回两个变量的结果,下列过程定义语句中有效的是( )。
　　A)Sub Procl(n,m)　　　　　　　　B)Sub Procl(ByVal n,m)
　　C)Sub Procl(n,ByVal m)　　　　　 D)Sub Procl(ByVal n,ByVal m)

【答案】D

【解析】ByVal为传值,当把函数外的一个变量(如n)传给ByVal的参数时,在函数体内对该参数所做的任何变更,不会影响函数体外的n变量的值。此题要返回m、n的值,因此应该对m、n都用值传递。

8.5　窗体、控件属性及含义

考点8　窗体属性及含义

使用VBA代码可以直接设置窗体的属性,常用的窗体属性及功能如表8.4所示。

表8.4　　　常用的窗体属性及功能

属性名称	属性标识	功能
图片	Picture	决定显示在命令按钮图像控件切换按钮、选项卡控件的页上,或者当作窗体或报表的背景图片的位置或其他类型的图片
记录源	RecordSource	是本数据库中的一个数据表对象名或查询对象名,它指明了该窗体的数据源

> **真考链接**
> 在操作题中,考查概率为13%。本知识点是主要的一个考点,主要考查窗体属性的设置,考生应熟练掌握。

真题精选

【例1】窗体加载时将考生文件夹下的图片文件"test.bmp"设置为窗体"fEmp"的背景。
【操作步骤】进入VBE窗口,编码VBA代码,如图8.6所示。

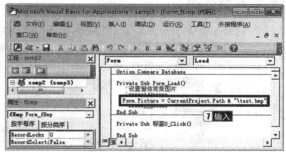

图8.6　编写VBA代码

【例2】在窗体对象"fEmp"上有"刷新"和"退出"两个命令按钮,名称分别为"bt1"和"bt2"。单击"刷新"按钮,窗体记录源改为查询对象"qEmp";单击"退出"按钮,关闭窗体。
【操作步骤】进入VBE窗口,编码VBA代码,如图8.7所示。

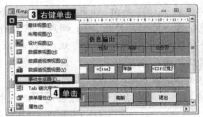

图 8.7 VBA 代码编写

考点 9 控件属性及含义

使用 VBA 代码可以设置控件的属性，常用的控件属性及功能如表 8.5 所示。

表 8.5 常用的控件属性及功能

属性名称	属性标识	功能
标题	Caption	对不同视图中对象的标题进行设置，为用户提供有用的信息
可用	Enabled	用于决定鼠标是否能够单击该控件。如果设置该属性为"否"，这个空间虽然一直在"窗体视图"中显示，但不能用 Tab 键选中它或使用鼠标单击它，同时在窗体中控件显示为灰色
前景色	ForeColor	用于设定标签显示时的底色

> **真考链接**
> 在操作题中，考查概率为 4%。本知识点是重要的一个考点，主要考查控件属性的设置，考生应熟练掌握。

 真题精选

【例1】补充窗体"fTest"上"test1"按钮（名为"bt1"）的单击事件代码，实现以下功能：单击"test1"按钮，将文本框中输入的内容与文本串"等级考试"连接，并消除连接串的前导和尾随空白字符，用标签"bTitle"显示连接结果。

【操作步骤】进入 VBE 窗口，编码 VBA 代码，如图 8.8 所示。

图 8.8 编码 VBA 代码

【例2】在窗体中有"修改"和"保存"两个按钮,名称分别为"CmdEdit"和"CmdSave",其中"保存"命令按钮在初始状态为不可用,当单击"修改"按钮后,应使"保存"按钮为可用。

【操作步骤】进入 VBE 窗口,编码 VBA 代码,如图 8.9 所示。

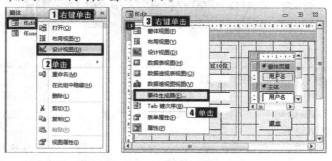

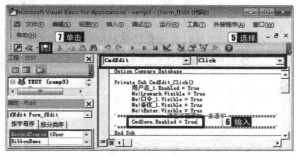

图 8.9　VBA 代码编码

【例3】设置命令按钮 bC 的单击事件,使单击该命令按钮后,标签的显示颜色呈现为红色。

【操作步骤】进入 VBE 窗口,编码 VBA 代码,如图 8.10 所示。

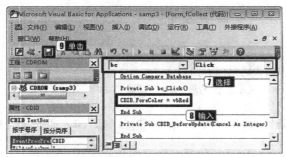

图 8.10　编码 VBA 代码

8.6　VBA 程序错误处理与调试

考点 10　VBA 错误处理的语句结构

在 VBA 中提供有 On Error GoTo 语句来控制当有错误发生时程序的处理。On Error GoTo 指令的一般语法如下：

On Error GoTo 标号
On Error Resume Next
On Error GoTo 0

说明："On Error GoTo 标号"语句在遇到错误发生时程序会转移到标号所指位置代码执行。一般标号之后都是安排错误处理程序。例如，以下错误处理过程 ErrorProc 调用位置。

On Error GoTo ErrHandler '发生错误，跳转至 ErrHandler 位置
……
ErrHandler '标号 ErrHandler 位置
Call ErrorProc '调用错误处理过程 ErrorProc
……

> **真考链接**
>
> 在选择题中，考查概率为 20%。考生应了解错误发生时程序处理语句的语法。

在此例中，On Error GoTo 指令会使程序流程转移到 ErrHandler 标号位置。一般来说，错误处理的程序代码会在程序的最后。

"On Error Resume Next"语句在遇到错误发生时不会考虑错误，并继续执行下一条语句。

"On Error GoTo 0"语句用于关闭错误处理。

如果没有用 On Error GoTo 语句捕捉错误，或者用 On Error GoTo 0 关闭了错误处理，则在错误发生后会出现一个对话框，显示出相应的出错信息。

VBA 还提供了一个对象（Err）、一个函数（Error $（））和一个语句（Error）来帮助了解错误信息。其中，Err 对象的 number 属性返回错误代码；Error $（）函数则可以根据错误代码返回错误名称；Error 语句的作用是模拟产生错误，以检查错误处理语句的正确性。例如，错误处理应用。

Private Sub test-Click（） '定义一事件过程
　　On Error GoTo ErrHandle '监控错误，安排错误处理至标号 ErrHandle 位置
　　Error 11 '模拟产生代码为 11 的错误
　　Msgbox "no error!" '没有错误，显示"no error!"信息
　　Exit Sub '正常结束过程
ErrHandle：'标号 ErrHandle
　　MsgBox Err. Number '显示错误代码（显示为 11）
　　MsgBox Error $（Err. Number） '显示错误名称（显示为"除数为零"）
End Sub

另外，Err 对象还提供其他一些属性（如 source、description 等）和方法（raise、clear）来处理错误发生。

❓ 常见问题

VBA 提供的错误处理语句有哪几种格式？
VBA 提供的错误处理语句有如下几种格式：
On Error GoTo 标号
On Error Resume Next
On Error GoTo 0

真题精选

不属于VBA提供的程序运行错误处理的语句结构是(　　)。

A) On Error Then 标号　　　　　　　　　　　B) On Error Goto 标号
C) On Error Resume Next　　　　　　　　　　D) On Error Goto 0

【答案】A

【解析】在VBA中提供有On Error GoTo语句来控制当有错误发生时程序的处理,指令如下:

　　On Error GoTo 标号
　　On Error Resume Next
　　On Error GoTo 0

考点11　VBA程序的调试

1. 断点概念

所谓断点就是在过程的某个特定语句上设置一个位置点以中断程序的执行。设置断点的方法有以下4种。

(1)选择语句行,单击"调试"工具栏中的"切换断点"按钮可以设置和取消"断点"。

(2)选择语句行,单击"调试"菜单中的"切换断点"命令可以设置和取消"断点"。

(3)选择语句行,按"F9"键可以设置和取消"断点"。

(4)选择语句行,将鼠标指针移至行首点击可以设置和取消"断点"。

真考链接

在选择题中,考查概率为10%。考生应了解各调试工具钮的用法。

2. 中断工具钮

用于暂时中断程序运行,进行分析。在程序中断位置会产生一个"黄色"亮杠。

3. 本地窗口工具钮

用于打开"本地窗口"窗口,其内部自动显示出所有在当前过程中的变量声明及变量值,从中可以观察各种数据信息。本地窗口打开后,列表中的第一项内容是一个特殊的模块变量。对于类模块,定义为Me。Me是对当前模块定义的当前类实例的引用。由于它是对象引用,因而可以展开显示当前实例的全部属性和数据成员。

4. 立即窗口工具钮

用于打开"立即窗口"窗口,在中断模式下,在立即窗口中可以安排一些调试语句,而这些语句是根据显示在立即窗口区域的内容或范围来执行的。如果输入Print variablename,则输出的就是局域变量的值。

5. 监视窗口工具钮

用于打开"监视窗口"窗口,通过在监视窗口增添监视表达式的方法,程序可以动态了解一些变量或表达式的值的变化情况,进而对代码的正确与否有清楚的判断。

6. 快速监视工具钮

在中断模式下,先在程序代码区选定某个变量或表达式,然后单击"快速监视"工具钮,则可打开"快速监视"窗口,从中可以快速观察到该变量或表达式的当前值,从而达到快速监视的效果。

小提示

在快速监视窗口中可以快速观察到该变量或表达式的当前值,从而达到快速监视的效果。

常见问题

什么是断点?
所谓断点就是在过程的某个特定语句上设置一个位置点以中断程序的执行。

真题精选

要显示当前过程中的所有变量及对象的取值,可以利用的调试窗口是( )。
A)监视窗口　　　　　　B)调用堆栈　　　　　　C)立即窗口　　　　　　D)本地窗口

【答案】D
【解析】本地窗口内部自动显示出所有在当前过程中的变量声明及变量值。本地窗口打开后,列表中的第一项内容是一个特殊的模块变量。对于类模块,定义为 Me。Me 是对当前模块定义的当前实例的引用。由于它是对象引用,因而可以展开显示当前实例的全部属性和数据成员。

8.7　综 合 自 测

一、选择题

1. 下列选项中,与 VBA 中语句 Dim NewVar％, sum! 等价的是( )。
   A) Dim NewVar As Integer, sum As Single
   B) Dim NewVar As Integer, sum As Double
   C) Dim NewVar As Single, sum As Single
   D) Dim NewVar As Sibgle, sum As Integer

2. 在标准模块"模块1"声明区中定义了变量 x 和变量 y,如下所示,则变量 x 和变量 y 的作用范围分别是( )。
   ```
   Dim x As Integer
   Public y As Integer
   Sub demoVar()
       x = 3
       y = 5
       Debug.Print x & " " & y
   End Sub
   ```
   A)模块级变量和过程级变量　　　　　　　　B)过程级变量和公共变量
   C)模块级变量和公共变量　　　　　　　　　D)过程级变量和模块范围

3. 下列能够交换变量 X 和 Y 值的程序段是( )。
   A) Y = X : X = Y　　　　　　　　　　　　B) Z = X : Y = Z : X = Y
   C) Z = X : X = Y : Y = Z　　　　　　　　D) Z = X : W = Y : Y = Z : X = Y

4. 将逻辑型数据转换成整型数据,转换规则是( )。
   A)将 True 转换为 -1 ,将 False 转换为 0
   B)将 True 转换为 1 ,将 False 转换为 -1
   C)将 True 转换为 0 ,将 False 转换为 -1
   D)将 True 转换为 1 ,将 False 转换为 0

5. 在模块的声明部分使用"Option Base 1"语句,然后定义二维数组 A(2 to 5,5),则该数组的元素个数为( )。
   A)20　　　　　　　　　B)24　　　　　　　　　C)25　　　　　　　　　D)36

6. 下列 VBA 变量名中,正确的是( )。
   A)3S　　　　　　　　　B)Print　　　　　　　　C)Select My Name　　　D)Select_1

7. 表达式 4 + 5\6 * 7 / 8 Mod 9 的值是( )。
   A)4　　　　　　　　　　B)5　　　　　　　　　　C)6　　　　　　　　　　D)7

8. 与 DateDiff("m",#1893-12-26#,Date())等价的表达式是( )。
   A)(Month(date()) - Month(#1893-12-26#))
   B)(Month(date()) - Month(#1893-12-26#))
   C)(year(date()) - year(#1893-12-26#)) * 12 - (month(date()) - month(#1893-12-26#))
   D)(year(date()) - year(#1893-12-26#)) * 12 + (month(date()) - month(#1893-12-26#))

9. 要将"选课成绩"表中学生的"成绩"取整,可以使用的函数是( )。
   A)Abs([成绩])　　　　B)Int([成绩])　　　　C)Sqr([成绩])　　　　D)Sgn([成绩])

10. 表达式 Int(5 * Rnd() + 1) * Int(5 * Rnd() - 1) 值的范围是(   )。
    A)[0,15]   B)[-1,15]   C)[-4,15]   D)[-5,15]
11. 以下程序的功能是产生 100 个 0～99 的随机整数,并统计个位上的数字分别是 1,2,3,4,5,6,7,8,9,0 的数的个数。

```
Private Sub a3()
    Dim x(1 To 10) As Integer, a(1 To 100) As Integer
    Dim p As Integer, j As Integer
    For j = 1 To 100
        _____
        p = a(j) Mod 10
        If p = 0 Then p = 10
        _____
    Next j
    For j = 1 To 10
        Debug.Print x(j);
    Next j
End Sub
```
有如下语句:
① a(j) = Int(Rnd * 100)
② a(p) = Int(Rnd * 100)
③ p = Int(Rnd * 100)
④ x(p) = x(p) + 1
⑤ x(j) = x(j) + 1
⑥ p = p + 1
程序中有两条下划线,将程序补充完整的正确语句是(   )。
    A)①④   B)②⑤   C)③⑥   D)②⑥

12. 以下程序的功能是计算并输出两个整数的最大公约数。

```
Private Sub a1()
    Dim x As Integer, y As Integer, t As Integer
    x = InputBox("请输入 x 的值")
    y = InputBox("请输入 y 的值")
    Do
        _____
        x = y
        y = t
    Loop While (t <> 0)
    Debug.Print _____
End Sub
```
有如下语句:
① t = x
② t = y
③ t = x/y
④ t = x Mod y
⑤ x
⑥ y
⑦ t
⑧ x/y
程序中有两条下划线,将程序补充完整的正确语句是(   )。
    A)①⑦   B)②⑥   C)③⑧   D)④⑤

13. 下列程序段运行结束后,变量 c 的值是(   )。

```
a = 24
b = 328
select case b/10
    case 0
```

```
            c = a * 10 + b
        case 1 to 9
            c = a * 100 + b
        case 10 to 99
            c = a * 1000 + b
    end select
```
  A)537   B)2427   C)24328   D)240328

14. 执行下列程序段后,变量 a 和 b 的值分别是(　　)。
```
        a = 100 : b = 50
        If a > b Then
            a = a - b
        Else
            b = b + a
        End If
```
  A)50 和 50   B)100 和 50   C)100 和 150   D)150 和 100

15. 若有以下两个过程:
```
        Sub S1 (ByVal x As Integer, ByVal y As Integer)
            Dim t As Integer
            t = x
            x = y
            y = t
        End Sub
        Sub S2 (x As Integer, y As Integer)
            Dim t As Integer
            t = x : x = y : y = t
        End Sub
```
则下列说法中,正确的是(　　)。
  A)使用过程 S1 可以交换调用函数中两个变量的值,S2 不能实现
  B)使用过程 S2 可以交换调用函数中两个变量的值,S1 不能实现
  C)过程 S1 和 S2 都可以实现交换调用函数中两个变量的值
  D)过程 S1 和 S2 都不能实现交换调用函数中两个变量的值

二、操作题

1. 考生文件夹下有一个数据库文件"samp3.accdb",其中存在已经设计好的表对象"tEmp"、窗体对象"fEmp"、报表对象"rEmp"和宏对象"mEmp"。请在此基础上按照以下要求补充设计。

(1)将表对象"tEmp"中"聘用时间"字段的格式调整为"长日期"显示、"性别"字段的有效性文本设置为"只能输入男和女"。

(2)设置报表"rEmp",使其按照"聘用时间"字段升序排列并输出,将报表页面页脚区内名为"tPage"的文本框控件设置为系统的日期。

(3)将"fEmp"窗体上名为"bTitle"的标签上移到距"btnP"命令按钮 1cm 处(即标签的下边界距命令按钮的上边界 1cm)。同时,将窗体按钮"btnP"的单击事件属性设置为宏"mEmp",以完成单击按钮打开报表的操作。

注意:不能修改数据库中的宏对象"mEmp";不能修改窗体对象"fEmp"和报表对象"rEmp"中未涉及的控件和属性;不能修改表对象"tEmp"中未涉及的字段和属性。

2. 考生文件夹下有一个数据库文件"samp3.accdb",其中存在已经设计好的表对象"tCollect",查询对象"qT",同时还有以"tCollect"为数据源的窗体对象"fCollect"。请在此基础上按照以下要求补充窗体设计。

(1)将窗体"fCollect"的记录源改为查询对象"qT"。

(2)在窗体"fCollect"的窗体页眉节添加一个标签控件,名称为"bTitle",标题为"CD 明细",字体为"黑体",字号为 20,字体粗细为"加粗"。

(3)将窗体标题栏上的显示文字设为"CD 明细显示"。

(4)在窗体页脚节添加一个命令按钮,命名为"bC",按钮标题为"改变颜色"。

(5)设置命令按钮 bC 的单击事件,使用单击该命令按钮后,CDID 文本框内容显示颜色改为红色。要求用 VBA 代码实现。

注意:不能修改窗体对象"fCollect"中未涉及的控件和属性;不能修改表对象"tCollect"和查询对象"qT"。

第9章

VBA数据库编程

选择题分析明细表

考点	考查概率	难易程度
开关操作与事件处理	30%	★★★★★
数据访问对象(DAO)和 Activex 数据对象(ADO)	80%	★★★★★

操作题分析明细表

考点	考查概率	难易程度
开关操作与事件处理	30%	★★★
数据访问对象(DAO)和 Activex 数据对象(ADO)	50%	★

9.1　VBA 常见操作

考点 1　开关操作与事件处理

1. 打开窗体操作

一个程序中往往包含多个窗体,可以用代码的形式关联这些窗体,从而形成完整的程序结构。

打开窗体的命令格式如下:

Docmd. OpenForm formname [，view] [，filtername] [，wherecondition] [，datamode] [，windowmode]

参数说明如下。

formname:字符串表达式,代表窗体的有效名称。

view:可选项。代表窗体的打开模式。具体取值如表 9.1 所示。

> **真考链接**
> 在选择题中,考查概率为 30%;在操作题中,考查概率为 30%。本知识点是非常重要的一个考点,考查较多的是窗体的开关、输入框、消息框及鼠标与键盘的操作。

表 9.1　　　　　　　　　　　　　　打开窗体参数 view 的取值

常量	值	说明
acNormal	0	默认值。窗体视图打开
acDesign	1	设计视图打开
acPreview	2	预览视图打开
acFormDS	3	

filtername:可选项。字符串表达式,代表过滤的数据库查询的有效名称。

wherecondition:可选项。字符串表达式,不含 WHERE 关键字的有效 SQL WHERE 子句。

datamode:可选项。代表窗体的数据输入模式。具体取值如表 9.2 所示。

表 9.2　　　　　　　　　　　　　　参数 datamode 的取值

常量	值	说明
acFormAdd	0	可以追加,但不能编辑
acFormEdit	1	可以追加和编辑
acFormReadOnly	2	只读
acFormPropertySettings	-1	默认值

windowmode:可选项。代表打开窗体时所采用的窗口模式。具体取值如表 9.3 所示。

表 9.3　　　　　　　　　　　　　　参数 windowmode 的取值

常量	值	说明
acWindowNormal	0	默认值。正常窗口模式
acHidden	1	隐藏窗口模式
acIcon	2	最小化窗口模式
acDialog	3	对话框模式

其中 filtername 与 wherecondition 两个参数用于对窗体的数据源进行过滤和筛选,windowmode 参数则规定窗体的打开形式。

例:以对话框形式打开名为"学生信息登录"窗体。

Docmd. OpenForm "生信息登录",,,acDialog

注意:参数可以省略,取默认值,但分隔符","不能省略。

2. 打开报表操作

打开报表操作的命令格式如下:

Docmd. OpenReport reportname[，view][，filtername][，wherecondition]

参数说明如下。

reportname:字符串表达式,代表报表的有效名称。

view:可选项。代表报表的打开模式。具体取值如表9.4所示。

表9.4　　　　　　　　　　　　　　打开报表参数 view 的取值

常量	值	说明
acViewNorma	0	默认值。打印模式
acViewDesign	1	设计模式
acViewPreview	2	预览模式

filtername:可选项。字符串表达式,代表过滤的数据库查询的有效名称。

wherecondition:可选项。字符串表达式,不含 WHERE 关键字的有效 SQL WHERE 子句。

例:预览名为"生信息表"表的语句:

Docmd. OpenReport "生信息表" acViewPreview

3. 关闭操作

关闭操作的命令格式如下:

Docmd. Close [objecttype][,objectname][,save]

参数说明如下。

objecttype:可选项。代表关闭对象的类型。具体取值如表9.5所示。

表9.5　　　　　　　　　　　　　　参数 objecttype 的取值

常量	值	说明
acDefault	-1	默认值
actable	0	表
acQuery	1	查询
acForm	2	窗体
acReport	3	报表
acMac ro	4	宏
acModule	5	模块
acDataAccessPag e	6	数据访问页
acServerView	7	视图
acDiagram	8	图表
acStoreProcedure	9	存储过程
acFuntion	10	函数

objectname:可选项。字符串表达式,代表有效的对象名称。

save:可选项。代表对象关闭时的保存性质。具体取值如表9.6所示。

表9.6　　　　　　　　　　　　　　参数 save 的取值

常量	值	说明
acSavePrompt	0	默认值。提示保存
acSaveYes	1	保存
acSaveNo	2	不保存

说明:该命令可以广泛用于关闭 Access 各种对象,省略所有参数的命令可以关闭当前窗体。

4. 输入框(InputBox)

输入框用于在一个对话框中显示提示,等待用户输入正文并按下按钮、返回包含文本框内容的字符串数据信息。它的功能在 VBA 中是以函数的形式调用使用。使用格式如下:

InputBox(prompt [,title] [,default] [,xpos] [,ypos] [,helpfile,context])

参数说明如下。

prompt:必选项。提示字符串,最大长度大约是 1024 字符。如包含多行,则可在各行之间用回车符 Chr(13)、换行符 Chr(10)或回车换行符组合 Chr(13)&Chr(10)来分隔。

title：可选项。显示对话框标题栏中的字符串表达式。如果省略 Title，则把应用程序名放入标题栏中。

default：可选项。显示文本框中的字符串表达式，在没有其他输入时作为默认值。如果省略，则文本框为空。

xpos：可选项。指定对话框的左边与屏幕左边的水平距离。如果省略，则对话框会在水平方向居中。

ypos：可选项。数值表达式，成对出现，指定对话框的上边与屏幕上边的距离。如果省略，则对话框被放置在屏幕垂直方向距下边大约 1/3 的位置。

helpfile：可选项。字符串表达式，识别帮助文件，用该文件为对话框提供上下文相关的帮助。如果已提供 helpfile，则也必须提供 context。

context：可选项。数值表达式，由帮助文件的作者指定给某个帮助主题的帮助上下文编号。如果已提供 context，则也必须提供 helpfile。

注意：当中间若干个参数省略时，分隔符逗号","不能省略。

5．消息框（MsgBox）

消息框用于在对话框中显示消息，等待用户单击按钮，并返回一个整型值告诉用户单击哪一个按钮。使用格式如下：

MsgBox(prompt [, buttons] [, title] [, helpfile] [, context])

参数说明如下。

prompt：必选项。提示字符串，最大长度大约是 1024 字符。如包含多行，则可在各行之间用回车符 Chr(13)、换行符 Chr(10) 或回车换行符组合 Chr(13)&Chr(10) 来分隔。

buttons：可选项。指定显示按钮的数目及形式，使用的图标样式，缺少的按钮，消息框的强制回应等。如果省略，则 buttons 的默认值为 0。具体取值或其组合如表 9.7 所示。

表 9.7　　　　　　　　　　　　　参数 buttons 的取值或其组合

常量	值	说明
VbOkOnly	0	只显示 OK 按钮
VbOkCancel	1	显示 OK 及 Cancel 按钮
VbAbortRetryIgnore	2	显示 Abort、Retry 及 Ignore 按钮
VbYesNoCancel	3	显示 Yes、No 及 Cancel 按钮
VbYesNo	4	显示 Yes 及 No 按钮
VbRetryCancel	5	显示 Retry 及 Cancel 按钮
VbCritical	16	显示 Critical Message 图标
VbQuestion	32	显示 Warning Query 图标
VbExclamation	48	显示 Warning Message 图标
VbInformation	64	显示 Information Message 图标

说明：buttons 的组合值可以是上面单项常量（或值）的和。如消息框显示 Yes 和 No 两个按钮及问号图标，其 buttons 参数取值为 VbYesNo + VbQuestion 或 4 + 32 或 36。

title：可选项。显示对话框标题栏中的字符串表达式。如果省略 Title，则把应用程序名放入标题栏中。

helpfile：可选项。字符串表达式，识别帮助文件，用该文件为对话框提供上下文相关的帮助。如果已提供 helpfile，则也必须提供 context。

context：可选项。数值表达式，由帮助文件的作者指定给某个帮助主题的帮助上下文编号。如果已提供 context，则也必须提供 helpfile。

消息框使用一般有两种形式：子过程调用形式和函数过程调用形式。当以函数过程调用形式使用时，消息框会有返回值，其值如表 9.8 所示。

表 9.8　　　　　　　　　　　　　　　消息框返回值

常量	值	说明
VbOK	1	OK 按钮
VbCancel	2	Cancel 按钮
VbAbort	3	Abort 按钮
VbRetr y	4	Retry 按钮
VbIgnore	5	Ignore 按钮
VbYes	6	Yes 按钮
VbNo	7	No 按钮

6. 鼠标和键盘的操作

（1）鼠标操作

涉及鼠标操作的事件主要有 MouseDown（鼠标按下）、MouseMove（鼠标移动）和 MouseUp（鼠标抬起）等3个，其事件过程形式为（XXX 为控件对象名）：

XXX_MouseDown（Button As Integer,Shift As Integer,X As Single,Y As Single）
XXX_MouseMove（Button As Integer,Shift As Integer,X As Single,Y As Single）
XXX_MouseUp（Button As Integer,Shift As Integer,X As Single,Y As Single）

其中 Button 参数用于判断鼠标操作的是左中右哪个键，可以分别用符号常量 acLeftButton（左键1）、acRightButton（右键2）和 acMiddleButton（中键4）来比较。Shift 参数用于判断鼠标操作的同时，键盘控制键的操作，可以分别用符号常量 acAltMask（Shift 键1）、acAltMask（Ctrl 键2）和 acAltMask（Alt 键4）来比较。X 和 Y 参数用于返回鼠标操作的坐标位置。

（2）键盘操作

涉及键盘操作的事件主要有 KeyDown（键按下）、KeyPress（键按下）和 KeyUp（键抬起）等3个，其事件过程形式为（XXX 为控件对象名）：

XXX_KeyDown（KeyCode As Integer,Shift As Integer）
XXX_KeyPress（KeyAscii As Integer）
XXX_KeyUp（KeyCode As Integer,Shift As Integer）

其中 KeyCode 参数和 KeyAscii 参数均用于返回键盘操作键的 ASCII 码值。在这里，KeyDown 和 KeyUp 的 KeyCode 参数常用于识别或区别扩展字符键（F1~F12）、定位键（Home、End、PageUp、PageDown、向上键、向下键、向右键、向左键及 Tab 键）、键的组合和标准的键盘更改键（Shift、Ctrl 或 Alt）及数字键盘或键盘数字键等字符。KeyPress 的 KeyAscii 参数常用于识别或区别英文大小写、数字及换行（13）和取消（27）等字符。Shift 参数用于判断键盘操作的同时控制键的操作，用法同上。

7. 计时事件

VBA 通过设置窗体的"计时器间隔（TimerInterval）"属性与添加"计时器触发（Timer）"事件来完成"定时"功能。其处理过程是：Timer 事件每隔 TimerInterval 时间间隔就会被激发一次，并运行 Timer 事件过程来响应。这样重复不断，即可实现"定时"功能。

例：在窗体的一个标签上实现自动计数操作（从1开始）。要求：窗体打开时开始计数，单击其上的按钮则停止计数，再单击一次按钮则继续计数。

【操作步骤】（1）创建窗体 timer,并在其上添加一个标签 INum 和一个按钮 bOK。

（2）打开窗体属性窗口，设置"计时器间隔"属性值为1000,并选择计时器触发属性为"[事件过程]"项，单击其后的"…"钮，进入 Timer 事件过程编写事件代码。

注意："计时器间隔"属性值以毫秒为计量单位，故输入1000表示间隔为1s。

（3）设计窗体"计时器触发"事件、窗体"打开"事件和 bOK 按钮"单击"事件代码及有关变量的类模块定义如下。

```
Option Compare Database
Dim flag As Boolean
Private Sub bOK_Click ( )
    Flag = Not flag
End Sub
Private Sub Form_Open (Cancel As Integer)
    Flag = True
End Sub
Private Sub Form_timer ( )
    If flag = True Then
        Me! INum.Caption = CLng (Me! INum.Caption) +1
    End If
End Sub
```

"计时器间隔"属性值可以安排在代码中进行动态设置（Me.TimerInterval = 1000），而且可以通过设置"计时器间隔"属性值为零（Me.TimerInterval = 0）来终止 Timer 事件继续发生。操作过程如图9.1所示。

图9.1　使用计时事件在窗体中实现自动计数

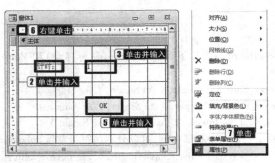

图 9.1　使用计时事件在窗体中实现自动计数（续）

8. 用代码设置 Access 选项

Access 系统环境中的所有选项均可静态设置，也可以在 VBA 代码里动态设置。语法格式如下：
Application.SetOption（OptionName，Setting）
在这里，程序中的 OptionName 参数选项名称一般为英文，Setting 为设置的选项值。
例：用代码设置相关选项，消除操作查询执行时的确认提示。

```
Private Sub Form_Load ( )
    Application.SetOption "confirm Record Change" , False '确认取消(记录更改)
    Application.SetOption "confirm Document Deletions" , False '确认取消(删除文档)
    Application.SetOption "confirm Action Queries" , False '确认取消(操作查询)
End Sub
```

> **小提示**
>
> 在打开窗体、报表，关闭输入框、消息框的操作中，参数可以省略，取默认值，但分隔符","不能省略。

> **常见问题**
>
> MsgBox(prompt,buttons,title,helpfile,context) 函数调用形式中必须提供的参数是哪个？
> prompt 是必选项，其他都是可选项。

第9章 VBA数据库编程

真题精选

一、选择题

【例1】 InputBox 函数返回值的类型是( )。
　　A)数值　　　　　　B)字符串　　　　　　C)变体　　　　　　D)数值或字符串(视输入的数据而定)
【答案】 B
【解析】 输入框用于在一个对话框中显示提示,等待用户输入正文并单击按钮,返回包含文本框内容的字符串数据信息。

【例2】 在 MsgBox(prompt,buttons,title,helpfile,context) 函数调用形式中必须提供的参数为( )。
　　A)prompt　　　　　B)buttons　　　　　C)title　　　　　　D)context
【答案】 A
【解析】 消息框用于在对话框中显示信息,等待用户单击按钮,并返回一个整型值告诉用户单击哪一个按钮。其使用格式:MsgBox(prompt[,buttons][,title][,helpfile][,context])。prompt 是必选的,buttons 是可选的。

【例3】 操作 MsgBox 的作用是( )。
　　A)显示消息框　　　　　　　　　　　　B)使窗口最大化
　　C)关闭或打开系统信息　　　　　　　　D)从文本文件导入或导出数据
【答案】 A
【解析】 MsgBox 的作用是显示消息框。B 选项的操作是 Maximize 命令,C 选项的操作是 SetWarmings 命令,D 选项的操作是 TransferText 命令。这些操作只需看操作英文单词的中文意思即可。

二、操作题

【例1】 单击窗体"报表输出"按钮(名为"bt1"),调用事件代码实现以预览方式打开报表"rEmp"。
【操作步骤】 进入 VBE 窗口,编写 VBA 代码,如图 9.2 所示。

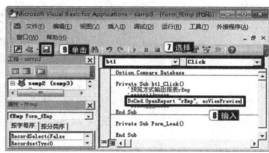

图 9.2　编写 VBA 代码(1)

【例2】 在"fEmp"窗体上单击"输出"命令按钮(名为"btnP"),弹出一个输入对话框,其提示文本为"请输入大于0的数值"。
　　输入 1 时,相关代码关闭窗体(或程序)。
　　输入 2 时,相关代码实现预览输出报表对象"rEmp"。
　　输入 >=3 时,相关代码调用宏对象"mEmp"以打开数据表"tEmp"。
【操作步骤】 进入 VBE 窗口,编写 VBA 代码,如图 9.3 所示。

图 9.3　编写 VBA 代码(2)

【例3】在窗体上有"修改"和"保存"两个命令按钮,名称分别为"CmdEdit"和"CmdSave",其中"保存"命令按钮在初始状态为不可用,当单击"修改"按钮后,"保存"按钮变为可用。

【操作步骤】进入 VBE 窗口,编写 VBA 代码,如图 9.4 所示。

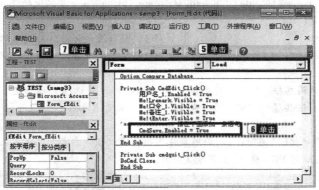

图 9.4　编写 VBA 代码(3)

9.2　VBA 的数据库编程

考点 2　数据访问对象(DAO)和 Activex 数据对象(ADO)

1. DAO 模型结构

数据访问对象(Data Access Objects,DAO)提供一个访问数据库的对象模型。利用其中定义的一系列数据访问对象,如 RecordSet、Database 等对象,可以实现对数据库的各种操作。DAO 是 VBA 提供的一种数据访问接口,包括数据库创建、表和查询的定义等工具,借助 VBA 代码可以灵活地控制数据访问的各种操作。DAO 的模型如图 9.5 所示。

> **真考链接**
>
> 在选择题中,考查概率为 80%。考点 2 在操作题中,综合应用的考查概率为 46%,简单应用的考查概率为 4%。本知识点是非常重要的一个考点,数据访问对象 DAO 的含义、对数据库的操作、ADO 对象模型的几个常用对象的功能及使用是考查的重点。

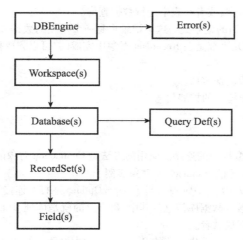

图9.5　DAO模型

（1）DBEngine 对象：表示 Microsoft Jet 数据库引擎。它是 DAO 模型的最上层对象，而且包含并控制 DAO 模型中的其余全部对象。

（2）Workspace 对象：表示工作区。

（3）Database 对象：表示操作的数据库对象。

（4）RecordSet 对象：表示数据操作返回的记录集。

（5）Field 对象：表示记录集中的字段数据信息。

（6）QueryDef 对象：表示数据库查询信息。

（7）Error 对象：表示数据提供程序出错时的扩展信息。

2. 利用 DAO 访问数据库

通过 DAO 编程实现数据库访问时，首先要创建对象变量，然后通过对象方法和属性来进行操作。数据库操作的一般语句和步骤如下。

```
'定义对象变量
Dim ws As Workspace
Dim db As Database
Dim rs As RecordSet
'通过 Set 语句设置各个对象变量的值
Set ws = DBEngine. Workspace(0)　'打开默认工作区
Set db = ws. OpenDatabase（＜数据库文件名＞）'打开数据库文件
Set rs = db. OpenRecordSet（＜表名、查询名或 SQL 语句＞）'打开记录集
Do While Not rs. EOF　'利用循环结构遍历整个记录集直至末尾
……　'安排字段数据的各类操作
rs. MoveNext　'记录指针移至下一条
Loop
rs. close　'关闭记录集
db. close　'关闭数据库
Set rs = Nothing　'回收记录集对象变量的内在占有
Set db = Nothing　'回收数据库对象变量的内在占有
```

3. ADO 对象模型

ActiveX 数据对象（ADO）是基于组件的数据库编程接口，它是一个和编程语言无关的 COM 组件系统，可以对来自多种数据提供者的数据进行读取和写入操作。ADO 对象模型如图 9.6 所示。

（1）Connection 对象：用于建立与数据库的连接。通过连接可以从应用程序访问数据源，它保存诸如指针类型、连接字符串、查询超时、连接超时和默认数据库等连接信息。

（2）Command 对象：在建立数据库连接后，可以发出命令操作数据源。一般情况下，Command

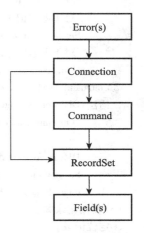

图9.6　ADO 对象模型

对象可以在数据库中添加、删除或更新数据,或者在表中进行数据查询。

(3) Recordset 对象:表示数据操作返回的记录集。这个记录集是一个连接的数据库中的表,或者是 Command 对象的执行结果返回的记录集。所有对数据的操作几乎都是在 Recordset 对象中完成的,可以完成指定行、移动行、添加、更改和删除记录等操作。

(4) Field 对象:表示记录集中的字段数据信息。

(5) Error 对象:表示数据提供程序出错时的扩展信息。

4. 主要 ADO 对象使用

(1) 连接数据源

利用 Connection 对象可以创建一个数据源的连接。应用的方法是 Connection 对象的 Open 方法。

Dim cnn As new ADODB. Connection '创建 Connection 对象实例

Cnn. Open [ConnectionString] [,UserID] [,PassWord] [,OpenOptions] '打开连接

ConnectionString:可选项,包含了连接的数据库信息。其中,最重要的就是体现 OLE DB 主要环节的数据提供者信息。不同类型的数据源连接,需使用规定的数据提供者。

数据提供者信息也可以在连接对象 Open 操作之前的 Provider 属性中设置。例如,cnn 连接对象的数据提供者可以进行如下设置。

Cnn. Provider = " Microsoft. Jet. OLEDB. 4.0"

UserID:可选项,包含建立连接的用户名。

PassWord:可选项,包含建立连接的用户密码。

OpenOptions:可选项,假如设置为 adConnectAsync,则连接将异步打开。

此外,利用 Connection 对象打开连接之前,一般还有一个因素需要考虑:记录集游标位置。它是通过 CursorLocation 属性来设置的,其语法格式为:

Cnn. CursorLocation = Location

其中,Location 指明了记录集存放的位置。具体取值如下。

adUseServer2:默认值,使用数据提供者或驱动程序提供的服务器端游标。

adUseClient3:使用由本地游标库提供的客户端游标。

(2) 打开记录集对象或执行查询

打开记录集对象或执行查询的方法有 3 种:一是使用记录集的 Open 方法,二是用 Connection 对象的 Execute 方法,三是用 Command 对象的 Execute 方法。其中,第一种方法只涉及记录集操作,第二、三种方法则会涉及记录集及执行查询操作。

①记录集的 Open 方法。

语法:Dim rs As new ADODB. RecordSet

  rs. Open [Source] [,ActiveConnection] [,CursorType] [,LockType] [,Options]

②Connection 对象的 Execute 方法。

语法:Dim cnn As new ADODB. Connection '创建 Connection 对象实例

  …… '打开连接等

  Dim rs As new ADODB. RecordSet '创建 RecordSet 对象实例

  '对于返回记录集的命令字符串

  Set rs = cnn. Execute(CommandText[,RecordsAffected][,Options]

  '对于不返回记录集的命令字符串,执行查询

  Cnn. Execute CommandText[,RecordsAffected] [,Options]

③Command 对象的 Execute 方法。

语法:Dim cnn As new ADODB. Connection

  Dim cmm As new ADODB. Command

  …

  Dim rs As new ADODB. RecordSet

  Set rs = cmm. Execute ([RecordsAffected] [,Parameters] [,Options])

  cmm. Execute [RecordsAffected] [,Parameters] [,Options]

(3) 使用记录集

①定位记录。

ADO 提供了多种定位和移动记录指针的方法,主要有 Move 和 MoveXXX 两种方法。

语法:rs. Move NumRecords [,Start]

rs.{MoveFirst | MoveLast | MoveNext | MovePrevious}

②检索记录。

在 ADO 中，记录集内信息的快速查询检索主要提供了两种方法：Find 和 Seek。

语法：rs. Find Criteria [,SkipRows][,SearchDirection][,Start]

　　　rs. Seek KeyValues,SeekOption

③添加新记录。

在 ADO 中添加新记录的方法为 AddNew。

语法：rs. AddNew [fieldList][,Values]

④更新记录。

更新记录与记录重新赋值没有什么太大的区别，用 SQL 语句将要修改的记录字段数据找出来重新赋值就可以了。

注意：更新记录后，可用 UpDate 方法将更新的记录数据存储到数据库中。

⑤删除记录。

用 Delete 方法，但相比 DAO 对象而言可以删掉一组记录。

语法：rs. Delete [AffectRecords]

（4）关闭连接或记录集

使用方法：Close 方法。

语法：Object. Close　′Object 为 ADO 对象

　　　Set Object = Nothing

5. 特殊域聚合函数

（1）Nz 函数

Nz 函数用于将 Null 值转换为 0、空字符串或者其他的指定值。调用格式如下：

Nz(表达式或字段属性值[,规定值])

（2）DCount 函数、DAvg 函数和 DSum 函数

DCount 函数用于返回指定记录集中的记录数，DAvg 函数用于返回指定记录集中某个字段列数据的平均值，DSum 函数用于返回指定记录集中某个字段列数据的和。调用格式如下：

DCount(表达式,记录集[,条件式])

DAvg(表达式,记录集[,条件式])

DSum(表达式,记录集[,条件式])

（3）DMax 函数和 DMin 函数

DMax 函数用于返回指定记录集中某个字段列数据的最大值，DMin 函数用于返回指定记录集中某个字段列数据的最小值。调用格式如下：

DMax(表达式,记录集[,条件式])

DMin(表达式,记录集[,条件式])

（4）DLookup 函数

DLookup 函数是用于从指定记录集里检索特定字段的值。调用格式如下：

DLookup(表达式,记录集[,条件式])

6. RunSQL 方法

RunSQL 方法用来运行 Access 的操作查询，完成对表的记录操作。还可以运行数据定义语句实现表和索引的定义操作。它无需从 DAO 或者 ADO 中定义任何对象进行操作，使用起来非常方便。调用格式如下：

Docmd. RunSQL(SQLStatement [,UseTransaction])

SQLStatement 为字符串表达式，表示操作查询或数据定义查询的有效 SQL 语句。它可以使用 INSERT INTO、DELETE、SELECT…INTO 等 SQL 语句。UseTransaction 为可选项，使用 True 可以在事务处理中包含该查询，使用 False 则不使用事务处理。

> **小提示**
>
> 数据访问对象(Data Access Objects,DAO)提供一个访问数据库的对象模型。利用其中定义的一系列数据访问对象，如 RecordSet、Database 等对象，可以实现对数据库的各种操作。ActiveX 数据对象(ADO)是基于组件的数据库编程接口，它是一个和编程语言无关的 COM 组件系统，可以对来自多种数据提供者的数据进行读取和写入操作。

常见问题

在 ADO 中连接数据源、打开记录与查询用什么方法？

利用 Connection 对象可以创建一个数据源的连接。应用的方法是 Connection 对象的 Open 方法。打开记录集对象或执行查询有 3 种方法：一是使用记录集的 Open 方法，二是用 Connection 对象的 Execute 方法，三是用 Command 对象的 Execute 方法。

 真题精选

一、选择题

【例1】能够实现从指定记录集里检索特定字段值的函数是(　　)。

　　A) DCount　　　　　　B) DLookup　　　　　　C) DMax　　　　　　D) Dsum

【答案】B

【解析】DLookUp 函数是从指定记录集里检索特定字段的值。它可以直接在 VBA、宏、查询表达式或计算控件使用，而且主要用于检索来自外部表字段中的数据。

【例2】在 VBA 中要打开名为"学生信息录入"的窗体，应使用的语句是(　　)。

　　A) Docmd. OpenForm "学生信息录入"

　　B) OpenForm "学生信息录入"

　　C) Docmd. OpenWindow "学生信息录入"

　　D) OpenWindow "学生信息录入"

【答案】A

【解析】一个程序中往往包含多个窗体，可以用代码的形式关闭这些窗体，从而形成完整的程序结构，命令格式：Docmd. OpenForm Formname。其中，Formname 是字符串表达式，代表窗体的有效名称。

【例3】ADO 的含义是(　　)。

　　A) 开放数据库互联应用编程接口　　　　　　B) 数据库访问对象

　　C) 动态链接库　　　　　　　　　　　　　　D) Active 数据对象

【答案】D

【解析】ActiveX 数据对象(ADO)是基于组件的数据库编程接口，它是一个和编程语言无关的 COM 组件系统，可以对来自多种数据提供者的数据进行读取和写入操作。

二、操作题

按照以下窗体功能，补充事件代码设计。

窗体功能：打开窗体，单击"计算"按钮，事件过程使用 ADO 数据库技术计算出表对象"tEmp"中党员职工的平均年龄，然后将结果显示在窗体的文本框"tAge"内并写入外部文件中。

【操作步骤】进入 VBE 窗口，编写 VBA 代码，如图 9.7 所示。

图 9.7　编写 VBA 代码

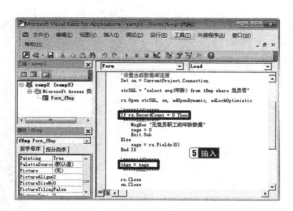

图9.7　编写 VBA 代码(续)

9.3　综合自测

一、选择题

1. 在 VBA 中要打开名为"学生信息录入"的窗体,应使用的语句是(　　)。
   A) DoCmd.OpenForm "学生信息录入"
   B) OpenForm "学生信息录入"
   C) DoCmd.OpenWindow "学生信息录入"
   D) OpenWindow "学生信息录入"

2. InputBox 函数的返回值类型是(　　)。
   A) 数值　　　　　　B) 字符串　　　　　　C) 变体　　　　　　D) 视输入的数据而定

3. MsgBox 函数使用的正确语法是(　　)。
   A) MsgBox(提示信息 [,标题] [,按钮类型])
   B) MsgBox(标题 [,按钮类型] [,提示信息])
   C) MsgBox(标题 [,提示信息] [,按钮类型])
   D) MsgBox(提示信息 [,按钮类型 [,标题])

4. 为使窗体每隔 0.5 秒钟激发一次计时器事件(Timer 事件),则应将其 Interval 属性值设置为(　　)。
   A) 5000　　　　　　B) 500　　　　　　　C) 5　　　　　　　D) 0.5

5. 下列程序的功能是返回当前窗体的记录集。
```
Sub GetRecNum()
    Dim rs As Object
    Set rs = _____
    MsgBox rs.RecordCount
End Sub
```
为保证程序输出记录集(窗体记录源)的记录数,下划线处应填写的语句是(　　)。
   A) Me.Recordset　　　　　　　　　　　　B) Me.RecordLocks
   C) Me.RecordSource　　　　　　　　　　D) Me.RecordSelectors

6. 采用 ADO 完成对"教学管理.accdb"文件中"学生表"的学生年龄都加 1 的操作,程序中下划线处应填写的是(　　)。
```
Sub SetAgePlus()
    Dim cn As New ADODB.Connection
    Dim rs As New ADODB.Recordset
    Dim fd As ADODB.Field
    Dim strConnect As String
    Dim strSQL As String
    Set cn = CurrentProject.Connection
    strSQL = "Select 年龄 from 学生表"
```

```
            rs.Open strSQL, cn, adOpenDynamic, adLockOptimistic, adCmdText
            Set fd = rs.Fields("年龄")
            Do While Not rs.EOF
                fd = fd + 1
                _____
                rs.MoveNext
            Loop
            rs.Close
            cn.Close
            Set rs = Nothing
            Set cn = Nothing
        End Sub
```
A）rs.Edit   B）rs.Update   C）Edit   D）Update

7. 在"用户表"中有4个字段:用户名(文本型,主关键字),密码(文本型),登录次数(数字型),最近登录时间(日期/时间型)。在"登录界面"的窗体中有两个名为 tUser 和 tPassword 的文本框,一个登录按钮 Command0。进入登录界面后,用户输入用户名和密码,单击登录按钮后,程序查找"用户表"。如果输入的用户名和密码全部正确,则登录次数加1,显示上次的登录时间,并记录本次登录的当前日期和时间,否则,显示出错提示信息。为完成上述功能,程序中下划线处应填入的语句为（　　）。

```
        Private Sub Command0_Click()
            Dim cn As New ADODB.Connection
            Dim rs As New ADODB.Recordset
            Dim fd1 As ADODB.Field
            Dim fd2 As ADODB.Field
            Dim strSQL As String
            Set cn = CurrentProject.Connection
            strSQL = "Select 登录次数,最近登录时间 From 用户表 Where 用户名='" & Me! tUser &
            "' And 密码='" & Me! tPassword & "'"
            rs.Open strSQL, cn, adOpenDynamic, adLockOptimistic, adCmdText
            Set fd1 = rs.Fields("登录次数")
            Set fd2 = rs.Fields("最近登录时间")
            If _____ Then
                fd1 = fd1 + 1
                MsgBox "用户已经登录:" & fd1 & "次" & Chr(13) & Chr(13) & "上次登录时间:" & fd2
                fd2 = Now()
                rs.Update
            Else
                MsgBox "用户名或密码错误。"
            End If
            rs.Close
            cn.Close
            Set rs = Nothing
            Set cn = Nothing
        End Sub
```
A）Not rs.EOF   B）rs.EOF   C）Not EOF   D）EOF

8. 数据库中有"Emp""Eno""Ename""Eage""Esex""Edate""Eparty"等字段。下面程序段的功能是:在窗体文本框"tValue"内输入年龄条件,单击"删除"按钮完成对该年龄职工记录信息的删除操作。

```
        Private Sub btnDelete_Click()    '单击"删除"按钮
            Dim strSQL As String    '定义变量
            strSQL = "delete from Emp"    '赋值SQL基本操作字符串
            '判断窗体年龄条件值无效(空值或非数值)处理
            If IsNull(Me! tValue) = True Or IsNumeric(Me! tValue) = False Then
                MsgBox "年龄值为空或非有效数值!", vbCritical, "Error"          '窗体输入焦点移回年龄输
```

入的文本框"tValue"控件内
```
            Me! tValue.SetFocus
        Else
            '构造条件删除查询表达式
            strSQL = strSQL & " where Eage = " & Me! tValue
            '消息框提示"确认删除？(Yes/No)",选择"Yes"实施删除操作
            If MsgBox("确认删除？(Yes/No)", vbQuestion + vbYesNc,"确认") = vbYes Then
                '执行删除查询
                DoCmd._____ strSQL
                MsgBox "completed!", vbInformation, "Msg"
            End If
        End If
    End Sub
```
按照功能要求,下划线处应填写的是( )。
A) Execute   B) RunSQL   C) Run   D) SQL

9. 下列代码实现的功能是:窗体中一个名为 tNum 的文本框,运行时在其中输入课程编号,程序在"课程表"中查询,找到对应的"课程名称"显示在另一个名为 tName 文本框中。
```
    Private Sub tNum_AfterUpdate()
        Me! tName = _____
    End Sub
```
要使程序可以正确运行,_____处应该填写的是( )。
A) DLookup("课程名称","课程表","课程编号='" & Me! tNum & "'")
B) DLookup("课程表","课程名称","课程编号='" & Me! tNum & "'")
C) DLookup("课程表","课程编号='" & Me! tNum & "'","课程名称")
D) DLookup("课程名称","课程编号='" & Me! tNum & "'","课程表")

10. BA 中不能实现错误处理的语句结构是( )。
A) On Error Then 标号   B) On Error Goto 标号
C) On Error Resume Next   D) On Error Goto 0

二、操作题
1. 考生文件夹下有一个数据库文件"samp3.accdb",其中存在已经设计好的表对象"tEmp"、查询对象"qEmp"和窗体对象"fEmp"。同时,给出窗体对象"fEmp"上两个按钮的单击事件的部分代码,请按以下要求补充设计。
(1) 将窗体"fEmp"上名称为"tSS"的文本框控件改为组合框控件,控件名称不变,标签标题不变。设置组合框控件的相关属性,以实现从下拉列表中选择输入性别值"男"和"女"。
(2) 将查询对象"qEmp"改为参数查询,参数为窗体对象"fEmp"上组合框"tSS"中的输入值。
(3) 将窗体对象"fEmp"中名称为"tPa"的文本框控件设置为计算控件。要求依据"党员否"段值显示相应内容。如果"党员否"字段值为 True,显示"党员";如果"党员否"段值为 False,显示"非党员"。
(4) 在窗体对象"fEmp"有"刷新"和"退出"两个命令按钮,名称分别为"bt1"和"bt2"。单击"刷新"按钮,窗体记录源改为查询对象"qEmp";单击"退出"按钮,关闭窗体。现已编写了部分 VBA 代码,请按照 VBA 代码中的指示将代码补充完整。
注意:不能修改数据库中的表对象"tEmp";不能修改查询对象"mp"中未涉及的内容;不能修改窗体对象"fEmp"中未涉及的控件和属性。
程序代码只允许在"＊＊＊＊Add＊＊＊＊＊"与"＊＊＊＊Add＊＊＊＊＊"之间的空行内补充一行语句,完成设计,不允许增删和修改其他位置已存在的语句。

2. 考生文件夹下有一个数据库文件"samp3.accdb",其中存在已经设计好的表对象"tStud"和查询对象"qStud"还有以"qStud"为数据源的报表对象"rStud"。请在此基础上按照以下要求补充报表设计。
(1) 在报表的报表页眉节添加一个标签控件,名称为"bTitle",标题为"团员基本信息表"。
(2) 在报表的主体节添加一个文本框控件,显示"性别"字段值。该控件放置在距上边 0.1cm、距左边 5.2cm 处,并命名为"tSex"。
(3) 在报表页脚节添加一个计算控件,计算并显示学生平均年龄。计算控件放置在距上边 0.2cm、距左边 4.5cm 处,并命名为"tAvg"。
(4) 按"编号"字段前 4 位分组统计各组记录个数,并将统计结果显示在组页脚节。计算控件命名为"tCount"。
注意:不能改动数据库中的表对象"tStud"和查询对象"qStud",同时也不能修改报表对象"rStud"中已有的控件和属性。

第10章

操作题高频考点精讲

操作题分析明细表

考点	考查概率	难易程度
建立表结构	61%	★★★★
设置字段属性	93%	★★★★★
建立表间关系	39%	★★★
向表中输入数据	80%	★★★★
维护表	32%	★★★
操作表	41%	★★★
创建选择查询	100%	★★★★
在查询中进行计算	63%	★★★★
创建交叉表查询	15%	★★
创建参数查询	43%	★★★
创建操作查询	76%	★★★★
创建 SQL 查询	13%	★★
编辑和使用查询	60%	★
创建窗体	12%	★★
常用控件的使用	31%	★★★
常用属性	48%	★★★★
宏	13%	★★
创建报表	30%	★★★
报表控件	40%	★★★
报表排序和分组	23%	★★★★★
使用计算控件	11%	★★
报表中的常见属性	39%	★★★
窗体属性及含义	11%	★★★★
控件属性及含义	13%	★★★★

10.1 基本操作题

考点 1　建立表结构

建立表结构有 3 种方法：一是在"数据表视图"中直接在字段名处输入字段名，这种方法比较简单，但无法对每一个字段的数据类型、属性值进行设置，一般还需在"设计视图"中进行修改；二是使用"设计视图"，这是一种最常用的方法；三是通过"表向导"创建表结构。这里重点介绍第二种方法。

(1) 使用"设计视图"建表

使用"设计视图"建表要详细说明每个字段的字段名和所使用的数据类型。

例：在"samp1.accdb"数据库中建立表"tCourse"，表结构如表 10.1 所示。

表 10.1　　　　　　　　　　　　　　　tCourse 表结构

字段名称	数据类型	字段大小	格式
课程编号	文本	8	
课程名称	文本	20	
学时	数字	整型	
学分	数字	单精度型	
开课日期	日期/时间		短日期
必修否	是/否		是/否
简介	是/否		

【操作步骤】打开"samp1.accdb"数据库，进入表"设计视图"，在"设计视图"中按表中要求设置字段属性，并将表保存为"tCourse"，如图 10.1 所示。

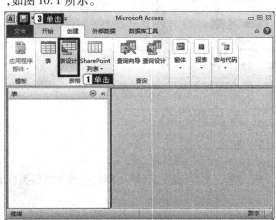
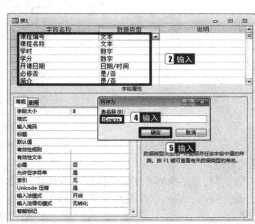

图 10.1　设置字段属性

(2) 设置主键

主键也称为主关键字，是表中能够唯一标识记录的一个字段或多个字段的组合，只有为表定义了主键才能与数据库的其他表建立关系。定义主键有两种方法：一是在建立表时定义，二是建表后重新打开"设计视图"定义。

例：根据表"tCourse"结构，判断并设置主键。

【操作步骤】进入表"设计视图"，并设置主键，如图 10.2 所示。

图 10.2　设置主键

考点 2　设置字段属性

字段属性表示字段所具有的特性,它定义了字段数据的保存、处理和显示。每个字段的属性取决于该字段的数据类型。"字段属性"区域中的属性是针对具体字段而言的,要改变字段的属性,需要先单击字段所在行,然后对"字段属性"区域中所表示字段的属性进行设置和修改。

(1) 字段大小

通过该属性可控制字段使用的空间大小,只适用于数据类型为"文本"型和"数字"型的字段。"文本"型字段的取值范围为 0~255 的整数,默认值为 50;对于"数字"型字段则要单击"字段大小"属性行,然后单击右侧下拉按钮,从下拉列表中选择一种类型。

(2) 格式

此属性只影响数据的显示格式。

例:将表"tCourse"中"开课日期"字段格式设置为"中日期"。

【操作步骤】进入表"设计视图",并设置字段格式,如图 10.3 所示。

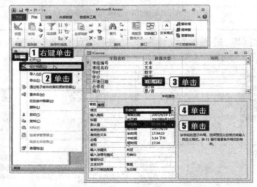

图 10.3　设置字段格式

(3) 输入掩码

在输入数据时,某些数据有相对的固定书写格式,例如电话号码。对于文本、数字、日期/时间、货币等数据类型的字段时都可以定义输入掩码。所用字符及其含义如表 10.2 所示。

表 10.2　　　　　　　　　　　　　所用字符及其含义

字符	说明
0	必须输入数字 0~9
9	可以选择输入数据或空格
#	可以选择输入数据或空格(在"编辑"模式下空格以空白显示,但是在保存数据时要将空白删除,允许输入加号和减号)
L	必须输入字母(A~Z,a~z)
?	可以选择输入字母(A~Z,a~z)
A	必须输入字母或数字

续表

字符	说明
a	可以选择输入字母或数字
&	必须输入一个任意的字符或一个空格
C	可以选择输入任意的字符或一个空格
. : ; - /	小数点占位符及千位、日期与时间的分隔符
<	将所有字符转换为小写
>	将所有字符转换为大写
!	使输入掩码从右到左显示,而不是从左到右显示。输入掩码中的字符始终都是从左到右输入。可以在输入掩码中的任何地方输入叹号
\	使接下来的字符以原义字符显示(例如,\A 只显示为 A)

例:设置表"tCourse"中"课程编号"字段的"输入掩码"行只能输入 8 位数字或字母形式。

【操作步骤】进入表"设计视图",并设置字段输入掩码,如图 10.4 所示。

(4) 默认值

在某一数据库中往往有些字段数据内容相同或包含有相同的部分,为减少数据输入量,可以将较多的值作为该字段的默认值。

例:将表"tCourse"中"开课日期"字段的默认值设置为系统日期。

【操作步骤】进入表"设计视图",并设置字段默认值,如图 10.5 所示。

图 10.4　设置字段输入掩码　　　　图 10.5　设置字段默认值

(5) 有效性规则和有效性文本

有效性规则定义一条规则,限制可以接受的内容。只要是添加或编辑数据都将强行实施字段有效性规则。当输入的数据违反了有效性规则时系统会显示提示信息,但给出的信息并不是很明确,因此可以通过定义有效性文本来解决这一问题。

例:将表"tCourse"中"学分"字段"有效性规则"设置为"不能超过 10",同时设置"有效性文本"为"请输入不超过 10 的数字"。

【操作步骤】进入表"设计视图",并设置字段相应属性,如图 10.6 所示。

(6) 标题

通过该属性可以设置字段名称在"数据表视图"中的显示字样。

(7) 索引

能根据键值加快在表中查找和排序的速度,并且能对表中的记录实施唯一性,可以选择的"索引"属性选项有 3 个,如表 10.3 所示。

图 10.6　设置相应属性

表 10.3　　　　　　　　　　　　　　　　"索引"属性选项

索引属性值	说明
无	该字段不建立索引
有(有重复)	以该字段建立索引,且字段中的内容可以重复
有(无重复)	以该字段建立索引,且字段中的内容不可以重复,这种字段适合做主键

（8）必填字段

如果设置该属性，则对应的字段必须输入对应数值，不能为空。

（9）说明

为对应字段的一些描述性解释。

考点 3　建立表间关系

Access 中表与表之间关系可以分为一对一、一对多和多对多 3 种。参照完整性是在输入或删除记录为维持表之间已定义的关系而必须遵循的规则。

例：建立表"tStud"和"tCourse"之间的关系，并实施参照完整性。

【操作步骤】进入表"关系"视图，建立表间关系，如图 10.7 所示。

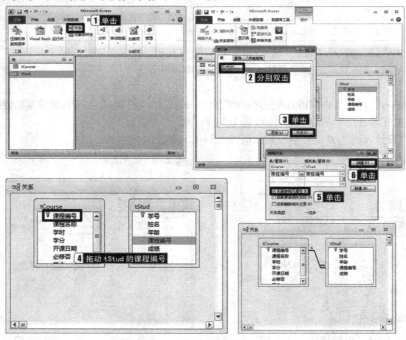

图 10.7　建立表间关系

考点 4　向表中输入数据

（1）在"数据表视图"中直接输入数据包括：输入数字信息和插入图片信息。直接输入数字信息简单易懂，插入图片信息时右键单击要插入图片的位置，在弹出的快捷菜单中选择"插入对象"命令，在向导对话框中找到要插入的图片选中即可。

（2）创建查阅向导。在数据表中输入数据时，如果某字段是一组固定数据，此时可将这组固定值设置为一个表，从列表中选择所需要的值。

例：使用查阅向导建立"性别"字段的数据类型，向该字段键入的值为"男"和"女"。

【操作步骤】进入表"设计视图"，设置查阅向导，如图 10.8 所示。

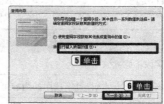

图 10.8　设置查阅向导

图 10.8 设置查阅向导(续)

考点 5　维护表

(1) 修改表结构

添加字段：在表中添加一个新字段不会影响其他字段和现有数据。

修改字段：包括修改字段名称、数据类型、说明、属性等。在"数据表视图"中只能修改字段名称，如果要修改其他则要进入"设计视图"。

删除字段：删除表中不需要的字段。

(2) 编辑表内容

添加新记录时，使用"数据表视图"打开要编辑的表，可以将光标直接移动到表的最后一行，直接输入要添加的数据。表使用时间过长后有很多数据是不需要的，这时可以将多余的数据删除，右击要删除的数据行，在弹出的快捷菜单中选择"删除记录"命令即可。

(3) 调整表外观

为了使表看上去更美观、清楚，需要对表进行适当的调整，包括改变字段显示次序、调整行高和列宽、隐藏不需要的列、显示隐藏列、冻结列、取消冻结列、设置数据表格式和改变字体，这些操作都在"数据表视图"中完成。

考点 6　操作表

操作表包括表的重命名、备份表、导出表和删除表，根据需要按向导依次对表进行操作。

10.2　简单应用题

考点 7　创建选择查询

根据指定条件从一个或多个数据源中获取数据的查询称为选择查询，包括不带条件查询和带条件查询。

(1) 创建不带条件的查询

例：查找学生的姓名、年龄和成绩字段，所建查询命名为"qT2"。

【操作步骤】进入"设计视图"，创建查询，如图 10.9 所示。

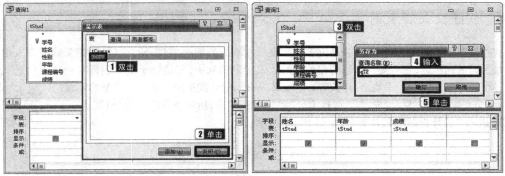

图 10.9　创建查询

(2)创建带条件的查询

在实际应用中,并非都是简单的查询,往往需要制定一定条件,这种条件需要通过设置查询条件来实现。查询条件是运算符、常量、字段值、函数以及字段名和属性等的任意组合,能够计算出一个结果。

运算符:构成查询条件的基本元素,Access 提供了关系运算符、逻辑运算符和特殊运算符。

创建条件查询时有多种形式设置查询条件:使用数值、文本值、处理日期结果、字段的部分值、空值或空字符串作为查询条件。

例:查找成绩在 60 以上的学生的姓名、年龄和成绩字段,所建查询命名为"qT2"。

【操作步骤】进入"设计视图",创建条件查询,如图 10.10 所示。

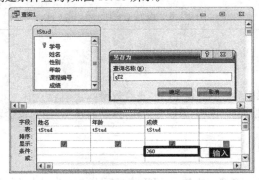

图 10.10　创建条件查询

考点8　在查询中进行计算

在实际应用中,常常需要对查询结果进行统计计算,如求和、最大值、最小值等。Access 中允许在查询中利用设置网格中的"总计"行进行各种统计,通过创建计算字段进行任意类型的计算。

例:计算学生的平均成绩,并显示学生的姓名、学号和平均成绩字段,所建查询命名为"qT2"。

【操作步骤】进入"设计视图",创建查询,如图 10.11 所示。

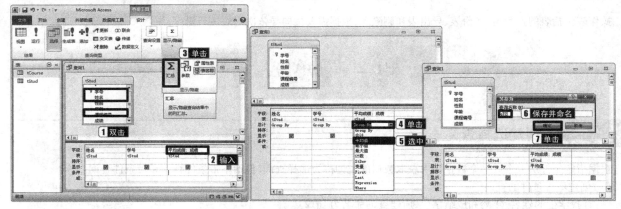

图 10.11　创建查询

考点9　创建交叉表查询

创建交叉表查询时需要指定 3 个字段:一是位于交叉表最左端的行标题,它将某一字段的相关数据放入指定的行中;二是位于交叉表最上面的列标题,它将某一字段的相关数据放入指定的列中;三是位于交叉表行与列交叉位置上的字段,需要为该字段指定一个总计项,如总计、平均值、计数等。在交叉表查询中只能指定一个总计类型的字段。

例:创建一个交叉表查询并显示"学号""课程编号"和"成绩"字段,所建查询命名为"qT2"。

【操作步骤】进入"设计视图",创建查询,如图 10.12 所示。

第10章 操作题高频考点精讲

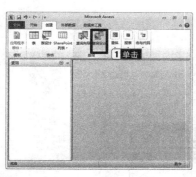
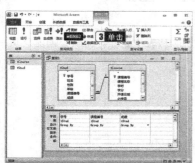

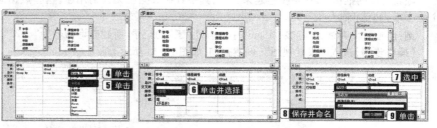

图 10.12 创建交叉表查询

考点 10　创建参数查询

创建参数查询就是在字段中指定一个参数,在执行参数查询时输入一个参数值。

例:创建一个查询,按输入的学生年龄查找并显示"学号""姓名"和"年龄"字段,所建查询命名为"qT2"。

【操作步骤】进入"设计视图",创建查询,如图 10.13 所示。

图 10.13　创建参数查询

考点 11　创建操作查询

(1)生成表查询

生成表查询是利用一个或多个表中的全部或部分数据建立新表。

例:创建一个查询,运行该查询后生成一个新表为"tTemp",并显示"学号""课程名称"和"成绩"字段。

【操作步骤】进入"设计视图",创建查询,如图 10.14 所示。

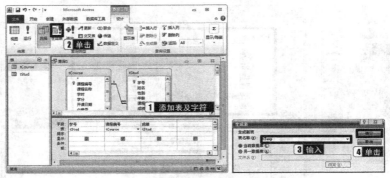

图 10.14 创建操作查询

（2）删除查询

随着时间的推移，表中数据会越来越多，其中有些数据已无任何用途，这些数据应及时从表中删除。删除查询能够从一个或多个表中删除记录。

例：创建一个查询，删除表"tStud"中所有姓"王"的记录，所建查询命名为"qT2"。

【操作步骤】进入"设计视图"，创建查询，如图 10.15 所示。

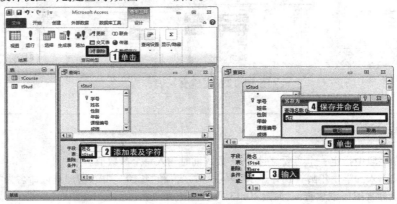

图 10.15 删除查询

（3）更新查询

如果在"数据表视图"中对记录进行更新和修改，那么当要更新的记录较多或需要符合一定条件时就可以使用更新查询，它能对一个或多个表中的一组记录全部进行更新。

例：创建一个查询，将表"tStud"中"年龄"字段值加1，所建查询命名为"qT2"。

【操作步骤】进入"设计视图"，创建查询，如图 10.16 所示。

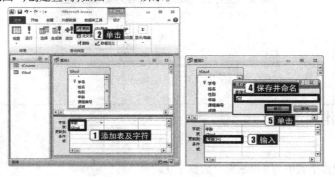

图 10.16 更新查询

（4）追加查询

维护数据库时，如果要将某个表中符合一定条件的记录添加到另一个表上，可以使用追加查询。追加查询能够将一个或多个表的数据追加到另一个表的尾部。

例：创建一个操作查询，将表"tStud"中没有书法爱好的学生的"学号""姓名"和"年龄"字段内容追加到目标表"tTemp"的对应字段中，所建查询命名为"qT2"。

【操作步骤】进入"设计视图"，创建查询，如图 10.17 所示。

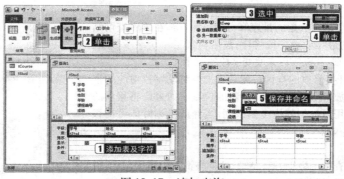

图 10.17　追加查询

考点 12　创建 SQL 查询

在 Access 中任何一个查询都对应着一个 SQL 语句,可以说查询对象实质是一条 SQL 语句,当使用"设计视图"创建一个查询时,就会构成一个等价的 SQL 语句。

SQL 设计巧妙,语句简单。完成数据定义、数据查询、数据操作和数据控制的核心功能只有 9 个动词,如表 10.4 所示。

表 10.4　核心功能的 9 个动词

SQL 功能	动词
数据定义	CREATE,DROP,ALTER
数据操作	INSTER,UPDATE,DELETE
数据查询	SELECT
数据控制	CRANT,REVOTE

SQL 特定查询分为:联合查询、传递查询、数据定义查询和子查询 4 种,其中前三种查询不能在"设计视图"中创建,必须直接在"SQL 视图"中创建 SQL 语句。对于子查询要在查询设计网格的"字段"行或"条件"行输入 SQL 语句。

子查询由另一个查询或操作查询之内的 SELECT 语句组成,但不能将子查询作为单独的一个查询,必须与其他查询相结合。

例:创建一个查询,查找年龄小于平均年龄的学生,并显示其"姓名",所建查询命名为"qT2"。

【操作步骤】进入"设计视图",创建查询,如图 10.18 所示。

图 10.18　创建 SQL 查询

考点 13　编辑和使用查询

(1)删除字段

在"设计视图"中如果出现不需要的字段时,则要将它删除。

例:删除"qT"查询中的"性别"列。

【操作步骤】进入"设计视图",创建查询,如图 10.19 所示。

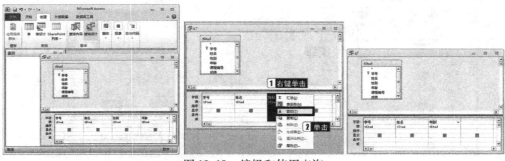

图 10.19　编辑和使用查询

（2）移动字段

在设计查询时，字段的排列影响数据的排序和分组。Access 在排序查询结果时首先按照设计网格中排列最靠前的字段排序，然后再按下一个字段排序。用户可以根据排序和分组的需要，移动字段来改变字段的顺序。

首先使用"设计视图"打开要修改的查询。然后单击要移动字段对应的字段选择器，并按住鼠标左键不放，拖曳鼠标指针至新的位置。如果要将移动的字段移到某一字段的左侧，则用鼠标将其拖曳到该列，当释放鼠标时即可把移动的字段移到光标所在列的左端。

（3）排序查询结果

在实际网格中，一般不对查询的数据进行整理，这样查询后的数据很多、很乱，影响查看。如果对查询结果进行排序，可以改变这种情况。

例：修改"qT"查询，将查询按"年龄"字段升序排列。

【操作步骤】进入"设计视图"，创建查询，如图10.20所示。

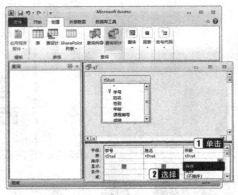

图 10.20　排序查询结果

10.3　综合应用题

考点 14　创建窗体

Access 提供了 7 种类型的窗体，分别是：纵栏式窗体、表格窗体、数据表窗体、主/子窗体、图表窗体、数据透视表窗体和数据透视图窗体。

Access 的窗体有 6 种视图：设计视图、布局视图、窗体视图、数据表视图、数据透视表视图和数据透视图视图。

创建窗体用得最多的是"设计视图"，它由 5 个节组成：主体、窗体页眉、页面页眉、页面页脚和窗体页脚，如图 10.21 所示。

图 10.21　设计视图组成

在默认情况下，窗体"设计视图"只显示主体节，其他 4 个节需要选择窗体设计右键快捷菜单中的相应命令才能显示出来。

例：创建一个窗体，命名为"fTest"。

【操作步骤】进入"设计视图"，创建窗体，如图10.22 所示。

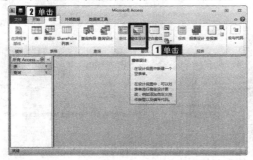 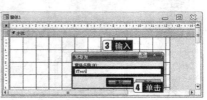

图 10.22　创建窗体

考点 15　常用控件的使用

（1）添加标签控件

标签主要用来在窗体上显示说明性文本。标签不显示字段或表达式的数值，它没有数据来源。

例：在窗体的窗体页眉节添加一个标签控件，标题为"员工信息输出"。

【操作步骤】进入"设计视图"，并添加标签控件，如图 10.23 所示。

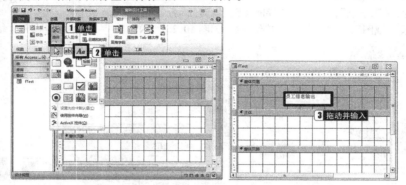

图 10.23　添加标签控件

（2）添加文本框控件

文本框主要用来输入或编辑数据，它是一种交互式控件。文本框分为 3 种类型：绑定型、未绑定型与计算型。绑定型文本框能够从表、查询或 SQL 语言中获得所需要的内容；未绑定型文本框并没有链接某一段，一般用来显示信息或接受用户输入数据等；在计算型文本框中，可以显示表达式的结果，当表达式发生变化时，数值就会被重新计算。

（3）添加选项组控件

选项组提供了必要的选项，用户只需要进行简单的选取即可完成参数设置。选项组中可以包含复选框或选项按钮等控件。

（4）添加选项按钮控件

复选框和选项按钮是作为单独的控件来显示表或查询中的"是"或"否"的值。当选中复选框或选项按钮时，设置为"是"；如果不选择则为"否"。设置时每一步都有向导对话框，依次按要求选择即可。

（5）添加组合框控件

组合框能够将一些内容罗列出来供用户选择。组合框分为绑定型与未绑定型两种。如果要保存在组合框中选择的值，一般创建绑定型组合框；如果要使用组合框中选择的值来决定其他控件内容，就可以建立一个未绑定型的组合框。用户可以利用向导来创建组合框，也可以在窗体的"设计视图"中直接创建。

（6）添加命令按钮

在窗体中可以使用命令按钮来执行某项操作或某些操作。例如"确定""取消"或"关闭"等都是命令按钮。

例：在窗体的窗体页脚节添加一个命令按钮，标题为"刷新窗体"。

【操作步骤】进入"设计视图"，并添加命令按钮，如图 10.24 所示。

图 10.24　添加命令按扭

（7）添加直线和矩形控件

在窗体中添加直线控件是为了突出相关的或特别重要的信息，而添加矩形控件是为了显示图形效果，添加方法同其他控件。

考点 16　常用属性

（1）设置"格式"属性

"格式"属性主要用于设置窗体和控件的外观或显示格式。控件的格式属性有很多，常用的有标题、字体名称、字号、背景色、特殊效果等。控件中"标题"属性用于设置控件中显示的文字；"字体名称"属性用于设置控件中文字的显示格式；"特殊效果"属性用于设定控件的显示效果。

例：将窗体标题改为"员工信息"，并将窗体"导航按钮"设置为"否"。

【操作步骤】进入"设计视图"，并设置标题及其他属性，如图 10.25 所示。

图 10.25　设置"格式"属性

（2）设置"数据"属性

"数据"属性也包括很多项，使用最多的是"控件来源"项，通过设置该属性可以使某一控件显示用户要求的信息。设置该属性时可以是某一固定字段，也可以是表达式。

例：将主体节中"性别"标签右侧的文本框显示内容设置为"性别"字段值。

【操作步骤】进入"设计视图"，并设置"数据"属性，如图 10.26 所示。

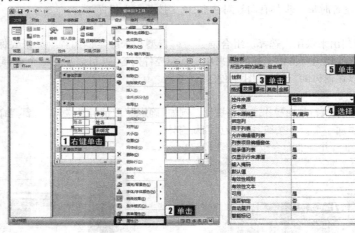

图 10.26　设置"数据"属性

如果要设置为计算控件，则需右键单击文本框控件，在弹出的快捷菜单中选择"事件生成器"命令，在弹出的对话框中选择"表达式生成器"，在"表达式生成器"对话框中输入表达式，然后单击"确定"按钮，如图 10.27 所示。

图 10.27 设置为计算控件

(3) 设置"事件"属性

"事件"属性包含窗体或当前控件能响应的事件。"事件"属性中使用最多的是命令按钮的"单击"项。设置该属性时,当单击命令按钮时,就会执行设置的"单击"事件。"单击"事件有两种:一种是执行定义的事件过程,另一种是执行宏。

考点 17　宏

宏是由一个或多个操作组成的集合,其中的每个操作都能自动执行,并实现特定的功能。

在 Access 中,宏可以分为操作序列宏、宏组和含有条件操作的条件宏。

宏可以使包含操作序列的一个宏,也可以是一个宏组。

(1) 宏的重命名

给宏重新命名,一般是单击鼠标右键,在弹出的快捷菜单中选择"重命名"命令,然后输入新的宏名。

(2) 自动运行宏

运行宏是按宏名进行调用的。命名为"AutoExec"的宏在打开该数据库时会自动运行。要想取消自动运行,打开数据库时按住"Shift"键即可。

例:将宏"mEmp"重命名,保存为自动运行的宏。

【操作步骤】进入数据库,设置宏如图 10.28 所示。

图 10.28 设置宏

(3) 通过事件触发宏

事件是在数据库中执行的一种特殊操作,是对象所能辨识和检测的动作,当此动作发生于某一个对象上时,其对应的事件便会被触发。

事件是预先定义好的活动,也就是说一个对象拥有哪些事件是由系统本身定义的,至于事件被引发后要执行什么内容,则由用户为此事件编写的宏或事件过程决定。事件过程是为响应由用户或程序代码引发的事件或由系统触发的事件而运行的过程。

例:将命令按钮"刷新"的"单击"事件属性设置为给定的宏对象"m1"。

【操作步骤】进入"设计视图",设置"单击"事件,如图 10.29 所示。

图 10.29　设置"单击"事件

考点 18　创建报表

一个打开的报表设计视图包括：报表页眉、页面页眉、主体、页面页脚和报表页脚 5 个区域。
Access 中提供了 3 种创建报表的方式：使用"自动报表"功能、使用向导功能和使用"设计视图"手工创建。
例：创建一个名为"Salary"的报表，显示查询"qT"的所有信息。
【操作步骤】进入"设计视图"，新建报表，如图 10.30 所示。

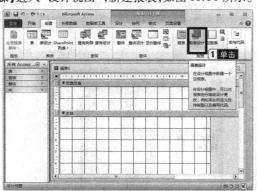
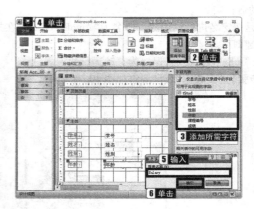

图 10.30　创建报表

考点 19　报表控件

（1）标签控件
标签主要用来在报表上显示说明性文本。标签不显示字段或表达式的数值，它没有数据来源。
（2）文本框控件
文本框控件主要用来输入或编辑数据，它是一种交互式控件。
（3）页码
页码可以用表达式创建。常用页码格式如表 10.5 所示。

表 10.5　　　　　　　　　　　　　　常用页码格式

代码	显示文本
="第"&[Page]&"页"	第 N（当前页）页
=[Page]"/"[Pages]	N/M（总页数）
="第"&[Page]&"页，共"&[Pages]&"页"	第 N 页，共 M 页

例：在报表页面页脚节添加一控件，以输出页码，显示格式为"第 N 页，共 M 页"。
【操作步骤】进入"设计视图"，添加页码，如图 10.31 所示。

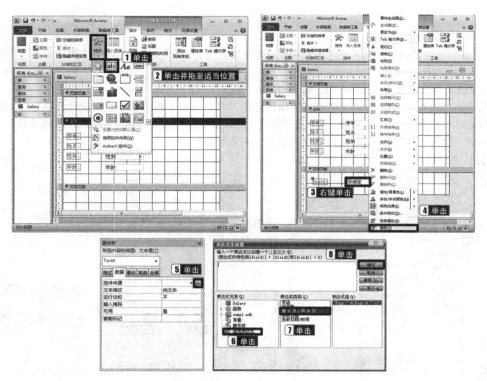

图 10.31 添加页码

考点 20　报表排序和分组

（1）记录排序

排序是指报表设计时按照某个指定的顺序排序记录数据。设置字段排序时，最多一次设置 4 个字段，排序依据还限制只能是字段，不能是表达式。

例：设置报表使其按照"年龄"字段升序排序。

【操作步骤】进入"设计视图"，设置报表排序，如图 10.32 所示。

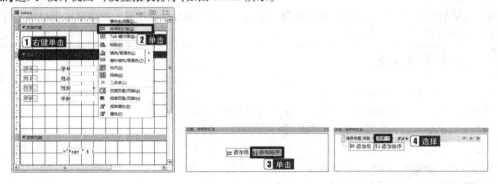

图 10.32　设置报表排序

（2）记录分组

分组是指报表设计时按选定的某个字段值是否相等而将记录划分成组的过程。操作时，先要选定分组字段，将字段值相等的记录归为同一组，将字段值不相等的记录归为不同组。通过分组可以显示同组数据的汇总和输出。一个报表最终可以对 10 个字段或表达式进行分组。

考点 21　使用计算控件

计算控件的控件来源是表达式，当表达式的值发生变化时，会重新计算结果并输出。文本框是最常用的计算控件。

报表设计中，可以根据需要进行各种类型统计计算并显示输出，操作方法就是将计算控件的"控件来源"设置为需要统计计算的表达式。

(1)在主体节内添加计算控件

在主体节内添加计算控件对记录的若干字段求和或计算平均值时,只要设置计算控件的"控件来源"为响应字段的运算表达式即可。

(2)在组页眉/组页脚节或报表页眉/报表页脚节内添加计算控件

在组页眉/组页脚节或报表页眉/报表页脚节内添加计算控件对若干个字段求和或进行统计计算,这种形式的统计计算一般是对报表字段列的纵向记录数据进行统计,而且要使用 Access 提供的内置统计函数完成相应计算操作。

例:在报表页脚节内添加一个计算控件,计算并显示学生的平均年龄。

【操作步骤】进入"设计视图",统计学生平均年龄,如图 10.33 所示。

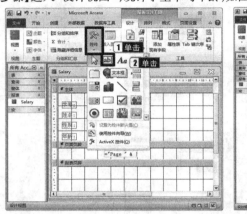

图 10.33 统计平均年龄

考点 22　报表中的常见属性

(1)设置"格式"属性

"格式"属性主要用于设置窗体和控件的外观或显示格式。控件的格式属性有很多,常用的有标题、字体名称、字号、背景色、特殊效果等。控件中"标题"属性用于设置控件中显示的文字;"字体名称"属性用于设置控件中文字的显示格式;"特殊效果"属性用于设定控件的显示效果。

(2)设置"数据"属性

"数据"属性也包括很多项,使用最多的是"控件来源"项,通过设置该属性可以使某一控件显示用户要求的信息。设置该属性时,可以是某一固定字段,也可以是表达式。

考点 23　窗体属性及含义

使用 VBA 代码可以直接设置窗体的属性。

例:窗体加载时将考生文件夹下的图片文件"test.bmp"设置为窗体"fEmp"的背景。

【操作步骤】进入 VBE 窗口,编写 VBA 代码,如图 10.34 所示。

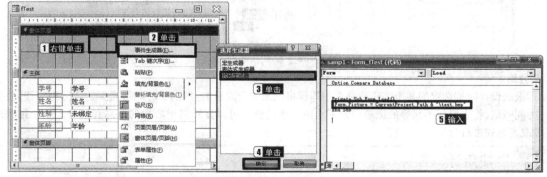

图 10.34 编写 VBA 代码

考点 24 控件属性及含义

使用 VBA 代码可以设置窗体控件的属性,常用的控件属性及功能如表 10.6 所示。

表 10.6　　　　　　　　　　　　　　常用控件属性

属性名称	属性标识	功能
标题	Caption	对不同视图中对象的标题进行设置,为用户提供有用的信息
可用	Enabled	用于决定鼠标是否能够单击该控件。如果设置该属性为"否",这个控件虽然一直在"窗体视图"中显示,但不能用"Tab"键选中它或使用鼠标单击它,同时在窗体中控件显示为灰色
前景色	ForeColor	用于设定显示内容的颜色

例:设置命令按钮"bC"的"单击"事件,使用鼠标单击该命令按钮后,标签的显示颜色改为"红色"。

【操作步骤】进入 VBE 窗口,编写 VBA 代码,如图 10.35 所示。

图 10.35　编写代码

第11章

新增无纸化考试套卷及其答案解析

目前,考试题库中共有 79 套试卷,因篇幅所限,本章只提供新增的两套无纸化套卷及其答案解析,其余题目在配套"智能模考软件"中提供。建议考生在学习掌握本章试题内容的基础之上,通过配套软件进行模考练习,提前熟悉"考试场景",体验真考环境及考试答题流程。

二级 Access 考试共有 4 种题型,包括选择题、基本操作题、简单应用题和综合应用题。

(1)选择题。每套题包括 40 道小题,前 10 题考查公共基础知识的内容,后 30 道题考查 Access 的内容,均是较为基础的题目。

(2)基本操作题。此类题型包括 6 个小题,主要考查内容为本书第 3 章的知识点,即表的基本操作和基本属性的设置。

(3)简单应用题。此类题型包括 4 个小题,主要考查内容为本书第 4 章的知识点,即各种查询的创建,难度稍高于基本操作题。

(4)综合应用题。此类题型是众多知识点的综合考查,也是考试中最难的题型,主要考查窗体、报表属性、控件属性设置以及一些程序代码的编写等内容。

11.1 新增无纸化考试套卷

第1套 新增无纸化考试套卷

一、选择题

1. 假设循环队列为 Q(1:m),其初始状态为 front = rear = m。经过一系列入队与退队运算后,front = 15,rear = 20。现要在该循环队列中寻找最大值的元素,最坏情况下需要比较的次数为( )。
   A)4 B)6 C)m-5 D)m-6

2. 下列叙述中正确的是( )。
   A)循环队列属于队列的链式存储结构
   B)双向链表是二叉树的链式存储结构
   C)非线性结构只能采用链式存储结构
   D)有的非线性结构也可以采用顺序存储结构

3. 某二叉树中有 n 个叶子节点,则该二叉树中度为2的节点数为( )。
   A)$n+1$ B)$n-1$ C)$2n$ D)$n/2$

4. 下列叙述中错误的是( )。
   A)算法的时间复杂度与算法所处理数据的存储结构有直接关系
   B)算法的空间复杂度与算法所处理数据的存储结构有直接关系
   C)算法的时间复杂度与空间复杂度有直接关系
   D)算法的时间复杂度与算法程序执行的具体时间是不一致的

5. 软件工程的三要素是( )。
   A)方法、工具和过程 B)建模、方法和工具
   C)建模、方法和过程 D)定义、方法和过程

6. 通常软件测试实施的步骤是( )。
   A)集成测试、单元测试、确认测试 B)单元测试、集成测试、确认测试
   C)确认测试、集成测试、单元测试 D)单元测试、确认测试、集成测试

7. 下面可以作为软件设计工具的是( )。
   A)系统结构图 B)数据字典(DD)
   C)数据流程图(DFD) D)甘特图

8. 在数据库设计中,将 E-R 图转换成关系数据模型的过程属于( )。
   A)逻辑设计阶段 B)需求分析阶段 C)概念设计阶段 D)物理设计阶段

9. 假设有学生关系表 S(学号,姓名,性别,年龄,身份证号),每个学生学号唯一。除属性学号外,也可以作为主键的是( )。
   A)姓名 B)身份证号
   C)姓名,性别,年龄 D)学号,姓名

10. 在数据库系统中,考虑数据库实现的数据模型是( )。
    A)概念数据模型 B)逻辑数据模型 C)物理数据模型 D)关系数据模型

11. 下列关于格式属性的叙述中,错误的是( )。
    A)格式属性只影响字段数据的显示格式
    B)不能设置自动编号型字段的格式属性
    C)显示格式只在输入数据被保存后应用
    D)可在需要控制数据的输入格式时选用

12. 在已建数据表中有"专业"字段,若查找包含"经济"两个字的记录,正确的条件表达式是( )。
    A) = Left([专业],2) = "经济" B) Mid([专业],2) = "经济"
    C) = "*经济*" D) Like"*经济*"

13. 如果要防止非法的数据输入到数据表中,应设置的字段属性是( )。
    A)格式 B)索引 C)有效性文本 D)有效性规则

14. 在"查找和替换"对话框的"查找内容"文本框中,设置"ma[rt]ch"的含义是(   )。
    A)查找"martch"字符串
    B)查找"ma[rt]ch"字符串
    C)查找前两个字母为"ma",第3个字母为"r"或"t",后面字母为"ch"的字符串
    D)查找前两个字母为"ma",第3个字母不为"r"或"t",后面字母为"ch"的字符串
15. 下列关于数据库的叙述中,正确的是(   )。
    A)数据库避免了数据的冗余
    B)数据库中的数据独立性强
    C)数据库中的数据一致性是指数据类型一致
    D)数据库系统比文件系统能够管理更多数据
16. 下列关于数据表的叙述中,正确的是(   )。
    A)表一般会包含一到两个主题的信息
    B)表的设计视图主要用于设计表结构
    C)表是Access数据库的重要对象之一
    D)数据表视图只能显示表中记录信息
17. 在已建"职工"表中有姓名、性别、出生日期等字段,查询并显示女职工年龄最小的职工姓名、性别和年龄,正确的SQL命令是(   )。
    A)SELECT 姓名,性别,MIN(YEAR(DATE()) − YEAR([出生日期]))AS 年龄 FROM 职工 WHERE 性别 = 女
    B)SELECT 姓名,性别,MIN(YEAR(DATE()) − YEAR([出生日期]))AS 年龄 FROM 职工 WHERE 性别 = "女"
    C)SELECT 姓名,性别,年龄 FROM 职工 WHERE 年龄 = MIN(YEAR(DATE()) − YEAR([出生日期]))AND 性别 = 女
    D)SELECT 姓名,性别,年龄 FROM 职工 WHERE 年龄 = MIN(YEAR(DATE()) − YEAR([出生日期]))AND 性别 = "女"
18. 从"图书"表中查找出定价高于"图书编号"为"115"的图书的记录,正确的SQL命令是(   )。
    A)SELECT * FROM 图书 WHERE 定价 > "115"
    B)SELECT * FROM 图书 WHERE EXISTS 定价 = "115"
    C)SELECT * FROM 图书 WHERE 定价 > (SELECT * FROM 图书 WHERE 图书编号 = "115")
    D)SELECT * FROM 图书 WHERE 定价 > (SELECT 定价 FROM 图书 WHERE 图书编号 = "115")
19. 如果字段"成绩"的取值范围为0~100,下列选项中,错误的有效性规则是(   )。
    A) >=0 And <=100   B)[成绩]>=0 And [成绩]<=100
    C)成绩 >=0 And 成绩<=100   D)0<=[成绩]<=100
20. 在Access数据库中已经建立了"教师"表,若在查询设计视图"教师编号"字段的"条件"行中输入条件:Like"![T00009,!T00008,T00007]",则查找出的结果为(   )。
    A)T00009   B)T00008   C)T00007   D)没有符合条件的记录
21. 在创建主/子窗体时,主窗体与子窗体的数据源之间存在的关系是(   )。
    A)一对一关系   B)一对多关系   C)多对一关系   D)多对多关系
22. 在设计窗体时,成绩字段只能输入"优秀""良好""中等""及格"和"不及格",可以使用的控件是(   )。
    A)列表框   B)复选框   C)切换按钮   D)文本框
23. 下列选项中,属于选项卡控件的"格式"属性的是(   )。
    A)可用   B)可见   C)文本格式   D)是否锁定
24. 下列选项中,可以在报表设计时作为绑定控件显示字段数据的是(   )。
    A)标签   B)图像   C)文本框   D)选项卡
25. 在报表中输出当前日期的函数是(   )。
    A)Now   B)Date   C)Time   D)Year
26. 子过程Plus完成对当前数据库中"教师表"的工龄字段都加1的操作。
    Sub Plus( )
        Dim cn As New ADODB. Connection
        Dim rs As New ADODB. Recordset
        Dim fd As ADODB. Field
        Dim strConnect As String
        Dim strSQL As String
    Set cn = CurrentProject. Connection
    strSQL = "Select 工龄 from 教师表"
        rs. Open strSQL, cn, adOpenDynamic, adLockOptimistic, adCmdText

```
        Set fd = rs.Fields("工龄")
        Do While 【    】
            fd = fd + 1
            rs.Update
            rs.MoveNext
        Loop
        rs.Close
        cn.Close
        Set rs = Nothing
        Set cn = Nothing
    End Sub
```
程序空白处【 】应该填写的语句是(   )。
A)Not rs.EOF   B)rs.EOF   C)Not cn.EOF   D)cn.EOF

27. 执行函数过程的宏操作命令是(   )。
    A)RunCommand   B)RunMacro   C)RunCode   D)RunSql

28. 要在窗体中设置筛选条件以限制来自表中的记录,应使用的宏操作命令是(   )。
    A)Requery   B)FindRecord   C)ApplyFilter   D)FindNextRecord

29. 调用宏组中宏的格式是(   )。
    A)宏组名.宏名   B)宏组名!宏名
    C)宏组名 -> 宏名   D)宏组名@宏名

30. 打开窗体后,下列事件中首先发生的是(   )。
    A)获得焦点(GotFocus)   B)改变(Change)
    C)激活(Activate)   D)成为当前(Current)

31. VBA中,如果没有显式声明或使用符号来定义变量的数据类型,则变量的默认类型为(   )。
    A)变体   B)布尔型   C)双精度   D)货币

32. 定义了数组 A(2 to 13),则该数组元素个数为(   )。
    A)11   B)12   C)15   D)10

33. VBA中一般采用Hungarian符号法命名变量,代表子报表的字首码是(   )。
    A)Sub   B)Rpt   C)Fmt   D)Txt

34. ADO的含义是(   )。
    A)开放数据库互联应用编程窗口   B)数据库访问对象
    C)动态链接库   D)ActiveX 数据对象

35. 运行程序,要求循环执行3次后结束循环,空白处【 】应填入的语句是(   )。
```
x = 1
Do
x = x + 2
Loop Until【    】
```
A)x <= 7   B)x < 7   C)x >= 7   D)x > 7

36. 运行下列程序,结果是(   )。
```
Private Sub Command0_Click()
        f0 = 0
        f1 = 1
        k = 1
    Do While k <= 5
        f = f0 + f1
        f0 = f1
        f1 = f
        k = k + 1
    Loop
    MsgBox "f = " & f
End Sub
```
A)f = 5   B)f = 7   C)f = 8   D)f = 13

37. 下列程序的功能是计算 sum = 1 + (1 + 3) + (1 + 3 + 5) + … + (1 + 3 + 5 + … + 39)
    ```
    Private Sub Command_Click()
        t = 0
        m = 1
        sum = 0
        Do
            t = t + m
            sum = sum + t
            m = 【    】
        Loop While m <= 39
        MsgBox "Sum = " & sum
    End Sub
    ```
    为保证程序正确完成上述功能,空白处【　】应填入的语句是(　　)。
    A)m + 1   B)m + 2   C)t + 1   D)t + 2

38. 下列代码实现的功能是:若在窗体中一个名为 tNum 的文本框中输入学号,则将"学生表"中对应的"姓名"显示在另一个名为 tName 文本框中。
    ```
    Private Sub tNum_AfterUpdate()
        Me! tName = 【    】("姓名", "学生表", "学号 =" & Me! TNum & "")
    End Sub
    ```
    则程序中【　】处应该填写的是(　　)。
    A)DLookup   B)Lookup   C)DFind   D)IIf

39. 下面过程输出记录集的记录个数。
    ```
    Sub GetRecNum()
        Dim rs As Object
        Set rs = Me.Recordset
        MsgBox 【    】
    End Sub
    ```
    程序空白处【　】应该填写的是(　　)。
    A)RecordCount   B)rs.Count   C)rs.RecordCount   D)rs.Record

40. 下列程序的输出结果是(　　)。
    ```
    Private Sub Command3_Click()
        t = 0
        m = 1
        sum = 0
        Do
            t = t + m
            sum = sum + t
            m = m + 2
        Loop While m <= 5
        MsgBox "Sum = " & sum
    End Sub
    ```
    A)Sum = 6   B)Sum = 10   C)Sum = 35   D)Sum = 14

二、基本操作题

在考生文件夹下有一个数据库文件"samp1.accdb",里边已经设计好了表对象"tDoctor""tOffice""tPatient"和"tSubscribe"。请按以下操作要求,完成各种操作。

(1)在"samp1.mdb"数据库中建立一个新表,名为"tNurse",表结构如下所示。

名称字段	数据类型	字段大小
护士ID	文本	8
护士名称	文本	6
年龄	数字	整型
工作日期	日期/时间	

(2)判断并设置表"tNurse"的主键。

(3)设置"护士名称"字段为必需字段。"工作日期"字段的默认值为系统当前月的第一天(规定:系统日期必须由函数获取)。设置"护士ID"字段的有效性规则,保证输入的第一个字符为"N"。

(4)将下表所列数据输入到"tNurse"表中,且显示格式应与下表相同。

护士ID	护士名称	年龄	工作日期
N001	李霞	30	2000年10月1日
N002	王义民	24	1998年8月1日
N003	周敏	26	2003年6月1日

(5)向"tDoctor"表"性别"字段中输入数据有如下要求:①输入方式为从下拉列表中选择"男"或"女"值;②初始值为"男"。设置相关属性以实现这些要求。

(6)通过相关字段建立"tDoctor""tOffice""tPatient"和"tSubscribe"等4表之间的关系,同时使用"实施参照完整性"。

三、简单应用题

在考生文件夹下有一个数据库文件"samp2.accdb",里面已经设计好4个关联表对象"tDoctor""tOffice""tPatient"和"tSubscribe"以及表对象"tTemp",同时还设计出窗体对象"fQuery"。试按以下要求完成设计。

(1)创建一个查询,查找姓"王"病人的基本信息,并显示"姓名""年龄""性别",所建查询名为"qT1"。

(2)创建一个查询,统计年龄小于30岁的医生被病人预约的次数,输出"医生姓名"和"预约人数"两列信息。要求预约人数用"病人ID"字段计数并降序排序,所建查询名为"qT2"。

(3)创建一个查询,删除表对象"tTemp"内所有"预约日期"为10月20日以后(含20日)的记录,所建查询名为"qT3"。

(4)现有一个已经建好的"fQuery"窗体,如下图所示。运行该窗体后,在文本框(文本框名称为tName)中输入要查询的科室名,然后单击"查询"按钮,即运行一个名为"qT4"的查询。"qT4"查询的功能是显示所查科室的"科室ID"和"预约日期"。请设计"qT4"查询。

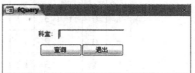

四、综合应用题

在考生文件夹下有一个数据库文件"samp3.accdb",里面已经设计好表对象"tAddr"和"tUser",同时还设计出窗体对象"fEdit"和"fEuser"。请在此基础上按照以下要求补充"fEdit"窗体的设计。

(1)将窗体中名称为"Lremark"的标签控件上的文字颜色设置为"#FF0000",字体粗细改为"加粗"。

(2)将窗体标题设为"显示/修改用户口令"。

(3)将窗体边框改为"对话框边框"样式,取消窗体中的水平和垂直滚动条、记录选择器、导航按钮、分隔线和控制框。

(4)将窗体中"退出"命令按钮(名称为"cmdquit")上的文字字体粗细改为"加粗",并在文字下方加上下划线。

(5)在窗体中还有"修改"和"保存"两个命令按钮,名称分别为"CmdEdit"和"CmdSave",其中"保存"命令按钮在初始状态为不可用。当单击"修改"按钮后,"保存"按钮变为可用。当单击"保存"按钮后,输入焦点移到"修改"按钮。此时,程序可以修改已有的用户相关信息,现已编写了部分VBA代码,请补充完整。

要求:修改后运行该窗体,并查看修改结果。

注意:不要修改窗体对象"fEdit"和"fEuser"中未涉及的控件属性;不要修改表对象"tAddr"和"tUser"。程序代码只能在"******Add******"与"******Add******"之间的空行内补充一行语句,完成设计,不允许增删和修改其它位置已存在的语句。

第2套 新增无纸化考试套卷

一、选择题

1.假设循环队列为Q(1:m),其初始状态为front=rear=m。经过一系列入队与退队运算后,front=20,rear=15。现要在该循环队列中寻找最小值的元素,最坏情况下需要比较的次数为( )。
   A)5   B)6   C)m-5   D)m-6

2.某二叉树的前序遍历序列为ABCDEFG,中序遍历序列为DCBAEFG,则该二叉树的后序遍历序列为( )。

A)EFGDCBA　　　　B)DCBEFGA　　　　C)BCDGFEA　　　　D)DCBGFEA

3. 下列叙述中正确的是(　　)。
   A)在链表中,如果每个节点有两个指针域,则该链表一定是非线性结构
   B)在链表中,如果有两个节点的同一个指针域的值相等,则该链表一定是非线性结构
   C)在链表中,如果每个节点有两个指针域,则该链表一定是线性结构
   D)在链表中,如果有两个节点的同一个指针域的值相等,则该链表一定是线性结构

4. 下列叙述中错误的是(　　)。
   A)在带链队列中,队头指针和队尾指针都是在动态变化的
   B)在带链栈中,栈顶指针和栈底指针都是在动态变化的
   C)在带链栈中,栈顶指针是在动态变化的,但栈底指针是不变的
   D)在带链队列中,队头指针和队尾指针可以指向同一个位置

5. 软件生命周期中,确定软件系统要做什么的阶段是(　　)。
   A)需求分析　　　B)软件测试　　　C)软件设计　　　D)系统维护

6. 下面对软件测试和软件调试有关概念叙述错误的是(　　)。
   A)严格执行测试计划,排除测试的随意性
   B)程序调试通常也称为Debug
   C)软件测试的目的是发现错误和改正错误
   D)设计正确的测试用例

7. 下面属于系统软件的是(　　)。
   A)财务管理系统　　　　　　　B)编译软件
   C)编辑软件Word　　　　　　D)杀毒软件

8. 将E-R图转换为关系模式时,E-R图中的实体和联系都可以表示为(　　)。
   A)属性　　　　B)键　　　　C)关系　　　　D)域

9. 有两个关系R与S如下,由关系R和S得到关系T,则所使用的操作为(　　)。

R

A	A1
a	0
b	1

S

B	B1	B2
f	3	k2
n	2	x1

T

A	A1	B	B1	B2
a	0	f	3	k2
a	0	n	2	x1
b	1	f	3	k2
b	1	n	2	x1

   A)并　　　　B)自然连接　　　　C)笛卡儿积　　　　D)交

10. 在数据管理的3个发展阶段中,数据的共享性好且冗余度最小的是(　　)。
    A)人工管理阶段　　　　　　　B)文件系统阶段
    C)数据库系统阶段　　　　　　D)面向数据应用系统阶段

11. 下列关于货币数据类型的叙述中,错误的是(　　)。
    A)货币型字段等价于具有双精度属性的数字型数据
    B)向货币型字段输入数据时,不需要输入货币符号
    C)向货币型字段输入数据时,不需要输入千位分隔符
    D)货币型与数字型数据混合运算后的结果为货币型

12. 在对表中记录排序时,若以多个字段作为排序字段,则显示结果是(　　)。
    A)按从左向右的次序依次排序　　　B)按从右向左的次序依次排序
    C)按定义的优先次序依次排序　　　D)无法对多个字段进行排序

13. 下列关于数据表的描述中,正确的是(　　)。
    A)数据表是使用独立的文件名保存
    B)数据表既相对独立,又相互联系
    C)数据表间不存在联系,完全独立
    D)数据表一般包含多个主题的信息

14. 下列关于输入掩码属性的叙述中,错误的是(　　)。
    A)可以控制数据的输入格式并按输入时的格式显示
    B)输入掩码只为文本型和日期/时间型字段提供向导

C) 当为字段同时定义了输入掩码和格式属性时格式属性优先
D) 文本型和日期/时间型字段不能使用合法字符定义输入掩码

15. 下列关于 Null 值的叙述中，正确的是(   )。
   A) Null 值等同于数值 0   B) Access 不支持 Null 值
   C) Null 值等同于空字符串   D) Null 值表示字段值未知

16. 在"查找和替换"对话框的"查找内容"文本框中，设置"[ae]ffect"的含义是(   )。
   A) 查找"aeffect"字符串
   B) 查找"[ae]ffect"字符串
   C) 查找"affect"或"effect"的字符串
   D) 查找除"affect"和"effect"以外的字符串

17. 在已建"职工"表中有姓名、性别、出生日期等字段，查询并显示所有年龄在 25 岁以下职工的姓名、性别和年龄，正确的 SQL 命令是(   )。
   A) SELECT 姓名, 性别, YEAR(DATE()) - YEAR([出生日期]) AS 年龄 FROM 职工
      WHERE YEAR (Date()) - YEAR ([出生日期]) < 25
   B) SELECT 姓名, 性别, YEAR (DATE ()) - YEAR ([出生日期]) 年龄 FROM 职工
      WHERE YEAR (Date()) - YEAR ([出生日期]) < 25
   C) SELECT 姓名, 性别, YEAR (DATE ()) - YEAR ([出生日期]) AS 年龄 FROM 职工
      WHERE 年龄 < 25
   D) SELECT 姓名, 性别, YEAR(DATE ()) - YEAR([出生日期]) 年龄 FROM 职工
      WHERE 年龄 < 25

18. 在 SELECT 命令中使用 ORDER BY 为了指定的是(   )。
   A) 查询的表   B) 查询结果的顺序   C) 查询的条件   D) 查询的字段

19. 从"销售"表中找出部门号为"04"的部门中，单价最高的前两条商品记录，正确的 SQL 命令是(   )。
   A) SELECT TOP 2 * FROM 销售 WHERE 部门号 = "04" GROUP BY 单价
   B) SELECT TOP 2 * FROM 销售 WHERE 部门号 = "04" GROUP BY 单价 DESC
   C) SELECT TOP 2 * FROM 销售 WHERE 部门号 = "04" ORDER BY 单价
   D) SELECT TOP 2 * FROM 销售 WHERE 部门号 = "04" ORDER BY 单价 DESC

20. 从"图书"表中查找出定价高于"图书号"为"112"的图书记录，正确的 SQL 命令是(   )。
   A) SELECT * FROM 图书 WHERE 定价 > "112"
   B) SELECT * FROM 图书 WHERE EXISTS 定价 = "112"
   C) SELECT * FROM 图书 WHERE 定价 > (SELECT * FROM 商品 WHERE 图书号 = "112")
   D) SELECT * FROM 图书 WHERE 单价 > (SELECT 定价 FROM 图书 WHERE 图书号 = "112")

21. 在报表中，要计算"数学"字段的平均分，应将控件的"控件来源"属性设置为(   )。
   A) = Avg([数学])   B) Avg(数学)
   C) = Avg[数学]   D) = Avg(数学)

22. 下列叙述中，正确的是(   )。
   A) 在窗体和报表中均不能设置页面页脚
   B) 在窗体和报表中均可以根据需要设置页面页脚
   C) 在窗体中可以设置页面页脚，在报表中不能设置页面页脚
   D) 在窗体中不能设置页面页脚，在报表中可以设置页面页脚

23. 下列选项中，不属于窗体的"数据"属性的是(   )。
   A) 允许添加   B) 排序依据   C) 记录源   D) 自动居中

24. 要改变窗体上文本框控件的数据源，应设置的属性是(   )。
   A) 记录源   B) 控件来源   C) 数据源   D) 默认值

25. 属于交互式控件的是(   )。
   A) 标签控件   B) 文本框控件   C) 按钮控件   D) 图像控件

26. 要从指定记录集(一个域)内获取特定字段的值，应该使用的内置函数是(   )。
   A) DLookup   B) DCount   C) DFirst   D) DLast

27. SQL 语句的 WHERE 子句可以限制表中的记录，完成同样功能的宏命令是(   )。
   A) Requery
   C) ApplyFilter
   B) FindRecord
   D) FindNextRecord

28. 打开报表后，下列事件中首先发生的是(   )。

A）加载（Load） B）改变（Change）
C）调整大小（Resize） D）成为当前（Current）

29. 当文本框或组合框文本部分的内容发生更改时,发生的事件是（ ）。
A）Current B）Click C）Change D）MouseMove

30. 运行 Visual Basic 的函数过程,应使用宏命令是（ ）。
A）RunCommand B）RunApp C）RunCode D）RunVBA

31. VBA 中一般采用 Hungarian 符号法命名变量,代表复选框的字首码是（ ）。
A）Chk B）Cmd C）Fmt D）Txt

32. Access 将内置函数分类进行管理,下列选项中,不属于 Access 内置函数分类的是（ ）。
A）窗口 B）消息 C）文本 D）财务

33. 下列 Access 内置函数中,不属于 SQL 聚合函数的是（ ）。
A）Avg B）Min C）Count D）Abs

34. 下列程序的输出结果是（ ）。
```
Dim x As Integer
Private Sub Command4_Click()
    Dim y As Integer
    x = 3
    y = 10
    Call fun(y, x)
    MsgBox "y = " & y
End Sub
Sub fun(ByRef y As Integer, ByVal z As Integer)
    y = y + z
    z = y - z
End Sub
```
A）y = 3 B）y = 10 C）y = 13 D）y = 7

35. 下列程序的输出结果是（ ）。
```
Private Sub Command3_Click()
    t = 0
    m = 1
    sum = 0
    Do
        t = t + m
        sum = sum + t
        m = m + 1
    Loop While m <= 5
    MsgBox "Sum = " & sum
End Sub
```
A）Sum = 6 B）Sum = 10 C）Sum = 35 D）Sum = 14

36. 下列代码实现的功能是：若在窗体中一个名为 tNum 的文本框中输入课程编号,则将"课程表"中对应的"课程名称"显示在另一个名为 tName 文本框中。
```
Private Sub【   】()
    Me! tName = DLookup("课程名称","课程表","课程编号=" & Me! TNum& "")
End Sub
```
则程序中【   】处应该填写的是（ ）。
A）tNum_AfterUpdate B）tNum_Click
C）tNum_AfterInsert D）tNum_MouseDown

37. 子过程 Plus 完成对当前库中"学生表"的年龄字段都加 1 的操作。
```
Sub Plus()
    Dim ws As DAO.Workspace
    Dim db As DAO.Database
    Dim rs As DAO.Recordset
```

```
Dim fd As DAO.Field
Set db = CurrentDb()
Set rs = db.OpenRecordset("学生表")
Set fd = rs.Fields("年龄")
Do While Not rs.EOF
    rs.Edit
    fd = fd + 1
    rs.Update
    【      】
Loop
rs.Close
db.Close
Set rs = Nothing
Set db = Nothing
End Sub
```
程序空白处【　】应该填写的语句是(　　)。
A) rs.MoveNext　　　B) cn.MoveNext　　　C) db.MoveNext　　　D) fd.MoveNext

38. 若想取消自动宏的自动运行,打开数据库时应按住(　　)。
   A) Alt 键　　　B) Shift 键　　　C) Ctrl 键　　　D) Enter 键

39. 下列关于宏组的叙述中,错误的是(　　)。
   A) 宏组是由若干个子宏构成的
   B) 宏组中至少包含一个子宏
   C) 宏组中的各个子宏之间要有一定的联系
   D) 宏组与普通宏的外观无差别

40. 在标准模块"模块1"变量声明区中定义了变量 x 和变量 y,如下所示,则变量 x 和变量 y 的作用范围分别是(　　)。

```
Dim x As Integer
Public y As Integer
Sub demoVar()
    x = 3
    y = 5
    Debug.Print x & " " & y
End Sub
```

A) 模块级变量和过程级变量　　　　　B) 过程级变量和公共变量
C) 模块级变量和公共变量　　　　　　D) 过程级变量和模块范围

二、基本操作题

在考生文件夹下,存在一个数据库文件"samp1.accdb",里面已经建立了表对象"tBook""tDetail""tEmp"和"tOrder",宏对象"mTest"。试按以下要求,完成各种操作。

(1)将"tOrder"表中"订单ID"字段的数据类型改为"文本",字段大小改为10;设置该字段的相关属性,使其在数据表视图中显示为"订单号"。

(2)向"tOrder"表"订购日期"字段中输入数据有如下要求:①输入格式为"XXXX/XX/XX(如,2011/01/08)";②输入的数据为2011年1月至8月产生的;③当输入的数据不符合要求时,显示"输入数据有误,请重新输入"信息。设置相关属性以实现这些要求。

(3)向"tBook"表"类别"字段中输入数据有如下要求:①输入方式为从下拉列表中选择"JSJ"和"KJ"值;②初始值为"JSJ"。设置相关属性以实现这些要求。

(4)在数据表视图中进行相关设置,使其能够显示出"tEmp"表中的全部数据。

(5)建立"tBook""tDetail""tEmp"和"tOrder"4张表之间的关系,并全部实施参照完整性。

(6)将宏"mTest"重命名,保存为自动执行的宏。

三、简单应用题

考生文件夹下存在一个数据库文件"samp2.accdb",里面已经设计好表对象"tCourse""tScore"和"tStud",试按以下要求完成设计。

(1)创建一个查询,查找人数为20的班级,并显示"班级编号"和"班级人数"。所建查询名为"qT1"。要求:使用"姓名"字段统计人数。说明:"学号"字段的前8位为班级编号。

(2)创建一个查询,查找平均成绩最高的课程,并显示"课程名"和"平均成绩"。所建查询名为"qT2"。

要求:使用 Round 函数实现平均成绩保留整数。

(3)创建一个查询,计算男女生每门课程的最高成绩。

要求:第一列显示性别,第一行显示课程名。所建查询名为"qT3"。

(4)创建一个查询,运行该查询后生成一张新表,表名为"tNew",表结构包括"姓名""课程名"和"成绩"等3个字段,表内容为 90 分以上(包括 90 分)或不及格的所有学生记录。所建查询名为"qT4"。

要求:①所建新表中的记录按照"成绩"降序保存。②创建此查询后,运行该查询,并查看运行结果。

四、综合应用题

考生文件夹下存在一个数据库文件"samp3.accdb",里面已经设计好表对象"tBook""tDetail""tEmp"和"tOrder",查询对象"qSell",窗体对象"fEmp"。同时还设计出以"qSell"为数据源的报表对象"rSell"。请在此基础上按照以下要求补充"fEmp"窗体和"rSell"报表的设计。

(1)将"rSell"报表标题栏上的显示文本设置为"销售报表",对报表中名称为"txtNum"的文本框控件进行适当设置,使其显示每本书的售出数量,在报表适当位置添加一个计算控件(控件名称为"txtC2"),计算各出版社所售图书的平均单价。

说明:报表适当位置指报表页脚、页面页脚或组页脚。

要求:计算出的平均单价保留两位小数。

(2)在"fEmp"窗体页眉节添加一个标签,标签名为"bTitle",显示文本为"雇员基本情况查询",字号为 26。

(3)将"fEmp"窗体中命令按钮(名称为"CmdRefer")上的文字颜色改为褐色(褐色代码为"#7A4E2B"),字体粗细改为"加粗",文字下方显示"下划线"。

(4)将"fEmp"窗体中窗体页眉节控件的 Tab 键移动次序设置为:"TxtDetail"→"CmdRefer"。

(5)试根据以下窗体功能要求,补充已给的事件代码,并运行调试。

在"fEmp"窗体的窗体页眉节有一个文本框控件和一个命令按钮,名称分别为"TxtDetail"和"CmdRefer";在主体节有多个文本框控件,显示"tEmp"表中的相关信息。在"TxtDetail"文本框中输入具体值后,单击"CmdRefer"命令按钮。如果"TxtDetail"文本框中没有值,则显示提示框,提示文字为"对不起!未输入雇员姓名,请输入!";如果"TxtDetail"文本框中有值,则在"tBook"表中进行查找。如果找到了相应记录,则显示在主体节对应的文本框控件中;如果没有找到,则显示提示框。提示框显示标题为"查找结果",提示文字为"对不起!没有这个雇员!"。单击提示框中的"确定"按钮,然后清除"TxtDetail"文本框中的内容,并将光标置于"TxtDetail"文本框中。

注意:不允许修改报表对象"rSell"中未涉及的控件属性;不允许修改表对象"tBook""tDetail""tEmp"和"tOrder";不允许修改查询对象"qSell";不允许修改窗体对象"fEmp"中未涉及的控件、属性和任何 VBA 代码;只允许在"＊＊＊＊＊Add＊＊＊＊＊"与"＊＊＊＊＊Add＊＊＊＊＊"之间的空行内补充一条代码语句,不允许增删和修改其他位置已存在的语句。

11.2 新增无纸化考试套卷的答案及解析

第1套 答案及解析

一、选择题

1. A 【解析】循环队列是队列的一种顺序存储结构,用队尾指针 rear 指向队列中的队尾元素,用排头指针指向排头元素的前一个位置。因此,从排头指针 front 指向的后一个位置直到队尾指针 rear 指向的位置之间所有的元素均为队列中的元素,队列初始状态为 front = rear = m,当 front = 15,rear = 20 时,队列中有 5 个元素,比较次数为 4 次。故本题选择 A 选项。

2. D 【解析】循环队列是队列的一种顺序存储结构,A 选项叙述错误。双向链表为顺序存储结构,二叉树通常采用链式存储结构,B 选项叙述错误。完全二叉树是属于非线性结构,但其最佳存储方式是顺序存储方式,C 选项叙述错误。故本题选择 D 选项。

3. B 【解析】对任何一棵二叉树,度为 0 的节点(即叶子节点)总是比度为 2 的节点多一个。二叉树中有 n 个叶子节点,则度为 2 的节点个数为 $n-1$。故本题选择 B 选项。

4. C 【解析】算法的时间复杂度是指执行算法所需要的计算工作量。数据的存储结构直接决定数据输入,影响算法所执行的基本运算次数,A 选项叙述正确。算法的空间复杂度是执行这个算法所需要的内存空间,其中包括输入数据所占的存储空间,B 选项叙述正确。算法的时间复杂度与空间复杂度没有直接关系,C 选项叙述错误。算法程序执行的具体时间受到所使用的计算机、程序设计语言以及算法实现过程中的许多细节所影响,而算法的时间复杂度与这些因素无关,所以是不一致的,D 选项叙述正确。故本题选择 C 选项。

5. A 【解析】软件工程是应用于计算机软件的定义、开发和维护的一整套方法、工具、文档、实践标准和工序。软件工程包含 3 个要素:方法、工具和过程。故本题选择 A 选项。

6. B 【解析】软件测试的实施过程主要有 4 个步骤:单元测试、集成测试、确认测试(验收测试)和系统测试。故本题选择 B 选项。

7. A 【解析】结构化分析方法的常用工具:数据流图(DFD)、数据字典(DD)、判定表、判定树。常用的过程设计工具如下所述:图形工具(程序流程图、N-S、PAD、HIPO)、表格工具(判定表)、语言工具(PDL)。结构化设计方法使用的描述方式是系统结构图。故本题选择 A 选项。

8. A 【解析】采用 E-R 方法得到的全局概念模型是对信息世界的描述,并不适用于计算机处理,为了适合关系数据库系统的处理,必须将 E-R 图转换成关系模式,这属于逻辑设计阶段的主内容。故本题选择 A 选项。

9. B 【解析】候选码是二维表中能唯一标识元组的最小属性集。一个二维表中有多个候选码,则选定其中一个作为主键供用户使用。学生学号与身份证号均是唯一的,都可以作为主键。故本题选择 B 选项。

10. B 【解析】数据模型按照不同的应用层次分为以下 3 种类型。
①概念数据模型:它是一种面向客观世界、面向用户的模型,它与具体的数据库管理系统和具体的计算机平台无关。
②逻辑数据模型:它是面向数据库系统的模型,着重于在数据库系统一级的实现。
③物理数据模型:它是面向计算机物理实现的模型,此模型给出了数据模型在计算机上物理结构的表示。
故本题选择 B 选项。

11. D 【解析】格式属性用于确定数据的显示方式和打印方式。对于不同数据类型的字段,其格式不同。格式属性只影响数据的显示方式,而原表中的数据本身并无改变。如果需要控制数据的输入格式并按输入时的格式显示,则应设置输入掩码属性。故本题选择 D 选项。

12. D 【解析】在使用文本作为查询条件时,可以使用模糊查询。A 选项是查询记录左侧是经济的记录;B 选项是查询记录中间包含"经济"的所有记录;C 选项是查询记录为"*经济*"的记录;只有 D 选项是查询所有包含"经济"两个字的记录。故本题选择 D 选项。

13. D 【解析】格式属性决定数据的打印方式和屏幕显示方式。索引是非常重要的属性,能根据键值提高数据查找与排序的速度。当输入的数据违反了有效性规则时,系统可以设置有效性文本来显示提示的信息。有效性规则是指向表中输入数据时应遵循的约束条件。故本题选择 D 选项。

14. C 【解析】通配符"[ ]"表示通配方括号内任意单个字符。该题是查找前两个字母为"ma"开头,后面字母为"ch"的字符串,第 3 个字母为是 r 或 t 的字符串。故本题选择 C 选项。

15. B 【解析】数据库系统具有如下主要特点。
①实现数据共享、减少数据冗余；
②采用特定的数据模型；
③具有较高的数据独立性；
④有统一的数据控制功能；
一致性是指使数据库从一个一致性状态变到另一个一致性状态。数据库系统只是比文件系统更容易管理数据，和数据量大小无关。故本题选择 B 选项。

16. C 【解析】表只可包含一个主题信息，表的设计视图主要用于设计和修改表结构，表是数据库的重要对象之一，数据表视图还可以修改记录等操作。故本题选择 C 选项。

17. B 【解析】SELECT 语句的一般格式如下：
SELECT[ALL|DISTINCT|TOP n] * |<字段列表>[,<表达式> AS <标识符>]
FROM <表名1>[,<表名2>]…
[WHERE <条件表达式>]
[GROUP BY <字段名>[HAVING <条件表达式>]]
[ORDER BY <字段名>[ASC|DESC]];
该题目中要求查询并显示女职工年龄最小的职工姓名、性别和年龄，根据"职工"表的字段可知，年龄是需要通过表达式计算的，无法直接选择，排除 C、D 选项。在 SQL 语句中，在"性别"字段列的"条件单元格"中输入的条件加引号，排除 A 选项。故本题选择 B 选项。

18. D 【解析】先把"图书编号"为 115 的图书找出来，用 SQL 语句：SELECT 定价 FROM 图书 WHERE 图书编号="115"。然后找出定价高于图书编号为"115"的图书，SQL 语句：SELECT * FROM 图书 WHERE 定价 >（SELECT 定价 FROM 图书 WHERE 图书编号="115"）。故本题选择 D 选项。

19. D 【解析】逻辑运算符 And 的意义是当 And 连接的表达式都为真时，整个表达式为真。A 选项使用数值表示有效性规则，满足题目要求。B、C 选项使用文本表示有效性规则，满足题目要求。在 Access 数据库中，不能使用数学思维来表达某一个数据的范围，D 选项错误。故本题选择 D 选项。

20. D 【解析】用方括号可描述一个范围，用于表示可匹配的字符范围。题目中"！T00009"表示除了编号为 T00009 以外的老师，而"！T00008"表示除了 T00008 编号以外的老师，所以它和前面的有冲突，因此不能选出符合条件的记录。故本题选择 D 选项。

21. B 【解析】子窗体主要用于显示具有一对多关系的表或查询中的数据，主窗体和子窗体彼此连接且信息保持同步。因此，主窗体和子窗体的数据源之间存在的关系是一对多关系。故本题选择 B 选项。

22. A 【解析】根据题意知，要实现限定输入选项的功能。B、C 选项复选框和切换按钮是用来显示表或查询中的"是/否"值，不适合作为输入控件；D 选项文本框控件可以接受外部输入，不能实现限定输入选项的功能；A 选项列表框可以保证输入的正确性。故本题选择 A 选项。

23. B 【解析】选项卡控件的格式属性包括：可见、多行、选项卡固定宽度、选项卡的固定高度、样式、宽度、高度、上边距、左边距、背景样式、字体名称、字号、字体粗细、下划线、倾斜字体、水平定位点、垂直定位点、何时显示。故本题选择 B 选项。

24. C 【解析】文本框分为 3 种类型：绑定（也称结合）型、未绑定（也称非结合）型和计算型，绑定型文本框连接到表或查询，从表或查询中获取所需要显示的内容。故本题选择 C 选项。

25. B 【解析】Date() 返回当前系统日期，不包含当前时间。Now() 返回当前系统日期和时间。Time() 返回当前系统时间。Year() 返回日期表达式年份的整数（100～9999）。故本题选择 B 选项。

26. A 【解析】本题考查的是如何使用 ADO 数据库技术操作数据库。其中，RecordSet 对象 rs 是用来表示来自基本表或命令执行结果的记录集。Do While 循环用于更新记录集中的记录，EOF 表示记录指针是否位于最后一条记录之后。当条件满足时，即没有到达最后一条记录时，执行循环体，满足条件的只有 A 选项。故本题选择 A 选项。

27. C 【解析】RunCommand 方法是用于执行内置菜单命令或内置工具栏命令。RunMacro 可以运行一个独立的宏或者一个位于宏组中的宏。RunSql 是用来运行 Microsoft Access 操作查询的命令。RunCode 操作可以调用 Microsoft Visual Basic 的 Function 过程。故选择选择 C 选项。

28. C 【解析】Requery 操作可以通过重新查询控件的数据源来更新活动对象指定控件中的数据。FindRecord 操作可以查找符合参数指定条件的数据的第一个实例。FindNextRecord 操作会查找符合 FindRecord 操作或"查找和替换"对话框所设置的条件的下一个记录。ApplyFilter 操作可以对表、窗体或报表应用筛选、查询或 SQL 中 Where 子句。故本题选择 C 选项。

29. A 【解析】宏是一个或多个操作的集合，其中每个操作都可以实现特定的功能，使用简单，可以提高工作效率。宏组中宏的调用格式：宏组名.宏名。故本题选择 A 选项。

30. C 【解析】Current 事件是在窗体打开时，以及焦点从一条记录移动到另一条记录时发生。Activate 是当一个对象成为活动窗口时发生的事件。Change 是指文本框或组合框的部分内容改变时发生的事件。GotFocus 指窗体或控件获得焦点时发生的事件。打开窗体后,事件中首先发生的是激活。故本题选择 C 选项。

31. A 【解析】在 VBA 编程中,声明变量时不指定变量的类型,则该变量的数据类型为 Variant(变体)类型。故本题选择 A 选项。

32. B 【解析】VBA 中数组的声明格式为:Dim|Public|Private|Static 数组名(下标下限 to 下标上限)As 数据类型。题目中下标下限为 2,上限为 13,数组共有 12 个元素。故本题选择 B 选项。

33. A 【解析】本题考查的是 Hungarian 符号法命名规则,标识符的名字以一个或者多个小写字母开头作为前缀,前缀之后的是第一个单词或者多个单词的组合的首字母大写,该单词要指明变量的用途。子报表英文为 subreport。故本题选择 A 选项。

34. D 【解析】ActiveX 数据对象(ADO)是基于组件的数据库编程接口,它是一个和编程语言无关的 COM 组件系统,可以对来自多种数据提供者的数据进行读取和写入操作。故本题选择 D 选项。

35. C 【解析】本题考查的知识点是 Until 循环终止的条件,Until 循环是在条件满足时终止。x 初始值为 1,循环每次结束后,x 值会加 2,题目要求程序只执行 3 次,则 3 次执行过后 x 的值为 7,因此满足执行 3 次的只有 C 选项。故本题选择 C 选项。

36. C 【解析】本题考查的是 Do While 循环的执行过程,在每次循环之前,会检查循环条件表达式是否满足,循环体是在条件表达式成立的前提下,才会执行。本题 k<=5,循环体执行 5 次。
①当 k=1 执行第 1 次循环,f=0+1=1,f0=1,f1=1,k=2
②当 k=2 执行第 2 次循环,f=1+1=2,f0=1,f1=2,k=3
③当 k=3 执行第 3 次循环,f=1+2=3,f0=2,f1=3,k=4
④当 k=4 执行第 4 次循环,f=2+3=5,f0=3,f1=5,k=5
⑤当 k=5 执行第 5 次循环,f=3+5=8,f0=5,f1=8,k=6
当 k=6 时不满足循环条件,结束循环,输出 f=8。故本题选择 C 选项。

37. B 【解析】本题考查是 While 循环知识点。通过 While 循环实现求取表达式的值,只要条件满足,While 循环会一直继续。通过观察可以发现规律:While 的每次循环 sum 会加一项(1+3+…+m),该项比上一次数据项多出一个数字,该数字就是上个数据项最大值加 2,即 m 的值,所以每次循环 m 需要加 2。故本题选择 B 选项。

38. A 【解析】DLookup 函数(域函数)是 Access 为用户提供的内置函数,通过这些函数可以方便地从一个表或查询结果中取得符合一定条件的值赋予变量或控件值。其语法是:DLookup(expr,domain,[criteria])。其中,expr 表示要获取值的字段名称,domain 表示要获取值的表或查询名称,criteria 用于限制 DLookup 函数执行的数据范围。故本题选择 A 选项。

39. C 【解析】使用 RecordCount 属性可确定 Recordset 对象中记录的数目。ADO 无法确定记录数时,或者如果提供者或游标类型不支持 RecordCount,则该属性返回 -1。读已关闭的 Recordset 上的 RecordCount 属性将产生错误。本题是输出记录集 rs 的记录条数,因此需要指定集合 rs。故本题选择 C 选项。

40. D 【解析】本题考察 Do...Loop While 循环的执行,且该循环至少执行一次。本题循环执行 3 次。
①当 m=1 时执行第 1 次循环,t=0+1=1,sum=0+1=1;m=3
②当 m=3 时执行第 2 次循环,t=1+3=4,sum=1+4=5;m=5
③当 m=5 时执行第 3 次循环,t=4+5=9,sum=5+9=14;m=7
第 3 次结束时 m=7,不满足循环的条件,循环终止。根据代码执行的结果 Sum=14。故本题选择 D 选项。

二、基本操作题

【考点分析】本题考点:建立新表及字段属性主键、默认值、有效性规则设置,向表中添加记录和实施参照完整性建立表间关系。

【解题思路】第 1、2、3、5 小题,单击表的"设计视图"新建表和设置字段属性;第 4 小题,单击表的"数据表视图",向表中输入数据;第 6 小题,单击数据库工具中"关系"设置表间关系。

(1)【操作步骤】
步骤 1:打开考生文件夹下的数据库文件 samp1.accdb,单击"创建"选项卡下"表格"功能组中"表设计"按钮。
步骤 2:在第一行"字段名称"行中输入"护士 ID"字段名,在"数据类型"下拉列表中选择"文本",在"常规"选项卡下"字段大小"行中输入"8"。按上述操作设置其他字段,如图 11.1 所示。
步骤 3:按 Ctrl+S 组合键保存修改,在弹出"另存为"对话框中输入表名称"tNurse",在弹出的"Microsoft Access"提示框中单击"否"按钮,关闭"tNurse"表的"设计视图"。

(2)【操作步骤】
步骤 1:右键单击"tNurse"表,在弹出的快捷菜单中选择"设计视图"命令。
步骤 2:右键单击"护士 ID"字段行,在弹出的快捷菜单中选择"主键"命令,如图 11.2 所示。

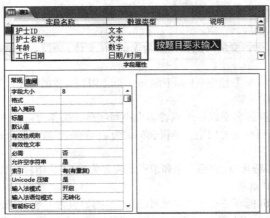
图 11.1 设置字段

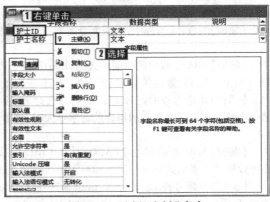
图 11.2 选择"主键"命令

步骤 3：按 Ctrl+S 组合键保存修改。

(3)【操作步骤】

步骤 1：选中"护士名称"字段行，在"常规"选项卡下"必需"行的下拉列表中选择"是"，如图 11.3 所示。

步骤 2：选中"工作日期"字段行，在"常规"选项卡下"默认值"行中输入表达式"DateSerial(Year(Date( )) , Month(Date ( )) ,1)"，如图 11.4 所示。

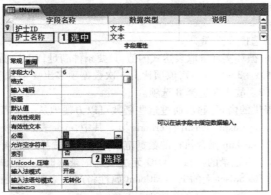
图 11.3 设置"护士名称"字段属性

图 11.4 设置"工作日期"字段的默认值

步骤 3：选中"护士 ID"字段行，在"常规"选项卡下"有效性规则"行中输入表达式"Left([护士 ID] ,1) = "N""，如图 11.5 所示。

步骤 4：按 Ctrl+S 组合键保存修改。

(4)【操作步骤】

步骤 1：选中"工作日期"字段行，在"常规"选项卡下"格式"行的下拉列表中选中"长日期"，如图 11.6 所示。

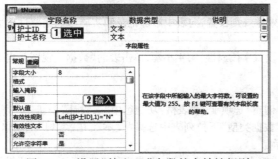
图 11.5 设置"护士 ID"字段的有效性规则

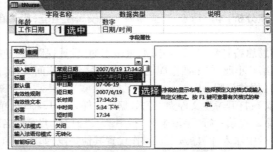
图 11.6 设置"工作日期"字段的格式

步骤 2：按 Ctrl+S 组合键保存修改，关闭"tNurse"表的"设计视图"。

步骤 3：双击"tNurse"表，打开"数据表视图"，按照题干要求添加数据，如图 11.7 所示。

步骤 4：按 Ctrl+S 组合键保存修改，关闭"tNurse"表的"数据表视图"。

(5)【操作步骤】

步骤 1：右键单击"tDoctor"表，在弹出的快捷菜单中选择"设计视图"命令。

步骤2：选中"性别"字段行，在"常规"选项卡下"默认值"行中输入"男"，如图11.8所示。

图11.7 添加数据

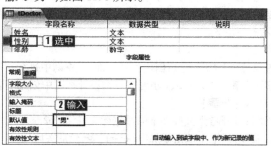

图11.8 设置"性别"字段的默认值

步骤3：在"性别"字段"数据类型"下拉列表中选择"查阅向导"命令，在弹出的"查阅向导"对话框中选择"自行键入所需要的值"单选项，单击"下一步"按钮，在"第1列"行中分别输入"男"和"女"，单击"完成"按钮，如图11.9所示。

图11.9 设置"性别"字段的数据类型

步骤4：按Ctrl+S组合键保存修改，关闭"tDoctor"表的"设计视图"。

(6)【操作步骤】

步骤1：单击"数据库工具"选项卡下"关系"功能组中的"关系"按钮，在弹出的"显示表"对话框中分别双击添加"tDoctor""tOffice""tPatient""tSubscribe"表，关闭"显示表"对话框。

步骤2：选中"tDoctor"表中的"医生ID"字段，然后拖动鼠标指针至"tSubscribe"表中的"医生ID"字段，释放鼠标左键，弹出"编辑关系"对话框，勾选"实施参照完整性"复选框，单击"创建"按钮，如图11.10所示。

图11.10 "编辑关系"对话框

步骤3：选中"tSubscribe"表中的"科室ID"字段，然后拖动鼠标指针至"tOffice"表中的"科室ID"字段，释放鼠标左键，弹出"编辑关系"对话框，勾选"实施参照完整性"复选框，单击"创建"按钮。

步骤4：选中"tSubscribe"表中的"病人ID"字段，然后拖动鼠标指针至"tPatient"表中的"病人ID"字段，释放鼠标左键，弹出"编辑关系"对话框，勾选"实施参照完整性"复选框，单击"创建"按钮。

步骤5：按Ctrl+S组合键保存修改，关闭"关系"设置界面。

【易错提示】注意创建新表时，按照要求输入表结构内容；创建表间关系，要勾选"实施参照完整性"复选框以及表达式在全英文状态下输入。

三、简单应用题

【考点分析】本题考点：创建条件查询、在查询中进行统计计算、删除查询和参数查询。

【解题思路】第1、2、3、4小题在查询设计视图中创建不同的查询，按题目要求添加字段和条件表达式。

(1)【操作步骤】

步骤1：打开考生文件夹下的数据库文件samp2.accdb，单击"创建"选项卡下"查询"功能组中的"查询设计"按钮，在弹出的"显示表"对话框中双击添加"tPatient"表，然后关闭"显示表"对话框。

步骤2：分别双击添加"姓名""年龄""性别"字段。在"姓名"字段的"条件"行中输入表达式"Like" 王 * ""，如图11.11所示。

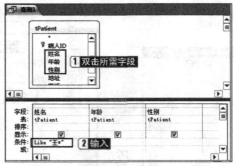

图11.11 设置"姓名"字段的条件

步骤3：单击"设计"选项卡下"结果"功能组中的"运行"按钮，按Ctrl+S组合键保存修改，另存为"qT1"，关闭查询结果。

(2)【操作步骤】

步骤1：单击"创建"选项卡下"查询"功能组中的"查询设计"按钮，在弹出的"显示表"对话框中分别双击添加"tDoctor"表和"tSubscribe"表，然后关闭"显示表"对话框。

步骤2：分别双击添加"tDoctor"表中的"医生姓名"和"年龄"字段及"tSubscribe"表中的"病人ID"字段。

步骤3：在"病人ID"字段前添加"预约人数："字样。在"年龄"字段的"条件"行中输入表达式"<30"，取消该字段的显示，如图11.12所示。

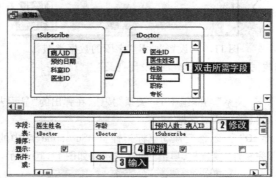

图11.12 设置字段属性

步骤4：单击"设计"选项卡下"显示/隐藏"功能组中的"汇总"按钮，在"病人ID"字段的"总计"行中选择"计数"，在"排序"行中选择"降序"，如图11.13所示。

步骤5：单击"设计"选项卡下"结果"功能组中的"运行"按钮，按Ctrl+S组合键保存修改，另存为"qT2"，关闭查询结果。

(3)【操作步骤】

步骤1：单击"创建"选项卡下"查询"功能组中的"查询设计"按钮，在弹出的"显示表"对话框中双击添加"tTemp"表，关闭"显示表"对话框。

步骤2：双击添加"tTemp"表中的"预约日期"字段，在"条件"行中输入表达式"Month([预约日期])=10 And Day([预约日期])>=20"，如图11.14所示。

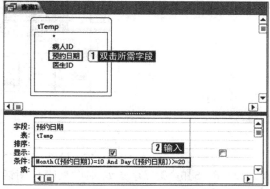

图 11.13　设置汇总条件　　　　　图 11.14　设置"预约日期"字段的条件

步骤3：单击"设计"选项卡下"查询类型"功能组中的"删除"按钮，再单击"设计"选项卡下"结果"功能组中的"运行"按钮，在弹出的"Microsoft Access"提示框中单击"是"按钮，如图11.15所示。

步骤4：按Ctrl+S组合键保存修改，另存为"qT3"，关闭查询设计。

(4)【操作步骤】

步骤1：单击"创建"选项卡下"查询"功能组中的"查询设计"按钮，在弹出的"显示表"对话框中分别双击添加"tOffice"表和"tSubscribe"表，关闭"显示表"对话框。

步骤2：分别双击添加"tOffice"表中的"科室ID"字段和"科室名称"字段以及"tSubscribe"表中的"预约日期"字段。在"科室名称"字段的"条件"行中输入表达式"[forms]![fQuery]![tName]"，并取消该字段显示，如图11.16所示。

图 11.15　"Microsoft Access"提示框　　　图 11.16　设置"科室名称"字段属性

步骤3：按Ctrl+S组合键保存修改，另存为"qT4"，关闭查询设计。

【易错提示】创建查询时，注意条件表达式的书写格式；在查询中，注意统计计算需要汇总，以及对参数查询条件的判断。

四、综合应用题

【考点分析】本题考点：窗体及窗体标签控件、命令按钮控件属性设置及窗体控件事件代码的VBA编程。

【解题思路】第1、4小题，单击窗体的设计视图中控件属性按题目要求设置相关的属性；第2、3小题，单击窗体的设计视图按题目要求设置相关的属性，第5小题，右键单击控件选择"事件生成器"命令，在VBA代码编辑界面输入代码。

(1)【操作步骤】

步骤1：打开考生文件夹下的数据库文件samp3.accdb，右键单击"fEdit"窗体，在弹出的快捷菜单中选择"设计视图"命令。

步骤2：右键单击"用户名不能超过10位"标签控件，在弹出的快捷菜单中选择"属性"命令。在"属性表"对话框中单击"格式"选项卡，在"前景色"行中输入"#FF0000"，单击"字体粗细"右侧的下拉按钮，在弹出的下拉列表中选择"加粗"，如图11.17所示。

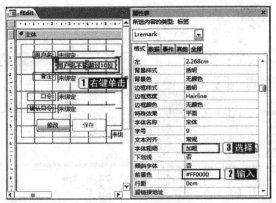

图 11.17　设置"用户名不能超过10位"标签控件属性

步骤3:按 Ctrl+S 组合键保存修改,关闭"属性表"对话框。

(2)【操作步骤】

步骤1:右键单击"窗体选择器"按钮,在弹出的快捷菜单中选择"属性"命令。

步骤2:在"属性表"对话框中单击"全部"选项卡,在"标题"行中输入"显示/修改用户口令",如图11.18所示。

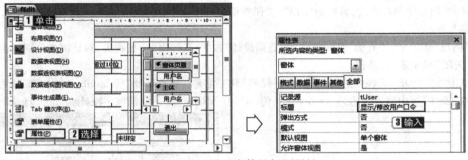

图 11.18　设置窗体的标题属性

步骤3:按 Ctrl+S 组合键保存修改。

(3)【操作步骤】

步骤1:在"属性表"对话框中单击"格式"选项卡,再单击"边框样式"右侧的下拉按钮,在弹出的下拉列表中选择"对话框边框"。单击"滚动条"右侧的下拉按钮,在弹出的下拉列表中选择"两者均无"。依次单击"记录选择器""导航按钮""分隔线""控制框"右侧的下拉按钮,在弹出的下拉列表中选择"否",如图11.19所示。

图 11.19　设置窗体的格式

步骤2:按 Ctrl+S 组合键保存修改,关闭"属性表"对话框。

(4)【操作步骤】

步骤1:右键单击"退出"按钮控件,在弹出的快捷菜单中选择"属性"命令。

步骤2:在"属性表"对话框中单击"格式"选项卡,单击"字体粗细"右侧的下拉按钮,在弹出的下拉列表中选择"加粗";单击"下划线"右侧的下拉按钮,在弹出的下拉列表中选择"是",如图11.20所示。

步骤3:按 Ctrl+S 组合键保存修改,关闭"属性表"对话框。

(5)【操作步骤】

步骤1:右键单击"修改"按钮控件,在弹出的快捷菜单中选择"事件生成器"命令,打开 VBA 代码编辑窗口。

步骤2:在"＊＊＊＊＊Add1＊＊＊＊＊"行之间添加如下代码:
CmdSave.Enabled ＝ True
步骤3:在"＊＊＊＊＊Add2＊＊＊＊＊"行之间添加如下代码:
Me！CmdEdit.SetFocus
设置完成之后,结果如图11.21所示。

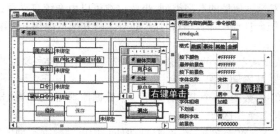

图11.20 设置"退出"按钮控件属性

图11.21 运行结果

步骤4:按Ctrl＋S组合键保存修改,关闭VBA代码编辑窗口,关闭"fEdit"窗体的"设计视图"。
【易错提示】注意VBA代码语句的书写方式以及窗体各属性的设置。

第2套　答案及解析

一、选择题

1. D　【解析】循环队列是队列的一种顺序存储结构,用队尾指针rear指向队列中的队尾元素,用排头指针指向排头元素的前一个位置。因此,从排头指针front指向的后一个位置直到队尾指针rear指向的位置之间所有的元素均为队列中的元素。队列初始状态为front＝rear＝m,当front＝20,rear＝15时,队列中有m－20＋15＝m－5个元素,比较次数为m－6次。故本题选择D选项。

2. D　【解析】二叉树遍历可以分为3种:前序遍历(访问根节点在访问左子树和访问右子树之前)、中序遍历(访问根节点在访问左子树和访问右子树两者之间)、后序遍历(访问根节点在访问左子树和访问右子树之后)。二叉树的前序遍历序列为ABCDEFG,A为根节点。中序遍历序列为DCBAEFG,可知DCB为左子树节点,EFG为右子树节点。同理B为C父节点,C为D父节点,且CD均为B的同侧子树节点。同理E为F根节点,F为G根节点,且FG为E同侧子树节点。二叉树的后序遍历序列为DCBGFEA。故本题选择D选项。

3. B　【解析】如果一个非空的数据结构有且只有一个根节点,并且每个节点最多有一个前件,也最多有一个后件,则称该数据结构为线性结构,线性结构又称为线性表。例如,双链表和二叉链表都有两个指针域,前者是线性结构,后者是非线性结构。故本题选择B选项。

4. B　【解析】带链的队列就是用一个单链表来表示队列,队列中的每一个元素对应链表中的一个节点,在入队和退队过程中,队头指针和队尾指针都是在动态变化的,A选项叙述正确。循环队列中当队列满或者空时,队头指针和队尾指针指向同一个位置,D选项叙述正确。栈也可以采用链式存储结构表示,把栈组织成一个单链表,这种数据结构可称为带链的栈,入栈和退栈过程中栈底指针不变,栈顶指针随之变化,B选项叙述错误,C选项叙述正确。故本题选择B选项。

5. A　【解析】软件生命周期各阶段的主要任务是:问题定义、可行性研究与计划制定、需求分析、软件设计、软件实现、软件测试、运行维护。其中需求分析是指对待开发软件提出的需求进行分析并给出详细定义,也即是确定软件系统要做什么。故本题选择A选项。

6. C　【解析】软件测试就是在软件投入运行之前,尽可能多地发现软件中的错误,但改正错误由调试完成,C选项叙述错误。软件测试应在测试之前制订测试计划,并严格执行,排除测试随意性,并且需要设计正确的测试用例,A、D选项叙述正确。调试(也称为Debug,排错)是作为成功测试的后果出现的步骤而调试,是在测试发现错误之后排除错误的过程,B选项叙述正确。故本题选择C选项。

7. B　【解析】计算机软件按功能分为应用软件、系统软件、支撑软件(或工具软件)。系统软件是管理计算机的资源,提高计算机的使用效率,为用户提供各种服务的软件,如操作系统、数据库管理系统、编译程序、汇编程序和网络软件等,A、C、D选项为应用软件。故本题选择B选项。

8. C　【解析】采用E－R方法得到的全局概念模型是对信息世界的描述,并不适用于计算机处理,为了适应关系数据库系统的处理,必须将E－R图转换成关系模式,这是逻辑设计的主要内容。E－R图由实体、属性和联系组成,而关系模式中只有一种实体—关系。故本题选择 C 选项。

9. C 【解析】并运算是将 S 中的记录追加到 R 后面。交运算由属于 R 又属于 S 的记录组成的集合。上述两种操作中,关系 R 与 S 要求有相同的结构,A、D 选项错误。自然连接是去掉重复属性的等值连接。自然连接要求两个关系中进行,比较的是相同的属性,并且进行等值连接,本题中结果 T 应为空,B 选项错误。若 T 为笛卡儿积,结果为 5 元关系,元组个数为 4,且计算结果与题目相符。故本题选择 C 选项。

10. C 【解析】数据管理技术的发展经历了 3 个阶段:人工管理阶段、文件系统阶段和数据库系统阶段。故本题选择 C 选项。

11. A 【解析】货币类型是数字类型的特殊类型,等价于具有双精度属性的数字类型,小数位数可以由系统自动默认为 2 位,也可以在 0~15 位范围内指定。向货币型字段输入数据时,系统会自动添加货币符号、千位分隔符和两位小数。货币型与数字型数据混合运算后的结果为货币型。故本题选择 A 选项。

12. A 【解析】在排序时,如果是按照多个字段排序时,则是按照从左至右的原则依次进行,先是最左边的字段按所指定的顺序排列,当最左边的字段有重复值时,再按次左边的字段排序。故本题选择 A 选项。

13. B 【解析】在 Access 数据库中,数据表是用来存储数据库中的数据,每个表都存入了一个数据信息,而每个数据库中,各个表之间也存在关联,数据表只能包含一个主题的信息。故本题选择 B 选项。

14. D 【解析】输入掩码可以控制数据的输入格式并按格式显示。对于文本、数字、日期/时间、货币等数据类型的字段,均可以定义输入掩码,但输入掩码只为文本型和日期/时间型字段提供向导。当为字段同时定义了输入掩码和格式属性,格式属性将在数据显示时优先于输入掩码的设置。故本题选择 D 选项。

15. D 【解析】在字段属性设置的过程中,每个字段都有一个属性,但当它为 Null 时,表示该字段值未知。Null 不等同数值 0 或空字符串,Access 支持 Null 值。故本题选择 D 选项。

16. C 【解析】通配符"[ ]"表示通配方括号内任意单个字符。该题是查找前两个字母为"a"或"e"开头,后面字母为"ffect"的字符串。故本题选择 C 选项。

17. A 【解析】SELECT 语句的一般格式如下:
SELECT[ALL | DISTINCT | TOP n] * | <字段列表>[,<表达式> AS <标识符>]
FROM <表名 1>[,<表名 2>]…
[WHERE <条件表达式>]
[GROUP BY <字段名>[HAVING <条件表达式>]]
[ORDER BY <字段名>[ASC | DESC]];
该题目中要求查询并显示所有年龄在 25 岁以下职工的姓名、性别和年龄,根据"职工"表的字段可知,年龄是需要通过表达式计算的,并用 AS 来命名年龄,排除 B、C、D 选项。故本题选择 A 选项。

18. B 【解析】SELECT 查询字段 FROM 表名 WHERE 条件语句是 SQL 的基本框架,有时为了将查询出来的结果进行排序会使用 ORDER BY 指令,其中 SELECT 后标明的是查询字段,D 选项错误;FROM 后标明的是查询的表,A 选项错误;WHERE 后标明的是查询的条件,C 选项错误。故本题选择 B 选项。

19. D 【解析】本题要求是找出部门号为"04"的部门中单价最高的前两条商品记录,则需要对"单价"字段进行降序排序,需使用 ORDER BY 命令,并标明降序 DESC。故本题选择 D 选项。

20. D 【解析】本题要求从"图书"表中查找出定价高于"图书号"为"112"的图书记录,先把"图书号"为"112"的图书找出来,用 SQL 语句为:SELECT 定价 FROM 图书 WHERE 图书号="112",然后再找出定价高于"图书号"为"112"的图书,整个 SQL 语句为:SELECT * FROM 图书 WHERE 定价 >(SELECT 定价 FROM 图书 WHERE 图书号="112")。故本题选择 D 选项。

21. A 【解析】本题要求在报表中设置控件来源的表达式。求平均的计算控件的格式为:控件来源 = Avg([要求平均的字段名]),其中"[ ]"不能省略。故本题选择 A 选项。

22. B 【解析】窗体的设计视图的结构由 5 个部分组成——主体、窗体页眉、窗体页脚、页面页眉、页面页脚,不包括组页眉,在窗体中可以设置页面页眉。报表通常包括 7 个部分:报表页眉、页面页眉、组页眉、主体、组页脚、页面页脚、报表页脚。在报表中也可以设置页面页眉。故本题选择 B 选项。

23. D 【解析】窗体的数据属性包括记录源、记录集类型、抓取默认值、筛选、加载时的筛选器、排序依据、加载时的排序方式、数据输入、允许添加、允许删除、允许编辑、允许筛选、记录锁定。没有 D 选项自动居中。故本题选择 D 选项。

24. B 【解析】文本框的数据属性包括控件来源、输入掩码、默认值、有效性规则、有效性文本、可用、是否锁定、筛选查找、智能标记和文本格式等。改变文本框的数据源应修改控件来源属性。故本题选择 B 选项。

25. B 【解析】文本框是用于输入、输出和显示窗体的数据源的数据,既能接受用户的输入,又能显示数据,是一种交互式控件。标签控件只能显示说明性文本,不是交互式控件。按钮控件包括切换按钮控件、选项按钮控件和命令按钮控件,均不能实现与用户的交互。图像控件是为了美化窗体,不是交互式控件。故本题选择 B 选项。

26. A 【解析】DLookup 函数(域函数)是 Access 为用户提供的内置函数,通过这些函数可以方便地从一个表或查询中取得符合一定条件的值赋予变量或控件值。其语法是 DLookup(expr,domain,[criteria])。其中,expr 表示要获取值的字段名称,domain 表示要获取值的表或查询名称,criteria 用于限制 DLookup 函数执行的数据范围。故本题选择 A 选项。

27. C 【解析】Requery 操作可以通过重新查询控件的数据源来更新活动对象指定控件中的数据。FindRecord 操作可以查找符合参数指定条件的数据的第一个实例。ApplyFilter 操作可以对表、窗体或报表应用筛选、查询或 SQL 中 Where 子句。FindNextRecord 操作会查找符合 FindRecord 操作或"查找和替换"对话框所设置的条件的下一个记录。故本题选择 C 选项。

28. A 【解析】Load 当打开窗体或报表且显示了它的记录时发生,此事件发生在 Current 事件之前,Open 事件之后。Change 是指文本框或组合框的部分内容更改时发生的事件。Resize 是窗体大小发生改变时发生的事件。Current 事件是在窗体打开时,以及焦点从一条记录移动到另一条记录时发生。该题是打开报表后,首先发生的事件是加载(Load)。故本题选择 A 选项。

29. C 【解析】Current 事件是在窗体打开时,以及只要焦点从一条记录移动到另一条记录,此事件就会发生。Click 事件在一个对象上按下然后释放鼠标按钮时,就会发生。Change 是指文本框或组合框的部分内容改变时发生的事件。MouseMove 是指鼠标移动事件。故本题选择 C 选项。

30. C 【解析】RunCommand 操作可以运行 Microsoft Access 的内置命令。RunApp 操作运行基于 Microsoft Windows 或 MS-DOS 的应用程序。RunCode 操作可以调用 Microsoft Visual Basic 的 Function 过程。故本题选择 C 选项。

31. A 【解析】本题考查的是标识符的命名规则。标识符的名字以一个或者多个小写字母开头作为前缀,之后的是首字母大写的第一个单词或者多个单词的组合,该单词要指明变量的用途。复选框的英文单词为 CheckBox。故本题选择 A 选项。

32. A 【解析】Access 内置函数分类包括数组、转换、数字、程序流程、应用程序、数据库、域聚合、财务、文本、消息等。故本题选择 A 选项。

33. D 【解析】SQL 聚合函数包括 Avg、Count、Max、Min、Sum、Var 等。故本题选择 D 选项。

34. C 【解析】在函数参数传递中,包括按地址传递 ByRef 和按值传递 ByVal 两种方法。其中按地址传递 ByRef 在函数运行时改变变量值会影响参数外的变量,按值传递 ByVal 不会。本题 y 是按地址传递,调用 fun( ) 函数后,会将 y 的值改为 fun( ) 函数中 y 的值。故本题选择 C 选项。

35. C 【解析】本题考查 Do...While 循环的执行,该循环至少执行一次。本题循环执行 5 次。
①当 m = 1 时执行第 1 次循环,t = 0 + 1 = 1,sum = 0 + 1 = 1;m = 2
②当 m = 2 时执行第 2 次循环,t = 1 + 2 = 3,sum = 1 + 3 = 4;m = 3
③当 m = 3 时执行第 3 次循环,t = 3 + 3 = 6,sum = 4 + 6 = 10;m = 4
④当 m = 4 时执行第 4 次循环,t = 6 + 4 = 10,sum = 10 + 10 = 20;m = 5
⑤当 m = 5 时执行第 5 次循环,t = 10 + 5 = 15,sum = 20 + 15 = 35;m = 6
第 5 次结束时 m = 6,不满足循环的条件,循环终止。根据代码执行的结果 Sum = 35。故本题选择 C 选项。

36. A 【解析】DLookup 函数(域函数)是 Access 为用户提供的内置函数,通过这些函数可以方便地从一个表或查询结果中取得符合一定条件的值赋予变量或控件值。题目中要求根据 tNum 的文本框中输入课程编号,对应的课程名称会显示 tName 文本框中,所以输入 tNum 然后(After)更新(Update)tName 内容。故本题选择 A 选项。

37. A 【解析】本题考查的是如何使用 ADO 数据库技术操作数据库。其中,RecordSet 对象 rs 是用来表示来自基本表或命令执行结果的记录集。rs 更新完一条记录之后,需要使指针往后移动下一个记录上(注:MoveNext,移动到下一个记录的位置)。故本题选择 A 选项。

38. B 【解析】宏有多种运行方式:直接运行、事件触发、自动运行。若要取消打开数据库自动运行,可以在打开数据库时,按住 Shift 键操作。故本题选择 B 选项。

39. C 【解析】宏可以分为独立宏、数据宏、宏组和条件操作宏等。宏组是宏的集合,由多个子宏组成,其中的每一个子宏又包括多个操作,宏组中的各个子宏之间不一定要有联系,宏组也是宏。故本题选择 C 选项。

40. C 【解析】VBA 的变量声明会指明变量的作用域和声明周期,Dim 为局部变量,Public 为全局变量,Static 代表静态变量。在模块区定义的区域,通关 Dim 定义是模块级变量,通过 Public 定义的变量是公共变量。故本题选择 C 选项。

二、基本操作题

【考点分析】本题考点:设置字段各个属性,如字段大小、格式、有效性规则及有效性文本等,利用查阅向导创建字段值选项,取消隐藏字段,以及实施参照完整性建立表间关系和对自动运行宏命名。

【解题思路】第1、2、3 小题,单击表的"设计视图"设置题目相关要求;第4小题,单击表的"数据表视图"取消隐藏字段;第5小题,单击数据库工具中"关系"设置表间关系。第6小题,宏的重命名。

(1)【操作步骤】
步骤1:打开考生文件夹下的数据库文件 samp1.accdb,右键单击"tOrder"表,在弹出的快捷菜单中选择"设计视图"命令。

步骤2：选中"订单ID"字段行,单击"数据类型"右侧下拉按钮,在弹出的快捷菜单中选择"文本",在"常规"选项卡下"字段大小"行中输入"10",在"标题"行中输入"订单号",如图11.22所示。

步骤3：按Ctrl+S组合键保存修改。

（2）【操作步骤】

步骤1：选中"订购日期"字段行,在"常规"选项卡下"格式"行中输入"yyyy/mm/dd",在"有效性规则"行中输入表达式" >=#2011/01/01# And <=#2011/08/31#",在"有效性文本"行中输入"输入数据有误,请重新输入"。如图11.23所示。

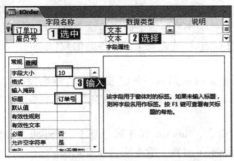
图11.22 设置"订单ID"字段属性

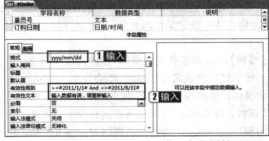
图11.23 设置"订购日期"字段属性

步骤2：按Ctrl+S组合键保存修改,关闭"tOrder"表的"设计视图"。

（3）【操作步骤】

步骤1：右键单击"tBook"表,在弹出的快捷菜单中选择"设计视图"命令。

步骤2：选中"类别"字段行,在"数据类型"下拉列表中选择"查阅向导",如图11.24所示。

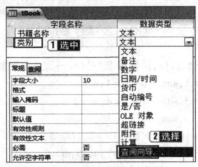
图11.24 选择"查阅向导"

步骤3：在弹出的"查阅向导"对话框中选择"自行键入所需的值",单击"下一步"按钮。在"第1列"行中分别输入"JSJ"和"KJ",单击"完成"按钮,如图11.25所示。

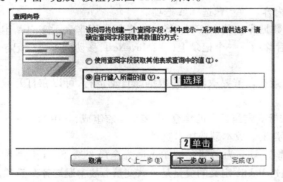 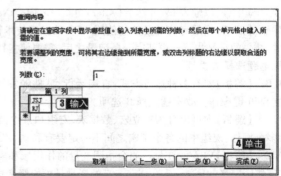
图11.25 输入"第1列"的值

步骤4：按Ctrl+S组合键保存修改,关闭"tBook"表的"设计视图"。

（4）【操作步骤】

步骤1：双击"tEmp"表打开"数据表视图",单击"开始"选项卡下"记录"功能组中的"其他"右侧下拉按钮,在弹出的下拉列表中选择"取消隐藏字段"命令,如图11.26所示。

步骤2：在弹出的"取消隐藏列"对话框中勾选"出生日期"字段,单击"关闭"按钮,如图11.27所示。

步骤3：按Ctrl+S组合键保存修改,关闭"tEmp"表的"数据表视图"。

(5)【操作步骤】
步骤1：单击"数据库工具"选项卡下"关系"功能组中的"关系"按钮，在弹出的"显示表"对话框中分别双击添加"tBook""tDetail""tOrder""tEmp"表，关闭"显示表"对话框。
步骤2：选中"tBook"表中的"书籍号"字段，然后拖动鼠标指针至"tDetail"表中的"书籍号"字段，释放鼠标左键，弹出"编辑关系"对话框，勾选"实施参照完整性"复选框，单击"创建"按钮，如图11.28所示。

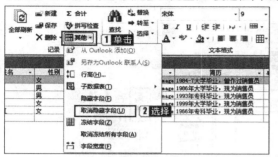
图11.26 选择"取消隐藏字段"命令

图11.27 "取消隐藏列"对话框

图11.28 "编辑关系"对话框

步骤3：选中"tDetail"表中的"订单ID"字段，然后拖动鼠标指针至"tOrder"表中的"订单ID"字段，释放鼠标左键，弹出"编辑关系"对话框，勾选"实施参照完整性"复选框，单击"创建"按钮。
步骤4：选中"tOrder"表中的"雇员号"字段，然后拖动鼠标指针至"tEmp"表中的"雇员号"字段，释放鼠标左键，弹出"编辑关系"对话框，勾选"实施参照完整性"复选框，单击"创建"按钮。
步骤5：按Ctrl+S组合键保存修改，关闭"编辑关系"对话框。

(6)【操作步骤】
步骤1：右键单击"mTest"宏，在弹出的快捷菜单中选择"重命名"命令，在光标定位处输入"AutoExec"。
步骤2：按Ctrl+S组合键保存修改，关闭"samp1.accdb"数据库文件。
【易错提示】注意字段属性(有效性规则、格式、有效性文本等)的设置，以及建立表间关系时需参照完整性规则。

三、简单应用题
【考点分析】本题考点：创建条件查询、在查询中进行统计计算、交叉表查询和生成表查询。
【解题思路】第1、2、3、4小题在查询设计视图中创建不同的查询，按题目要求添加字段和条件表达式。

(1)【操作步骤】
步骤1：打开考生文件夹下的数据库文件samp2.accdb，单击"创建"选项卡下"查询"功能组中的"查询设计"按钮，在弹出的"显示表"对话框双击添加"tStud"表，然后关闭"显示表"对话框。
步骤2：分别双击添加"学号"和"姓名"字段。将"学号"字段修改为"班级编号:Left([学号],8)"，在"姓名"字段前添加"班级人数："字样，如图11.29所示。
步骤3：单击"设计"选项卡下"显示/隐藏"功能组中的"汇总"按钮，在"班级人数:姓名"字段的"总计"行中选择"计数"，在"条件"行中输入"20"，如图11.30所示。

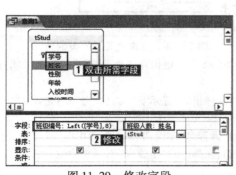
图11.29 修改字段

图11.30 设置"班级人数:姓名"字段的汇总条件

步骤4：单击"设计"选项卡下"结果"功能组中的"运行"按钮，按Ctrl+S组合键保存修改，另存为"qT1"，关闭查询结果。
(2)【操作步骤】

步骤1：单击"创建"选项下"查询"功能组中的"查询设计"按钮，在弹出的"显示表"对话框分别双击添加"tCourse"表和"tScore"表，然后关闭"显示表"对话框。

步骤2：双击添加"tCourse"表中的"课程名"字段，在"课程名"字段右侧添加字段"平均成绩：Round（Avg（[tScore].[成绩]））"，如图11.31所示。

步骤3：单击"设计"选项卡下"显示/隐藏"功能组中的"汇总"按钮，在"平均成绩"字段的"总计"行中选择"Expression"，在"排序"行中选择"降序"，如图11.32所示。

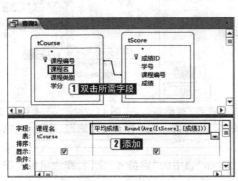
图11.31 添加字段

图11.32 设置"平均成绩"字段的汇总条件

步骤4：在"设计"选项卡下"查询设置"功能组的"返回"行中输入"1"，如图11.33所示。

步骤5：单击"设计"选项卡下"结果"功能组中的"运行"按钮，按Ctrl+S组合键保存修改，另存为"qT2"，关闭查询结果。

(3)【操作步骤】

步骤1：单击"创建"选项卡下"查询"功能组中的"查询设计"按钮，在弹出的"显示表"对话框分别双击添加"tCourse"表、"tScore"表和"tStud"表，然后关闭"显示表"对话框。

步骤2：分别双击添加"tStud"表中的"学号"字段、"tCourse"表中的"课程名"字段和"tScore"表中的"成绩"字段。

步骤3：单击"设计"选项卡下"查询类型"功能组中的"交叉表"按钮。在"成绩"字段的"总计"行中选择"最大值"，在"交叉表"行中选择"值"，在"性别"字段的"交叉表"行中选择"行标题"，在"课程名"字段的"交叉表"行中选择"列标题"，如图11.34所示。

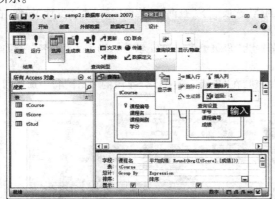
图11.33 设置"返回"为"1"

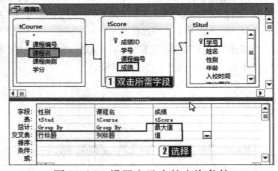
图11.34 设置交叉表的查询条件

步骤4：单击"设计"选项卡下"结果"功能组中的"运行"按钮，按Ctrl+S组合键保存修改，另存为"qT3"，关闭查询结果。

(4)【操作步骤】

步骤1：单击"创建"选项卡下"查询"功能组中的"查询设计"按钮，在弹出的"显示表"对话框分别双击添加"tCourse"表、"tScore"表和"tStud"表，然后关闭"显示表"对话框。

步骤2：分别双击添加"tStud"表中的"姓名"字段、"tCourse"表中的"课程名"字段和"tScore"表中的"成绩"字段。

步骤3：单击"设计"选项卡下"查询类型"功能组中的"生成表"按钮，在弹出的"生成表"对话框中输入表名称"tNew"，单击"确定"按钮，如图11.35所示。

步骤4：在"成绩"字段的"条件"行中输入表达式">=90 Or <60"，在"排序"行中选择"降序"，如图11.36所示。

第11章 新增无纸化考试套卷及其答案解析

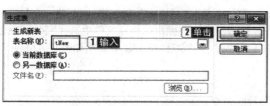

图11.35 "生成表"对话框

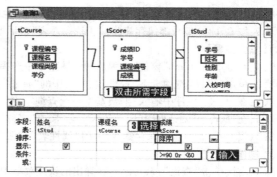

图11.36 设置"成绩"字段的条件

步骤5：单击"设计"选项卡下"结果"功能组中的"运行"按钮，在弹出的"Microsoft Access"提示框中单击"是"按钮。按 Ctrl+S 组合键保存修改，另存为"qT4"，关闭查询设计。

【易错提示】创建查询时，注意条件表达式的书写格式；在查询中，统计计算需要汇总，生成表查询需要运行。

四、综合应用题

【考点分析】本题考点：报表控件的使用及分组排序设置，窗体控件及相关属性设置，Tab 键次序调整及窗体控件事件代码的 VBA 编程。

【解题思路】第1小题，单击报表的设计视图中添加控件并按题目要求设置相关的属性；第2、3、4小题，单击窗体的设计视图按题目要求设置相关的属性，第5小题，右键单击控件选择"事件生成器"命令，在 VBA 代码编辑界面输入代码。

(1)【操作步骤】

步骤1：打开考生文件夹下的数据库文件 samp3.accdb，右键单击"rSell"报表，在弹出的快捷菜单中选择"设计视图"命令。

步骤2：右键单击"报表选择器"按钮，在弹出的快捷菜单中选择"属性"命令。

步骤3：在"属性表"对话框中单击"全部"选项卡，在"标题"行中输入"销售报表"，如图11.37所示，关闭"属性表"对话框。

图11.37 设置报表标题

步骤4：右键单击报表主体"未绑定"文本框控件，在弹出的快捷菜单中选择"属性"命令。在"属性表"对话框中单击"全部"选项卡，单击"控件来源"右侧的下拉按钮，在弹出的下拉列表中选择"数量"，如图11.38所示，关闭"属性表"对话框。

步骤5：单击"设计"选项卡下"分组和汇总"功能组中的"分组和排序"按钮，在弹出的"分组、排序和汇总"对话框中单击"添加组"，选择"出版社名称"，单击"更多"分别选择"无页眉节""有页脚节"，如图11.39所示，关闭"分组、排序和汇总"对话框。

步骤6：单击"设计"选项卡下"控件"功能组中的"文本框"按钮，在"出版社名称页脚"区域内拖动鼠标指针，创建一个文本框控件。

步骤7：右键单击"Text"控件，在弹出的快捷菜单中选择"属性"命令。在"属性表"对话框中单击"全部"选项卡，在"标题"行中输入"平均单价"，如图11.40所示。

图11.38 选择"数量"　　　图11.39 "分组、排序和汇总"对话框　　　图11.40 "属性表"对话框

步骤8：右键单击"未绑定"文本框控件，在弹出的快捷菜单中选择"属性"命令。在"属性表"对话框中单击"全部"选项

213

卡,在"标题"行中输入"txtC2",在"控件来源"行中输入表达式"=Round(Avg([单价]),2)",如图11.41所示。

步骤9:按Ctrl+S组合键保存修改,关闭"属性表"对话框,关闭"rSell"报表的"设计视图"。

(2)【操作步骤】

步骤1:右键单击"fEmp"窗体,在弹出的快捷菜单中选择"设计视图"命令。

步骤2:单击"设计"选项卡下"控件"功能组中的"标签"按钮,在"窗体页眉"区域内拖动鼠标指针,创建一个标签控件。

步骤3:在"标签"控件中输入"雇员基本情况查询",右键单击该"标签"控件,在弹出的快捷菜单中选择"属性"命令。

步骤4:在"属性表"对话框中单击"全部"选项卡,在"名称"行中输入"bTitle",在"字号"行中输入"26",如图11.42所示。

步骤5:按Ctrl+S组合键保存修改,关闭"属性表"对话框。

(3)【操作步骤】

步骤1:右键单击"查询"按钮控件,在弹出的快捷菜单中选择"属性"命令。

步骤2:在"属性表"对话框中单击"格式"选项卡,在"前景色"行中输入"#7A4E2B";单击"字体粗细"右侧的下拉按钮,在弹出的下拉列表中选择"加粗";单击"下划线"右侧的下拉按钮,在弹出的下拉列表中选择"是",如图11.43所示。

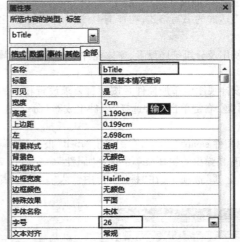

图11.41 设置"txtC2"文本框属性　　图11.42 设置"bTitle"标签属性　　图11.43 设置"查询"按钮格式

步骤3:按Ctrl+S组合键保存修改,关闭"属性表"对话框。

(4)【操作步骤】

步骤1:右键单击"窗体页眉"节任意位置,在弹出的快捷菜单中选择"Tab键次序"命令。

步骤2:在弹出的"Tab键次序"对话框的"自定义次序"列表中,选中"TxtDetail"并将其拖动到第一行的位置,单击"确定"按钮,如图11.44所示。

(5)【操作步骤】

步骤1:右键单击"窗体页眉"节中的"未绑定"文本框控件,在弹出的快捷菜单中选择"事件生成器"→"代码生成器"命令,打开VBA代码编辑窗口。

步骤2:单击"工具"选项卡,在弹出的下拉列表中选择"引用",勾选"Microsoft ActiveX Data Objects 2.8 Library"和"Microsoft ADO Ext. 2.8 for DDL and Security",单击"确定"按钮,如图11.45所示。

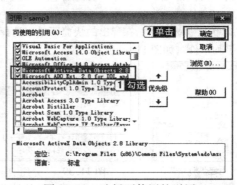

图11.44 "Tab键次序"对话框　　　　图11.45 选择可使用的引用

步骤3:在"＊＊＊＊＊Add1＊＊＊＊＊"行之间添加如下代码：
Set rs = New ADODB.Recordset
步骤4:在"＊＊＊＊＊Add2＊＊＊＊＊"行之间添加如下代码：
If rs.EOF Then
步骤5:在"＊＊＊＊＊Add3＊＊＊＊＊"行之间添加如下代码：
TxtDetail = ""
设置完成之后,结果如图11.46所示。

图11.46　运行结果

步骤6:按Ctrl+S组合键保存修改,关闭VBA代码编辑窗口,关闭"fEmp"窗体的"设计视图"。

【易错提示】注意:VBA代码语句的书写方式,以及报表分组、排序设置和窗体各属性的设置。

附 录

综合自测参考答案

第1章

选择题									
1	A	2	B	3	D	4	C	5	A
6	C	7	D	8	D	9	B	10	D
11	D	12	C	13	B	14	D	15	A

第2章

选择题									
1	A	2	B	3	A	4	D	5	C
6	C	7	D	8	B	9	A	10	A
11	B	12	A	13	C	14	A	15	C

第3章

选择题									
1	C	2	D	3	D	4	C	5	B
6	D	7	D	8	A	9	D	10	A
11	A	12	D	13	D	14	C	15	B

第4章

选择题									
1	D	2	A	3	D	4	D	5	A
6	A	7	D	8	C	9	A	10	B
11	D	12	C	13	D				

第5章

选择题									
1	C	2	B	3	D	4	B	5	B
6	D	7	B	8	D	9	A	10	A
11	D	12	B	13	D	14	A		

第6章

选择题									
1	B	2	D	3	D	4	C	5	C
6	D	7	B	8	D	9	A	10	B
11	A	12	D	13	A	14	B	15	B

第7章

选择题									
1	D	2	C	3	D	4	D	5	A
6	C	7	B	8	A	9	A	10	A
11	A	12	A						

第8章

选择题									
1	A	2	C	3	C	4	A	5	A
6	D	7	B	8	D	9	B	10	D
11	A	12	D	13	C	14	A	15	B

第9章

选择题									
1	A	2	B	3	D	4	B	5	D
6	B	7	A	8	B	9	A	10	A

注:操作题的参考答案及解析见软件。